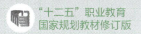
"十二五"职业教育
国家规划教材修订版

Software

国家职业教育软件技术专业
教学资源库配套教材

数据结构
（C语言描述）
（第3版）

▶李学刚　编著

高等教育出版社·北京

内容简介

本书是国家职业教育软件技术专业教学资源库配套教材,同时也是"十二五"职业教育国家规划教材修订版。

本书共有 7 个单元,包括:单元 1 数据结构与算法、单元 2 线性表、单元 3 栈和队列、单元 4 树与二叉树、单元 5 图、单元 6 排序和单元 7 查找,每个单元由若干节次、每个节次由若干知识点构成;主要介绍了数据结构的有关概念、算法分析,顺序表、链表、栈、队列、二叉树和图的逻辑结构、存储结构和基本操作的实现,各种排序和查找方法的实现。

本书按节次配备了"同步训练及参考答案"、按单元配备了"拓展训练及参考答案",题型包括:单项选择题、问题解答题和算法设计题 3 种题型,用以巩固和提高学生对节次、本单元知识点的理解和掌握。

本书按理论实践一体化的教学方式编写,通过【示例】【例题】和【课堂实践】使学生加深对所学知识的理解,可采用边讲解、边思考、边训练,边理论教学、边实践训练的方式进行教学。

本书配有微课视频、授课用 PPT、案例素材、习题答案等丰富的数字化教学资源。与本书配套的数字课程"数据结构(C 语言描述)"已在"智慧职教"平台(www.icve.com.cn)上线,读者可以登录平台进行在线学习及资源下载,授课教师可以调用本课程构建符合自身教学特色的 SPOC 课程,详见"智慧职教"服务指南。教师也可发邮件至编辑邮箱 1548103297@qq.com 获取相关教学资源。

本书可作为高等职业院校电子信息类专业数据结构课程的教材,也可作为数据结构学习者的学习参考书。

图书在版编目(CIP)数据

数据结构:C 语言描述 / 李学刚编著. --3 版. --北京:高等教育出版社,2022.1 (2024.1重印)

ISBN 978-7-04-057486-9

Ⅰ. ①数… Ⅱ. ①李… Ⅲ. ①数据结构-高等职业教育-教材②C 语言-程序设计-高等职业教育-教材 Ⅳ. ①TP311.12②TP312.8

中国版本图书馆 CIP 数据核字(2021)第 260381 号

Shuju Jiegou(C Yuyan Miaoshu)

| 策划编辑 | 傅 波 | 责任编辑 | 许兴瑜 | 封面设计 | 李树龙 | 版式设计 | 李彩丽 |
| 责任校对 | 马鑫蕊 | 责任印制 | 田 甜 | | | | |

出版发行	高等教育出版社	网 址	http://www.hep.edu.cn
社 址	北京市西城区德外大街 4 号		http://www.hep.com.cn
邮政编码	100120	网上订购	http://www.hepmall.com.cn
印 刷	人卫印务(北京)有限公司		http://www.hepmall.com
开 本	787 mm×1092 mm 1/16		http://www.hepmall.cn
印 张	17.75	版 次	2013 年 5 月第 1 版 2022 年 1 月第 3 版
字 数	420 千字		
购书热线	010-58581118	印 次	2024 年 1 月第 3 次印刷
咨询电话	400-810-0598	定 价	49.50 元

本书如有缺页、倒页、脱页等质量问题,请到所购图书销售部门联系调换

版权所有 侵权必究

物 料 号 57486-00

"智慧职教"服务指南

"智慧职教"是由高等教育出版社建设和运营的职业教育数字教学资源共建共享平台和在线课程教学服务平台，包括职业教育数字化学习中心平台（www.icve.com.cn）、职教云平台（zjy2.icve.com.cn）和云课堂智慧职教 App。用户在以下任一平台注册账号，均可登录并使用各个平台。

- **职业教育数字化学习中心平台（www.icve.com.cn）：为学习者提供本教材配套课程及资源的浏览服务。**

登录中心平台，在首页搜索框中搜索"数据结构（C 语言描述）"，找到对应作者主持的课程，加入课程参加学习，即可浏览课程资源。

- **职教云（zjy2.icve.com.cn）：帮助任课教师对本教材配套课程进行引用、修改，再发布为个性化课程（SPOC）。**

1. 登录职教云，在首页单击"申请教材配套课程服务"按钮，在弹出的申请页面填写相关真实信息，申请开通教材配套课程的调用权限。

2. 开通权限后，单击"新增课程"按钮，根据提示设置要构建的个性化课程的基本信息。

3. 进入个性化课程编辑页面，在"课程设计"中"导入"教材配套课程，并根据教学需要进行修改，再发布为个性化课程。

- **云课堂智慧职教 App：帮助任课教师和学生基于新构建的个性化课程开展线上线下混合式、智能化教与学。**

1. 在安卓或苹果应用市场，搜索"云课堂智慧职教"App，下载安装。

2. 登录 App，任课教师指导学生加入个性化课程，并利用 App 提供的各类功能，开展课前、课中、课后的教学互动，构建智慧课堂。

"智慧职教"使用帮助及常见问题解答请访问 help.icve.com.cn。

编写委员会

出 版 说 明

  教材是教学过程的重要载体，加强教材建设是深化职业教育教学改革的有效途径，推进人才培养模式改革的重要条件，也是推动中高职协调发展的基础性工程，对促进现代职业教育体系建设，切实提高职业教育人才培养质量具有十分重要的作用。

  为了认真贯彻《教育部关于"十二五"职业教育教材建设的若干意见》（教职成〔2012〕9号），2012年12月，教育部职业教育与成人教育司启动了"十二五"职业教育国家规划教材（高等职业教育部分）的选题立项工作。作为全国最大的职业教育教材出版基地，我社按照"统筹规划，优化结构，锤炼精品，鼓励创新"的原则，完成了立项选题的论证遴选与申报工作。在教育部职业教育与成人教育司随后组织的选题评审中，由我社申报的1 338种选题被确定为"十二五"职业教育国家规划教材立项选题。现在，这批选题相继完成了编写工作，并由全国职业教育教材审定委员会审定通过后，陆续出版。

  这批规划教材中，部分为修订版，其前身多为普通高等教育"十一五"国家级规划教材（高职高专）或普通高等教育"十五"国家级规划教材（高职高专），在高等职业教育教学改革进程中不断吐故纳新，在长期的教学实践中接受检验并修改完善，是"锤炼精品"的基础与传承创新的硕果；部分为新编教材，反映了近年来高职院校教学内容与课程体系改革的成果，并对接新的职业标准和新的产业需求，反映新知识、新技术、新工艺和新方法，具有鲜明的时代特色和职教特色。无论是修订版，还是新编版，我社都将发挥自身在数字化教学资源建设方面的优势，为规划教材开发配备数字化教学资源，实现教材的一体化服务。

  这批规划教材立项之时，也是国家职业教育专业教学资源库建设项目及国家精品资源共享课建设项目深入开展之际，而专业、课程、教材之间的紧密联系，无疑为融通教改项目、整合优质资源、打造精品力作奠定了基础。我社作为国家专业教学资源库平台建设和资源运营机构及国家精品开放课程项目组织实施单位，将建设成果以系列教材的形式成功申报立项，并在审定通过后陆续推出。这两个系列的规划教材，具有作者队伍强大、教改基础深厚、示范效应显著、配套资源丰富、纸质教材与在线资源一体化设计的鲜明特点，将是职业教育信息化条件下，扩展教学手段和范围，推动教学方式方法变革的重要媒介与典型代表。

  教学改革无止境，精品教材永追求。我社将在今后一到两年内，集中优势力量，全力以赴，出版好、推广好这批规划教材，力促优质教材进校园、精品资源进课堂，从而更好地服务于高等职业教育教学改革，更好地服务于现代职教体系建设，更好地服务于青年成才。

高等教育出版社

总　　序

国家职业教育专业教学资源库建设项目是教育部、财政部为深化高职院校教育教学改革,加强专业与课程建设,推动优质教学资源共建共享,提高人才培养质量而启动的国家级建设项目。2011 年,软件技术专业被教育部、财政部确定为高等职业教育专业教学资源库立项建设专业,由常州信息职业技术学院主持建设软件技术专业教学资源库。

按照教育部提出的建设要求,建设项目组聘请了中国科学技术大学陈国良院士担任资源库建设总顾问,确定了常州信息职业技术学院、深圳职业技术学院、青岛职业技术学院、湖南铁道职业技术学院、长春职业技术学院、山东商业职业技术学院、重庆电子工程职业学院、南京工业职业技术学院、威海职业学院、淄博职业学院、北京信息职业技术学院、武汉软件工程职业学院、深圳信息职业技术学院、杭州职业技术学院、淮安信息职业技术学院、无锡商业职业技术学院、陕西工业职业技术学院 17 所院校和微软（中国）有限公司、国际商用机器（中国）有限公司（IBM）、思科系统（中国）网络技术有限公司、英特尔（中国）有限公司等 20 余家企业作为联合建设单位,形成了一支学校、企业、行业紧密结合的建设团队。依据软件技术专业"职业情境、项目主导"人才培养规律,按照"学中做、做中学"教学思路,较好地完成了软件技术专业资源库建设任务。

本套教材是"国家职业教育软件技术专业教学资源库"建设项目的重要成果之一,也是资源库课程开发成果和资源整合应用实践的重要载体。教材体例新颖,具有以下鲜明特色。

第一,根据学生就业面向与就业岗位,构建基于软件技术职业岗位任务的课程体系与教材体系。项目组在对软件企业职业岗位调研分析的基础上,对岗位典型工作任务进行归纳与分析,开发了"Java 程序设计"、"软件开发与项目管理"等 14 门基于软件企业职业岗位的课程教学资源及配套教材。

第二,立足"教、学、做"一体化特色,设计三位一体的教材。从"教什么,怎么教""学什么,怎么学""做什么,怎么做"三个问题出发,每门课程均配套课程标准、学习指南、教学设计、电子课件、微课视频、课程案例、习题试题、经验技巧、常见问题及解答等在内的丰富的教学资源,同时与企业开发了大量的企业真实案例和培训资源包。

第三,有效整合教材内容与教学资源,打造立体化、自主学习式的新形态一体化教材。教材创新采用辅学资源标注,通过图标形象地提示读者本教学内容所配备的资源类型、内容和用途,从而将教材内容和教学资源有机整合,浑然一体。通过对"知识点"提供与之对应的微课视频二维码,让读者以纸质教材为核心,通过互联网尤其是移动互联网，将多媒体的教学资源与纸质教材有机融合，实现"线上线下互动，新旧媒体融合"，成为"互联网+"时代教材功能升级和形式创新的成果。

第四，遵循工作过程系统化课程开发理论，打破"章、节"编写模式，建立了"以项目为导向，用任务进行驱动，融知识学习与技能训练于一体"的教材体系，体现高职教育职业化、实践化特色。

第五，本套教材装帧精美，采用双色印刷，并以新颖的版式设计，突出重点概念与技能，仿真再现软件技术相关资料。通过视觉效果搭建知识技能结构，给人耳目一新的感觉。

本套教材是在第一版基础上，几经修改，既具积累之深厚，又具改革之创新，是全国20余所院校和20多家企业的110余名教师、企业工程师的心血与智慧的结晶，也是软件技术专业教学资源库多年建设成果的又一次集中体现。我们相信，随着软件技术专业教学资源库的应用与推广，本套教材将会成为软件技术专业学生、教师、企业员工立体化学习平台中的重要支撑。

国家职业教育软件技术专业教学资源库项目组

2017 年 4 月

第 3 版前言

一、缘起

本书是高等教育出版社智慧职教"数据结构（C 语言描述）"在线开放课程[可在智慧职教（http://www.icve.com.cn/）平台上学习]的配套教材，是在软件技术专业国家教学资源库建设项目"数据结构"课程配套教材的基础上进行的改版。

二、结构

本书共有 7 个单元，包括：单元 1 数据结构与算法、单元 2 线性表、单元 3 栈和队列、单元 4 树与二叉树、单元 5 图、单元 6 排序、单元 7 查找。每个单元由若干节次、每个节次由若干知识点构成。

本书按节次配备了"同步训练"，按单元配备了"拓展训练"，题型包括单项选择题、问题解答题和算法设计题 3 种，以巩固和提高学生对节次、单元知识点的理解和掌握。学生可在智慧职教"数据结构（C 语言描述）"课程中进行在线测验。

本书提供了丰富的教学、学习资源，包括教学视频、教学课件和动画演示等。这些资源可通过扫描书上的二维码在线观看、学习，也可通过智慧职教平台"数据结构（C 语言描述）"课程进行观看、学习、下载。

- "微课"是按知识点对教材内容进行碎片化划分后录制的微课教学视频，共计 78 讲。
- "PPT"是对应教学视频制作的配套教学课件，共计 78 个。
- "动画演示"是为使学生深入了解各种算法，加深对算法的理解和体会，对教材中涉及的算法和方法制作的 SWF 格式的动画演示，共计 40 余个。

三、特点

1. 按理论实践一体化的教学方式编写

书中设计了许多【示例】【例题】和【课堂实践】，可采用边讲解、边思考、边训练、边理论教学、边实践训练的方式进行教学，【示例】和【例题】有利于学生加深对知识的理解，【课堂实践】有利于学生及时消化、理解和掌握所学的知识。

2. 教学、学习资源丰富

可通过扫描书上的二维码或登录智慧职教"数据结构（C 语言描述）"在线开放课程进行浏览、下载。

四、使用

本书在教学实践中建议学时为 72 学时，其中单元 1 "数据结构与算法"建议 6 学时，单元 2 "线性表" 建议 14 学时，单元 3 "栈和队列" 建议 8 学时，单元 4 "树与二叉树" 建议 16 学时，单元 5 "图" 建议 10 学时，单元 6 "排序" 建议 10 学时，单元 7 "查找" 建议 8 学时。

本书中涉及的所有算法都是基于 VC++ 6.0 开发环境而开发。

五、致谢

本书由李学刚编著。同步训练、拓展训练等练习题及答案由李学刚编写，教学视频由简勇、司蕾、刘斌、丁慧、贺宁录制，教学课件由陆焱、简勇、司蕾、刘斌、丁慧、贺宁制作，动画演示由李学刚制作。

在本书的编写过程中得到了许多老师的大力支持和帮助，对于他们所提出的宝贵意见和建议，在此表示衷心的感谢。

由于编者水平有限，书中难免出现疏漏之处，敬请广大读者批评指正。

编　者

2021 年 8 月

第 1 版前言

一、缘起

作者从 2011 年开始至今参加了软件技术专业国家教学资源库，负责"数据结构"课程的教材建设工作。

本书是软件技术专业国家教学资源库"数据结构"课程的配套教材。该项目提供了丰富的教学、学习资源，可供教师、学生、企业人员和社会学习者参考、学习和使用，资源包括：课程简介、学习指南、课程标准、整体设计、说课 PPT 和录像、单元设计、电子教材、授课录像、电子课件、课堂和课外实践报告册、习题试题库、单元案例和课程综合案例、课程考核方案、参考资源和源代码。

二、结构

本书共有两篇、8 个单元，知识技能篇包括：数据结构与算法、线性表、栈和队列、树与二叉树、图、排序和查找 7 个单元；技术应用篇为综合实训项目，由实际问题"算术表达式求值"和"文件目录搜索"的开发、对系统进行总体设计和详细设计的实现构成。

知识技能篇的每个单元都由"学习目标"、"引例描述"、"知识储备"、"引例分析与实现"和"同步训练"5 个部分组成。

- "学习目标"阐明了本单元学习的知识目标和能力目标。
- "引例描述"对本单元要解决的实际问题和要求进行描述。
- "知识储备"给出了要解决引例给出的实际问题需要学习和掌握的相关知识，每个知识点都有相应【示例】，对重点知识配有相应的【例题】和【课堂实践】。
- "引例分析与实现"完成对引例的分析、给出实现的代码。
- "同步训练"包括单项选择题、问题解答题和算法设计题 3 种题型，以巩固和提高学生对本单元知识点的理解和掌握。

技术应用篇按照软件开发的主要过程，通过实际问题"算术表达式求值"和"文件目录搜索"给出系统的总体设计和详细设计。

三、特点

1. 每个单元都有一个实际问题为背景

每个单元由引例描述、知识储备、引例分析与实现三部分组成。通过引例描述，使学生了解本单元所能解决的某类实际问题，让学生有一个感性的认识，从而激发学生学习的积极性和对知识的渴望；通过知识储备，使学生掌握本单元所要学习的主要内容，为解决引例做好知识的准备；通过引例分析与实现，指导学生应该如何利用所学习的知识分析、解决实际问题。

2. 按理论实践一体化的教学方式编写

本书在内容编排上，设计了许多【示例】【例题】和【课堂实践】，可采用边讲解、边思考、边训练，边理论教学边实践训练的方式进行教学，使学生能够通过【示例】、【例题】加深对知识的理解，通过【课堂实践】及时消化、理解和掌握所学的知识。

四、使用

本书在教学实践中建议学时为 80 学时，其中单元 1 建议 4 学时，单元 2 建议 14 学时，单元 3 建议 8 学时，单元 4 建议 14 学时，单元 5 建议 10 学时，单元 6 建议 12 学时，单元 7 建议 8 学时，单元 8 建议 10 学时。

对每个单元的教学，建议先进行引例描述，然后进行引例演示，再讲解知识储备，最后进行引例分析与实现；单元 8 主要由教师指导、学生通过实践解决。

本书中涉及的所有语法知识都是在 VC++ 6.0 开发环境下给出的 C 语言基本语法，所有代码都是基于 VC++ 6.0 开发环境开发的，所有源代码的扩展名均为 .cpp。

本书是高等职业教育软件技术专业教学资源库"数据结构（C 语言描述）"课程的配套教材，整个资源都是基于网络平台运行。"数据结构（C 语言描述）"课程作为高等职业教育软件技术专业教学资源库建设课程之一，开发了丰富的数字化教学资源，如下表所示。

序号	资 源 名 称	表现形式与内涵
1	课程简介	Word 电子文档，包含课程内容、课时安排、适用对象、课程的性质和地位等，让学习者对数据结构有个初步的认识
2	学习指南	Word 电子文档，包括学前要求、学习目标以及学习路径和考核标准要求，让学习者知道如何使用资源完成学习
3	课程标准	Word 电子文档，包含课程定位、课程目标要求以及课程内容与要求，可供教师备课时使用
4	整体设计	Word 电子文档，包含课程设计思路，课程的具体的目标要求以及课程内容设计和能力训练设计，同时给出考核方案设计，让教师理解课程的设计理念，有助于教学实施
5	说课 PPT 和录像	PPT 电子文档和 AVI 视频文件，可帮助教师理解如何进行数据结构课程的教学
6	单元设计	Word 电子文档，对每个单元的教学内容、重难点和教学过程等进行了详细设计，可供教学备课时参考
7	授课录像	AVI 视频文件，提供教材全部内容的教学视频，可供学习者和教师学习、参考
8	课程 PPT	PPT 电子文件，提供教学课件，可供教师备课、授课使用，也可供学习者学习使用
9	习题库、试题库	Word 电子文档及网上资源，习题库给出各单元配套的课后习题供学生巩固所学习的知识；试题库为每个注册的用户提供了分单元在线测试，通过在线测试，让学习者了解对所学知识的掌握情况

续表

序号	资源名称	表现形式与内涵
10	单元案例、综合案例	Word 电子文档，包含用各单元的知识解决实际问题的单元案例和用所学的全部知识解决实际问题的综合案例，每个案例都有设计文档和源代码，可供教师和学习者使用
11	课程考核方案	Word 电子文档，包括整体考核标准、过程考核标准和综合素质评价标准，可供教师教学时参考
12	源代码	Word 电子文档，给出全书所涉及的所有源代码，可供教师教学和学生学习使用

本书除软件技术专业资源库平台提供在线的丰富数字化资源外，为方便教师教学，线下还向教师提供包括：教学课件（PPT）、素材、程序源代码等教学资源，读者可发邮件至 1548103297@qq.com 索取。

五、致谢

本书由李学刚、刘斌、杨丹、邱碧龙编著。

本书在编写过程中，得到了许多老师的大力支持和帮助，提出了许多宝贵的意见和建议，在此向他（她）们表示衷心的感谢。

由于时间仓促、水平有限，难免存在不妥之处，敬请广大读者批评指正。

编　者
2013 年 4 月

目　　录

单元 1

数据结构与算法

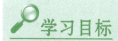 学习目标

【知识目标】

- 了解数据、数据元素、数据结构、逻辑结构、存储结构的有关概念。
- 掌握数据结构包含的 3 个方面、逻辑结构的分类、基本逻辑结构、顺序存储和链式存储方法。
- 掌握算法及算法的特性。
- 理解和掌握算法分析的方法。

【能力目标】

- 能熟练进行时间复杂度的算法分析，从而选择一个好的算法。

程序设计就是使用计算机解决现实世界中的实际问题。对于给定的一个实际问题，在进行程序设计时，首先，要把实际问题中用到的信息抽象为能够用计算机表示的数据；第二，要把抽象出来的这些数据建立一个数据模型，这个数据模型也称为逻辑结构，即建立数据的逻辑结构；第三，要把逻辑结构中的数据及数据之间的关系存放到计算机中，即建立数据的存储结构；最后，在所建立的存储结构上实现对数据元素的各种操作，即算法的设计与实现。

本单元就是要使读者了解计算机中数据的表示，理解数据元素、逻辑结构、存储结构和算法的有关概念；掌握基本逻辑结构和常用的存储方法，能够选择合适的数据逻辑结构和存储结构；掌握算法及算法的 5 个重要特性，能够对算法进行时间复杂度分析，从而选择一个好的算法，为后面的学习打下良好的基础。

微课 1-1
数据结构
基本概念

PPT 1-1
数据结构
基本概念

PPT

1.1 数据结构概述

1.1.1 数据结构的概念

1. 数据（Data）

数据是信息的载体。它能够被计算机识别、存储和加工处理，是计算机程序加工的"原料"。随着计算机应用领域的扩大，数据的范畴也随之扩大，主要包括整数、实数、字符串、图像和声音等。

2. 数据元素（Data Element）

数据元素是数据的基本单位。数据元素也称为**元素**、**结点**、**顶点**、**记录**等。

【示例 1-1】学生的信息包括学号、姓名、成绩。一个学生的信息就是一个数据元素。

3. 数据项（Data Item）

数据项也称为**字段**、**域**或**属性**，是具有独立含义的最小标识单位。一个数据元素可以由若干个数据项组成。

【示例 1-2】学生信息中的学号、姓名、成绩等都是数据项。

4. 数据结构（Data Structure）

数据结构指的是数据元素之间的相互关系，即数据的组织形式。数据结构一般包括以下 3 方面内容。

（1）数据的逻辑结构

数据的逻辑结构就是数据元素之间的逻辑关系。

【示例 1-3】某班学生成绩表，包括学号、姓名和各科成绩，每个学生的信息都是一个数据元素，数据元素之间有这样的逻辑关系：在一个数据元素的前面最多有一个与其相邻的数据元素（称为**直接前驱**），在一个数据元素的后面也最多有一个与其相邻的数据元素（称为**直接后继**）。数据元素之间的这种关系构成了学生成绩表的逻辑结构。

数据（逻辑）结构的形式定义：数据结构是一个二元组 (D, R)，其中 D 是数据元素的有限集，R 是 D 上关系的有限集。

（2）数据的存储结构

数据的存储结构就是数据元素及数据元素之间的逻辑关系在计算机存储器内的表示。

（3）数据的运算

数据的运算即对数据施加的操作。数据的运算定义在数据的逻辑结构上，只有确定了存储结构，才能具体实现这些运算。

数据的运算通常包括以下 5 个操作。

① **插入**：在指定位置上添加一个新结点。

② **删除**：删去指定位置上的结点。

③ **更新**：修改某结点的值。

④ **查找**：寻找满足指定条件的结点及其位置。

⑤ **排序**：按指定的顺序使结点重新排列。

微课 1-2
数据结构
研究的主
要内容

1.1.2　数据的逻辑结构

1．线性结构和非线性结构

数据的逻辑结构分为**线性结构**和**非线性结构**两种。

① **线性结构的特征**：有且仅有一个开始结点和一个终端结点，且所有结点都最多只有一个直接前驱和一个直接后继。

② **非线性结构的特征**：一个结点可能有多个直接前驱或多个直接后继。

PPT　1-2
数据结构
研究的主
要内容

2．基本逻辑结构

① **集合结构**：数据元素的有限集合。数据元素之间除了"属于同一个集合"的关系之外没有其他关系。

② **线性结构**：数据元素的有序集合。数据元素之间形成一对一的关系。

③ **树形结构**：树是层次数据结构，树中的数据元素之间存在一对多的关系。

④ **图状结构**：图中数据元素之间是多对多的关系。

如果用小圆圈表示结点，用连线表示结点之间的逻辑（邻接）关系，4 种基本逻辑结构如图 1-1 所示。

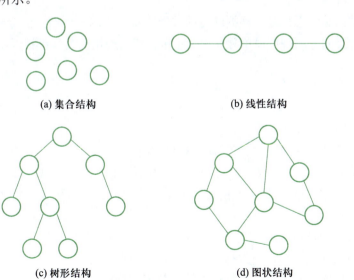

(a) 集合结构　　　　　　　　(b) 线性结构

(c) 树形结构　　　　　　　　(d) 图状结构

图 1-1　4 种基本逻辑结构

1.1.3　数据的存储结构

存储结构可用以下 4 种存储方法得到。

1．顺序存储方法

把逻辑上相邻的结点存储在物理位置上相邻的存储单元中，结点之间的逻辑关系由存储单元的邻接关系来体现，由此得到的存储表示称为顺序存储结构。顺序存储结构通常借助于程序语言的数组来描述。

2．链式存储方法

该方法不要求逻辑上相邻的结点在物理位置上也相邻，结点间的逻辑关系由附加的指针字段来表示，由此得到的存储表示称为链式存储结构。链式存储结构通常借助于程序语言的指针来描述，如图 1-2 所示。

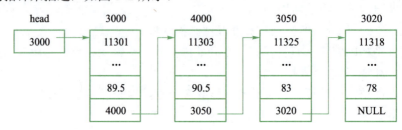

图 1-2　链式存储

3．索引存储方法

在建立结点信息的同时，还要建立附加的索引表来标识结点的地址。索引表中的每一项称为索引项，索引项由结点的关键字和该结点的存储地址组成，关键字是能唯一标识一个结点的数据项。

4．散列存储方法

这种方法的基本思想是，根据结点的关键字直接计算出该结点的存储地址。

以上 4 种存储方法既可以单独使用，也可以组合使用，具体可根据实际问题的需要而定。

同步训练 1-1

单项选择题

1．计算机识别、存储和加工处理的对象被统称为（　　）。

　　A．数据　　　　B．数据元素　　　C．数据结构　　　　　D．数据类型

2．数据结构指的是数据之间的相互关系，即数据的组织形式。数据结构一般包括（　　）3 方面内容。

　　A．数据的逻辑结构、数据的存储结构、数据的描述

　　B．数据的逻辑结构、数据的存储结构、数据的运算

　　C．数据的存储结构、数据的运算、数据的描述

    D．数据的逻辑结构、数据的运算、数据的描述

3．数据结构是（   ）。

    A．一种数据类型

    B．数据的存储结构

    C．一组性质相同的数据元素的集合

    D．数据元素及其关系的集合

4．数据元素及其关系在计算机存储器内的表示，称为数据的（   ）。

    A．逻辑结构   B．存储结构   C．线性结构   D．非线性结构

5．数据的逻辑结构是从逻辑关系上描述数据，它与数据的（   ）无关，是独立于计算机的。

    A．运算   B．操作   C．逻辑结构   D．存储结构

6．若将数据结构形式定义为二元组（D，R），其中 D 是数据元素的有限集合，则 R 是 D 上（   ）。

    A．操作的有限集合   B．映象的有限集合

    C．类型的有限集合   D．关系的有限集合

7．数据的运算定义在数据的逻辑结构上，只有确定了（   ），才能具体实现这些运算。

    A．数据对象   B．逻辑结构   C．存储结构   D．数据操作

8．数据的逻辑结构包括（   ）。

    A．线性结构和非线性结构   B．线性结构和树形结构

    C．非线性结构和集合结构   D．线性结构和图状结构

9．（   ）的特征是：有且仅有一个开始结点和一个终端结点，且所有结点都最多只有一个直接前驱和一个直接后继。

    A．线性结构   B．非线性结构

    C．树形结构   D．图状结构

10．（   ）的特征是：一个结点可能有多个直接前驱或多个直接后继。

    A．线性结构   B．非线性结构

    C．树形结构   D．图状结构

11．基本的逻辑结构包括（   ）。

    A．树形结构、图状结构、线性结构和非线性结构

    B．集合结构、线性结构、树形结构和非线性结构

    C．集合结构、树形结构、图状结构和非线性结构

    D．集合结构、线性结构、树形结构和图状结构

12．线性结构的数据元素之间存在（   ）的关系。

    A．属于同一集合   B．一对一   C．一对多   D．多对多

13．树形结构的数据元素之间存在（   ）的关系。

A．属于同一集合　　　B．一对一　　　　　C．一对多　　　　　D．多对多

14．图状结构的数据元素之间存在（　　　）的关系。

A．属于同一集合　　　B．一对一　　　　　C．一对多　　　　　D．多对多

15．数据的存储方法主要包括（　　　）。

A．顺序存储方法和链式存储方法　　　　　B．顺序存储方法和结构存储方法

C．链式存储方法和结构存储方法　　　　　D．索引存储方法和结构存储方法

16．数据的 4 种存储结构是（　　　）。

A．顺序存储结构、链接存储结构、索引存储结构和散列存储结构

B．线性存储结构、非线性存储结构、树形存储结构和图状存储结构

C．集合存储结构、一对一存储结构、一对多存储结构和多对多存储结构

D．顺序存储结构、树形存储结构、图状存储结构和散列存储结构

17．若结点的存储地址与其关键字之间存在某种映射关系，则称这种存储结构为（　　　）。

A．顺序存储结构　　　　　　　　　　　　B．链式存储结构

C．索引存储结构　　　　　　　　　　　　D．散列存储结构

微课 1-3
算法及算法
分析

1.2　算法及算法分析

PPT　1-3
算法及算法
分析

PPT

1.2.1　算法及其特性

1．算法

算法是对特定问题求解步骤的一种描述，是求解步骤（指令）的有限序列。一个算法是将输入转换为输出的计算步骤。

2．算法的重要特性

① **输入**：一个算法应该有 0 个或多个输入。

② **有穷性**：一个算法必须在执行有穷步骤之后正常结束，而不能形成无穷循环。

③ **确定性**：算法中的每一条指令必须有确切的含义，不能产生多义性。

④ **可行性**：算法中的每一条指令必须是切实可执行的，即原则上可以通过已经实现的基本运算执行有限次来实现。

⑤ **输出**：一个算法应该有一个或多个输出，这些输出是同输入有某个特定关系的量。

3．算法描述

算法描述的方法主要有以下 4 种。

① **框图算法描述**：使用流程图或 N-S 图来描述算法。

② **非形式算法描述**：使用自然语言（中文或英文）和程序设计语言中的语句来描述算法。这类描述方法自然、简洁，但缺乏严谨性和结构性。

③ **类高级语言算法描述**：使用类 C 或 C++的所谓伪语言来描述算法。这种算法不

能直接在计算机上运行，但专业设计人员经常使用它来描述算法，它具有容易编写、阅读和格式统一的特点。

④ **高级语言算法描述**：使用高级语言来描述算法。这是可以在计算机上运行并获得结果的算法描述。

本书将采用 C 语言进行算法描述。

4．算法与程序的关系

算法和程序都可用来表达解决问题的逻辑步骤。算法是对解决问题的方法的具体描述，程序是算法在计算机中的具体实现，程序是算法，但算法不一定是程序。

1.2.2 算法分析

1．算法设计的要求

在算法设计中，对同一个问题可以设计出求解它的不同的算法。要想评价这些算法的优劣，从而为算法设计和选择提供可靠的依据，通常可以考虑以下 5 个方面。

① 正确性：算法应能正确地实现预定的功能和处理要求。

② 易读性：算法应易于阅读和理解，便于调试、修改和扩充。

③ 健壮性：由正确的输入能够得到正确的输出。当遇到非法输入时应能作适当的反应或处理，而不会产生不需要或不正确的结果。

④ 高效性：解决同一问题所耗费的执行时间越短，算法的时间效率就越高。

⑤ 低存储量：解决同一问题所占用的存储空间越少，算法的空间效率就越高。

2．影响算法运行时间的因素

影响算法运行时间的主要因素如下。

① 计算机硬件。

② 实现算法的语言。

③ 编译生成的目标代码的质量。

④ 问题的规模。

即计算机硬件系统、软件系统和问题的规模。在各种因素都不能确定的情况下，很难比较出算法的执行时间，即使用执行算法的绝对时间来衡量算法的效率是不合适的。

为此，可以将与计算机软硬件相关的因素确定下来，这样，一个特定算法的运行时间就只依赖于问题的规模，即算法的运行时间是问题规模 n 的函数 $T(n)$。

3．算法的时间效率分析

一个算法所耗费的时间，应该是该算法中每条语句执行时间之和，而每条语句的执行时间是该语句执行次数（也称为**频度**）与该语句执行一次所需时间的乘积。但当算法转换为程序之后，每条语句执行一次所需的时间取决于机器的指令性能、速度以及编译所产生的代码质量，这是很难确定的。假设每条语句执行一次所需的时间均是单位时间，这样，一个算法的时间耗费就是该算法中所有语句执行频度之和。于是，就可以独立于机器的软件、硬件系统来分析算法的时间耗费。

计算算法的时间耗费 $T(n)$ 需要计算算法中每条语句的执行频度之和。

微课 1-4
算法的时
间和空间
复杂度

PPT   1-4
算法的时
间和空间
复杂度

PPT

4. 算法的时间复杂度

（1）定义

设问题的规模为 n，把一个算法的时间耗费 $T(n)$ 称为该算法的**时间复杂度**，它是问题规模 n 的函数。

（2）算法的渐进时间复杂度

设 $T(n)$ 为一个算法的时间复杂度，如果存在一个函数 $f(n)$，当 n 趋向无穷大时，$T(n)$ 与函数 $f(n)$ 比值的极限是一个非 0 常数 M，即 $\lim\limits_{n \to \infty} \dfrac{T(n)}{f(n)} = \mathrm{M}$，则称 $O(f(n))$ 为算法的渐进时间复杂度（简称**时间复杂度**），也称 $T(n)$ 与 $f(n)$ 的数量级相同，记作 $T(n)=O(f(n))$。通常，$f(n)$ 应该是算法中执行频度最高的语句的执行频度。

因此，计算算法的时间复杂度只需计算算法中执行频度最高的语句的执行频度。

（3）常用算法时间复杂度的顺序

常用的算法时间复杂度及顺序如下：

$$O(1)<O(\lg n)<O(n)<O(n\lg n)<O(n^2)<O(n^3)<\cdots<O(2^n)$$

其中，$\lg n$ 表示以 2 为底的 n 的对数（下同）。

（4）影响算法时间复杂度的因素

算法的时间复杂度不仅仅依赖于问题的规模，还与输入实例的初始状态有关。

【示例 1-4】在数组 A[0⋯n−1] 中查找给定值 K 的算法如下。

① i=n−1;

② while(i>=0&&(A[i]!=K))

③   i--;

④ return i;

此算法中语句③的执行频度最高，它不仅与问题规模 n 有关，还与输入实例中数组 A 各元素的取值及 K 的取值有关。

若 A 中没有与 K 相等的元素，则语句③的执行频度 $f(n)=n$。

若 A 的最后一个元素等于 K，则语句③的执行频度 $f(n)$ 是常数 0。

（5）最坏时间复杂度和平均时间复杂度

最坏情况下的时间复杂度称为最坏时间复杂度。最坏情况下的时间复杂度是算法在任何输入实例上运行时间的上界。

平均时间复杂度是指所有可能的输入实例均以等概率出现的情况下，算法的期望运行时间。

如果不作特别说明，本书讨论的时间复杂度均是平均时间复杂度。

【例 1-1】求在含有 n（$n>3$）个元素的数组 array 中输出第 3 个元素的算法时间复杂度。

① i=3;

② printf("%d\n",array[i]);

解：该程序段中，各行语句的执行次数均为 1，所以该算法的时间耗费 $T(n)= 1+1=2$，

该算法的时间耗费 $T(n)$ 与问题的规模 n 无关，因此，该算法的时间复杂度 $T(n)=O(1)$。

【例 1-2】求下列算法的时间复杂度。

① x=1;
② for(i=1;i<=n;i++)
③ 　　　for(j=1;j<=i;j++)
④ 　　　　　for(k=1;k<=j;k++)
⑤ 　　　　　　　x++;

分析：该程序段中执行频度最高的语句是⑤，内循环语句④和③虽然与 n 无关，但外循环语句②与 n 有关。所以，可以从内层循环向外层分析语句⑤的执行次数。

解：循环语句④的循环体⑤执行了 j 次，循环语句③的循环体执行了 i 次，循环语句②的循环体执行了 n 次，即语句⑤的执行次数为

$$\sum_{i=1}^{n}\sum_{j=1}^{i} j = \sum_{i=1}^{n} i(i+1)/2 = (\sum_{i=1}^{n} i^2 + \sum_{i=1}^{n} i)/2$$

$$= \left[n(n+1)(2n+1)/6 + n(n+1)/2 \right]/2 = n(n+1)(n+2)/6$$

因此，该算法的时间复杂度 $T(n) = O(n^3)$。

【课堂实践 1-1】

计算下列程序段执行的时间耗费和时间复杂度。

```
i=1; k=0;
 while(i<=n-1)
 {
     k+=10*i;
     i++;
 }
```

同步训练 1-2

一、单项选择题

1．算法指的是（　　）。

　　A．计算机程序　　　　　　　　B．解决问题的计算方法

　　C．排序算法　　　　　　　　　D．解决问题的有限运算序列

2．算法是对特定问题求解步骤的一种描述，是一系列将输入转换为输出的计算步骤。其特性除了包含输入和输出外，还包括（　　）。

　　A．有穷性、正确性、可行性　　B．有穷性、正确性、确定性

　　C．有穷性、确定性、可行性　　D．正确性、确定性、可行性

3．一个有输入的算法才具有通用性，一个有输出的算法才有意义，算法对输入和输出的最低要求是（　　）。

　　A．有 0 个输入和 0 个输出　　　B．有 0 个输入和 1 个输出

　　C．有 1 个输入和 0 个输出　　　　D．有 1 个输入和 1 个输出

4．评价一个算法的质量除正确性和易读性外，还包括（　　　）。

　　A．有穷性、高效性、低存储量　　B．确定性、健壮性、高效性

　　C．健壮性、高效性、低存储量　　D．可行性、健壮性、低存储量

5．如果将与计算机软硬件相关的因素确定下来，那么一个特定算法的运行工作量就只依赖于（　　　）。

　　A．计算机硬件　　　　　　　　　B．实现算法的语言

　　C．问题的规模　　　　　　　　　D．编译生成的目标代码的质量

6．影响算法运行时间的主要因素是问题的规模，其通常是指求解问题的（　　　）。

　　A．大小　　　　B．多少　　　　C．输入量　　　　D．输出量

7．评价一个算法时间性能的主要标准是（　　　）。

　　A．算法易于调试　　　　　　　　B．算法易于理解

　　C．算法的稳定性和正确性　　　　D．算法的时间复杂度

8．算法分析的目的是（　　　）。

　　A．辨别数据结构的合理性

　　B．评价算法的效率

　　C．研究算法中输入与输出的关系

　　D．鉴别算法的可读性

9．若一个算法的时间复杂度用 $T(n)$ 表示，其中 n 的含义是（　　　）。

　　A．问题规模　　B．语句条数　　C．循环层数　　D．函数数量

10．一个算法的时间耗费的数量级称为该算法的（　　　）。

　　A．效率　　　　B．难度　　　　C．可实现性　　　D．时间复杂度

11．算法的时间复杂度表征的是（　　　）。

　　A．算法的可读性　　　　　　　　B．算法的难易程度

　　C．执行算法所耗费的时间　　　　D．执行算法所耗费的存储空间

12．对于 $T(n)=O(f(n))$，关于 $f(n)$ 的叙述错误的是（　　　）。

　　A．$f(n)$ 是算法的时间耗费

　　B．$f(n)$ 是算法中某条语句的执行频度

　　C．$f(n)$ 是算法中执行频度最高的语句的执行频度

　　D．$f(n)$ 与 $T(n)$ 的数量级相同

13．下述程序段中各语句执行频度的和是（　　　）。

```
s=0;
for(i=1;i<n;i++)
    for(j=0;j<=i;j++)
        s+=j;
```

　　A．$n-1$　　　B．n　　　　　C．$2n-1$　　　　D．$2n$

14．下述程序段①中各语句执行频度的和是（　　　）。

```
        s=0;
        for(i=1;i<n;i++)
①           for(j=0;j<=i;j++)
                s+=j;
```

    A．$(n-1)(n+3)$ B．$(n-1)(n+4)$ C．$n(n+4)$ D．$n(n+5)$

15．下述程序段中语句①的执行频度是（   ）。

```
        s=0;
        for(i=1;i<n;i++)
            for(j=0;j<=i;j++)
①               s+=j;
```

    A．$(n+1)(n-1)/2$ B．$n(n-1)/2$

    C．$(n+2)(n-1)/2$ D．$n(n+1)/2$

16．下面程序段的时间耗费 $T(n)$ 为（   ）。

```
i=s=0;
while (s<n)
{
    i++;
    s++;
}
```

    A．$2n+1$ B．$3n+1$ C．$3n+2$ D．$3n+3$

17．若一个算法中的语句频度之和为 $T(n)=3720n+4n\lg n$，则算法的时间复杂度为（   ）。

    A．$O(n)$ B．$O(\lg n)$ C．$O(n\lg n)$ D．$O(n^2)$

18．若算法中语句的最大频度为 $T(n)=2006n+6n\lg n+29\lg^2 n$，则其时间复杂度为（   ）。

    A．$O(n)$ B．$O(\lg n)$ C．$O(n\lg n)$ D．$O(\lg^2 n)$

19．下面程序段执行的时间复杂度为（   ）。

```
for(i=1;i<=n;i++)
    for(j=1;j<=i;j++)
        s++;
```

    A．$O(n)$ B．$O(\lg n)$ C．$O(n^2)$ D．$O(n^3)$

20．下面程序段的时间复杂度为（   ）。

```
for(i=0;i<n;i++)
    for(j=1;j<m;j++)
        A[i][j]=0;
```

    A．$O(n)$ B．$O(m+n+1)$ C．$O(m+n)$ D．$O(m*n)$

21．下面程序段执行的时间复杂度为（   ）。

```
int i,k=0;
```

```
for(i=2;i<=n;i=i*2)
    k++;
```

    A．$O(n)$ B．$O(\lg n)$ C．$O(n\lg n)$ D．$O(n^2)$

22．下面程序段执行的时间复杂度为（　　　）。

```
int i,j,k=0;
for(i=2;i<=n;i=i*2)
    for(j=1;j<=n;j++)
        k++;
```

    A．$O(n)$ B．$O(\lg n)$ C．$O(n\lg n)$ D．$O(n^2)$

23．对于 3 个函数 $f(n)=2008n^3+8n^2+96000$、$g(n)=8n^3+8n+2008$ 和 $h(n)=8888n\lg n+3n^2$，下列陈述中不成立的是（　　　）。

    A．$f(n)$ 是 $O(g(n))$ B．$g(n)$ 是 $O(f(n))$

    C．$h(n)$ 是 $O(n\lg n)$ D．$h(n)$ 是 $O(n^2)$

24．下列各式中，按增长率由小至大的顺序正确排列的是（　　　）。

    A．$\sqrt{n}$，$n!$，2^n，$n^{3/2}$ B．$n^{3/2}$，2^n，$n^{\lg n}$，2^{100}

    C．2^n，$\lg n$，$n^{\lg n}$，$n^{3/2}$ D．2^{100}，$\lg n$，2^n，n^n

二、问题解答题

1．分析下面程序段执行的时间耗费和时间复杂度。

（1）

```
i=0; k=0;
do
{
    k=k+10*i;
    i++;
}while(i<n);
```

（2）

```
i=1; j=0;
while(i+j<=n)
{
    if(i>j)
        j++;
    else
        i++;
}
```

（3）

```
k=0;
```

```
for(i=1;i<=n;i++)
    for(j=2;j<=n;j=j*2)
        k++;
```

2．设 3 个函数 f、g、h 分别为 $f(n)=100n^3+n^2+1000$、$g(n)=25n^3+5000n^2$、$h(n)=n^{1.5}+5000n\lg n$，请判断下列关系是否成立：

（1）$f(n)=O(g(n))$

（2）$g(n)=O(f(n))$

（3）$h(n)=O(n^{1.5})$

（4）$h(n)=O(n\lg n)$

3．设有两个算法在同一机器上运行，其执行时间分别为 $100n^2$ 和 2^n，要使前者快于后者，n 至少要多大？

4．算法的时间复杂度仅与问题的规模相关吗？

5．按增长率由小至大的顺序排列下列各函数：

$$2^{100}, \quad (3/2)^n, \quad (2/3)^n, \quad n^n, \quad \sqrt{n}, \quad n!, \quad 2^n, \quad \lg n, \quad n^{\lg n}, \quad n^{\frac{3}{2}}$$

单元 1
课堂实践
参考答案

同步训练
1-1 参考
答案

同步训练
1-2 参考
答案

单元2

线 性 表

2.1　线性表概述

2.1.1　线性表的定义

在现实世界中，线性表的例子不胜枚举。

【示例 2-1】英文字母表(A,B, …,Z)是一个线性表，表中的每个字母是一个数据元素；又如一副扑克牌的点数(2,3, …,10,J,Q,K,A)也是一个线性表，这里的数据元素是每张牌的点数。

在较为复杂的线性表中，数据元素可以由若干个数据项组成。

【示例 2-2】学生成绩表由学号、姓名、各科成绩组成，该成绩表是一个线性表，每个学生的信息是一个数据元素（记录）。

用以区别各个记录的数据项（学号）称为关键字。

综合上述例子，可以对线性表进行如下描述。

1. 定义

线性表（Linear List）由 n 个数据元素的有限序列($a_1,a_2,\cdots,a_n$)组成，其中每个数据元素 a_i 的具体含义可按实际问题的要求定义具体的内容，可以是一个数、一个符号、一串文字，甚至是其他更复杂的信息。线性表中数据元素的个数 n 称为线性表的**长度**，i 称为 a_i 在线性表中的序号或位置。

2. 线性表的逻辑特征

一个线性表是 n 个数据元素的有限序列。若 $n=0$，则表示一个**空表**，即没有任何数据元素的线性表；若 $n>0$，则除 a_1 和 a_n 外，每个数据元素有且仅有一个直接前驱和一个直接后继，即如果 a_i（其中 $1<i<n$）是线性表中第 i 个数据元素，则 a_i 有且仅有一个直接前驱 a_{i-1}，有且仅有一个直接后继 a_{i+1}。a_1 称为起始结点，它没有直接前驱，有且仅有一个直接后继 a_2；a_n 称为终端结点，它没有直接后继，有且仅有一个直接前驱 a_{n-1}。

3. 线性表的特性

① 数据元素在线性表中是连续的，表的长度（即数据元素的个数）可根据需要增加或减少，但调整后的线性表中，数据元素仍然必须是连续的，即线性表是一种线性结构。

② 线性表有确定的最大长度，即线性表的容量，表内元素的个数是线性表的当前长度。根据表的长度，线性表可以分为空表、满表或有若干个元素的表。

③ 数据元素在线性表中的位置仅取决于它们在表中的序号，并由该元素数据项中的关键字加以标识。

④ 线性表中所有数据元素的同一数据项，其属性相同，数据类型也一致。

2.1.2　线性表的基本操作

对于线性表，根据其性质、结构特点以及在实际应用中的需要，有如下几种基本的运算或操作。

1. 线性表初始化

格式：InitList(L)

初始条件：线性表 L 不存在。

操作结果：构造一个空的线性表 L。

2. 求线性表的长度

格式：LengthList(L)

初始条件：线性表 L 存在。

操作结果：返回线性表 L 中所有元素的个数。

3. 取表元

格式：GetList(L,i)

初始条件：线性表 L 存在，且 $1 \leqslant i \leqslant$ LengthList(L)。

操作结果：返回线性表 L 的第 i 个元素（a_i）的值。

4. 按值查找

格式：LocateList(L,x)

初始条件：线性表 L 存在，x 有确定的值。

操作结果：在线性表 L 中查找值为 x 的数据元素，并返回该元素在 L 中的位置。若 L 中有多个元素的值与 x 相同，则返回首次找到的元素的位置；若 L 中没有值为 x 的数据元素，返回一个特殊值（通常为-1），表示查找失败。

5. 插入操作

格式：InsertList(L,i,x)

初始条件：线性表 L 存在，i 为插入位置（$1 \leqslant i \leqslant n+1$，$n$ 为插入前的表长）。

操作结果：在线性表 L 的第 i 个元素（a_i）位置上插入值为 x 的新元素，插入后原序号为 i、$i+1$、$\cdots$、n 的数据元素的序号变为 $i+1$、$i+2$、$\cdots$、$n+1$，插入后表长=原表长+1。

6. 删除操作

格式：DeleteList(L,i)

初始条件：线性表 L 存在，i（$1 \leqslant i \leqslant n$）为给定的待删除元素的位置值。

操作结果：在线性表 L 中删除序号为 i 的数据元素（a_i），删除后，原序号为 $i+1$、$i+2$、$\cdots$、n 的数据元素的序号变为 i、$i+1$、$\cdots$、$n-1$，删除后表长=原表长-1。

> ⓘ **注意**：以上给出的是线性表的基本运算，并不是全部运算，其他运算可用这些基本运算来实现，这些运算都是定义在逻辑结构层次上的运算，只有确定了存储结构之后，才能具体实现这些运算。

同步训练 2-1

单项选择题

1. 线性表是（ ）的有限序列。

A．数据　　　B．数据项　　　C．数据元素　　　D．整型数据

2．以下关于线性表叙述不正确的是（　　　）。

A．线性表中的数据元素可以是数字、字符、记录等不同类型

B．线性表中包含的数据元素个数不是任意的

C．线性表中的每个结点都有且只有一个直接前驱和直接后继

D．存在这样的线性表：表中各结点都没有直接前驱和直接后继

3．线性表的长度是指（　　　）。

A．初始时线性表中包含数据元素的个数

B．线性表中当前包含数据元素的个数

C．对线性表进行操作后线性表中包含数据元素的个数

D．线性表中可以包含数据元素的最大个数

4．线性表的容量是指（　　　）。

A．初始时线性表中包含数据元素的个数

B．线性表中当前包含数据元素的个数

C．对线性表进行操作后线性表中包含数据元素的个数

D．线性表中可以包含数据元素的最大个数

5．以下关于线性表叙述正确的是（　　　）。

A．数据元素在线性表中可以是不连续的

B．线性表是一种存储结构

C．线性表是一种逻辑结构

D．对线性表做插入或删除操作可使线性表中的数据元素不连续

6．在线性表的下列运算中，不改变数据元素之间结构关系的运算是（　　　）。

A．插入　　　B．删除　　　C．排序　　　D．查找

2.2　顺序表及其基本操作

微课 2–1
顺序表及
其描述

PPT　2–1
顺序表及
其描述

2.2.1　顺序表

把线性表按顺序存储方法，即把线性表的结点按逻辑次序依次存放在一组地址连续的存储单元里。用这种方法存储的线性表简称为**顺序表（Sequence List）**。

1．顺序表中数据元素存储地址的计算

假设每个数据元素在存储器中占用 d 个字节的存储单元，如果将第一个元素 a_1 的存储地址（也称为基地址）设为 $LOC(a_1)$，则第 i 个元素 a_i 的存储地址 $LOC(a_i)$ 可表示为

$$LOC(a_i)=LOC(a_1)+(i-1)\times d$$

由此，只要知道基地址和每个数据元素的存储长度，就可以求出任一数据元素的存储地址，也就可以随机地访问顺序表的每一个元素。因此，顺序表是一种随机存取结构。

2．顺序表的描述

顺序表可用如下方法来描述。

（1）通过确定元素和表长描述顺序表

```
#define ListSize 100          //ListSize 用来表示顺序表的容量
typedef int DataType;         //DataType 用来表示数据元素的类型
DataType List[ListSize];      //数组 List 用于存放顺序表的结点
int length;                   //length 为当前表的长度
```

📝 **说明：**

① ListSize 是数组 List 中元素个数的最大值，即顺序表的容量，其值的大小应足够大，这里定义顺序表的容量为 100。

② DataType 是定义的一个新的类型标识符，用来表示顺序表中各结点的类型，这里假设结点的类型为 int 类型。

③ 顺序表的结点 a_1、a_2、$\cdots$、a_n，从 List[0]开始依次顺序存放，由于结点个数可能未达到 ListSize 个，所以需要使用变量 length 来记录当前顺序表含有结点的个数，即当前顺序表的表长，一旦顺序表的每个结点及表长确定了，那么这个顺序表也就被确定了。

ℹ️ **注意：** 也可以采用其他方法来确定顺序表，如通过一个整型变量 last 记录当前顺序表中最后一个结点在数组中的位置，以此来确定顺序表。

使用上述方法来描述顺序表，顺序表的结点和长度不能用一个统一的变量来表示，结构比较松散。因此，常使用下面的方法来描述顺序表。

（2）使用结构体描述顺序表

```
#define ListSize 100          //假定顺序表容量为 100
typedef int DataType;         //标识符 DataType 用来定义数据元素的类型
typedef struct
{
    DataType data[ListSize];  //数组 data 用于存放表结点
    int length;               //length 用来表示当前表的长度（结点数）
} SeqList;                    //SeqList 是结构体类型标识符，用来定义顺序表
```

📝 **说明：**

① 该方法是在前述方法的基础上，使用结构体将结点和表长封装在一起。

② SeqList 是新定义的结构体类型标识符，用来定义顺序表，可使用语句 SeqList L;定义一个顺序表 L，这样表长可表示为 L.length，顺序表中的各个结点依次可表示为 L.data[0]、L.data[1]、$\cdots$、L.data[L.length−1]。

③ 也可使用语句 SeqList *L;定义一个指向顺序表的指针 L，为叙述方便就把 L 称为顺序表，这样，顺序表的表长和结点都可用 L 表示为 L->length 和 L->data[0]、L->data[1]、$\cdots$、L->data[L->length−1]。

下面将使用结构体来描述顺序表，并通过此方法来定义顺序表。但要注意，这样定义的顺序表 L 在使用前必须要确定 L 的指向。

有了顺序表的描述方法之后，就可以实现对顺序表的操作。

2.2.2 顺序表的基本操作

1．顺序表的初始化

将当前表 L 的表长置为 0，可将顺序表作为参数。

具体算法：

```
void InitList(SeqList *L)
{//将当前表 L 的表长 L->length 置为 0
    L->length=0;
}
```

2．求顺序表的长度

返回当前表 L 的长度，可将顺序表作为参数。

具体算法：

```
int LengthList(SeqList *L)
{//返回顺序表 L 的表长 L->length
    return L->length;
}
```

3．取表元

返回当前表 L 中第 i 个结点的值。

注意：第 i 个结点存放在 L->data[i-1]中，可将顺序表和整数 i 作为参数。

具体算法：

```
DataType GetList(SeqList *L,int i)
{//返回顺序表 L 的第 i 个结点的值 L->data[i-1]
    return L->data[i-1];
}
```

4．插入操作

将值为 t 的新结点插入到当前表 L 中第 i 个结点的位置上，插入成功返回 1，否则返回 0。可将顺序表、新结点的值 t 和插入位置 i 作为参数。

微课 2-2
顺序表的
插入

算法步骤：

① 判断插入位置是否正确，如果不正确，给出提示，返回 0，否则转向②。

PPT 2-2
顺序表的
插入

② 判断当前表是否已满，如果已满，给出提示，返回 0，否则转向③。

③ 从最后一个结点开始依次后移，直到第 i 个结点，转向④。

④ 将 t 插到第 i 个结点位置上，并将表长加 1，返回 1。

（1）具体算法

动画演示
2-1 顺序
表的插入

```
int InsertList(SeqList *L,DataType t,int i)
{//将 t 插入顺序表 L 的第 i 个位置上
    int j;
    if(i<1||i>L->length+1)
```

```
    {                    //正确的插入位置为[1, L->length+1]
        puts("插入位置错");return 0;
    }
    if (L->length>=ListSize)
    {
        puts("表满不能插入"); return 0;
    }
    for(j=L->length-1;j>=i-1;j--)
        L->data[j+1]=L->data[j];    //结点依次后移
    L->data[i-1]=t;              //插入 t
    L->length++;                 //表长加 1
    return 1;
}
```

（2）算法分析

显然程序中结点后移的语句执行的频度最高，而对不同的 i 该语句执行的频度也不相同，因此需要求该语句的平均执行频度。设顺序表的表长为 n，即 L->length=n，当 i 的值为 1、2、…、$n+1$ 时，该语句的执行频度分别为 n、$n-1$、…、1、0，所以平均频度为 $n(n+1)/2/(n+1)=n/2$，因此，该算法的时间复杂度为 $T(n)=O(n)$。

5．删除操作

删除当前表 L 中第 i 个结点，删除成功返回 1，否则返回 0。可将顺序表和待删结点的位置 i 作为参数。

微课 2-3
顺序表的
删除

算法步骤：

① 判断删除位置是否正确，如果不正确，给出提示，返回 0，否则转向②。

② 判断当前表是否为空，如果为空，给出提示，返回 0，否则转向③。

③ 从第 $i+1$ 个结点开始依次前移，直到最后一个结点，转向④。

④ 将表长减 1，返回 1。

PPT 2-3
顺序表的
删除

（1）具体算法

```
int DeleteList(SeqList *L,int i)
{//从顺序表 L 中删除第 i 个结点
    int j;
    if (i<1||i>L->length)
    {    //正确的删除位置为[1, L->length]
        puts("删除位置错");return 0;
    }
    if (L->length==0)
    {
        puts("空表不能删除");return 0;
    }
```

动画演示
2-2 顺序
表的删除

```
for(j=i;j<=L->length-1;j++)
    L->data[j-1]=L->data[j];        //结点依次前移
L->length--;                        //表长减 1
return 1;
}
```

（2）算法分析

与插入操作的算法分析相同，可得该算法的时间复杂度为 $T(n)=(n-1)/2=O(n)$。

6. 按值查找

在当前表 L 中查找值为 t 的结点，找到返回位置值 i，否则返回-1。可将顺序表和查找的值 t 作为参数。

算法步骤：

① 将 i 置为 1，转向②。

② 从第 i 个元素，直到最后一个元素，依次比较当前元素的值与 t 是否不相等，若是，将 i 加 1，否则转向③。

③ 如果当前元素的值与 t 相等，返回 i，否则返回-1。

（1）具体算法

```
int LocateList(SeqList *L,DataType t)
{//从顺序表 L 中查找值为 t 的结点，找到返回位置值 i，否则返回-1
    int i=1;
    while (i<=L->length&& L->data[i-1]!=t)
        i++;
    if(L->data[i-1]==t)
        return i;
    else
        return -1;
}
```

（2）算法分析

设顺序表的表长为 n，该算法的主要操作是比较顺序表中的元素与 t 是否相等，找到的位置不同，比较的次数也不同，找到的平均比较次数为 $(n+1)/2$，所以，该算法的时间复杂度为 $O(n)$。

【课堂实践 2-1】

设 n 个数据元素线性表的逻辑结构为 $(a_0,a_1,\cdots,a_{n-1})$，编写顺序表插入操作的算法 int InsertList(SeqList *L,DataType t,int i)。

【例 2-1】 顺序表的划分。

将顺序表 $(a_1,a_2,\cdots,a_n)$ 重新排列为以 a_1 为界的两部分：a_1 前面的值都比 a_1 小，a_1 后面的值都比 a_1 大（假设数据元素的类型具有可比性，不妨设为 int 类型）。这一操作称为划分，a_1 称为基准。

基本思路： 从第 2 个元素开始到最后一个元素，逐一向后扫描。

① 当前数据元素 a_i 比 a_1 大时，表明它已经在 a_1 的后面，不必改变它与 a_1 之间的位置，继续比较下一个。

② 当前数据元素 a_i 比 a_1 小时，表明它应该在 a_1 的前面，此时将它前面的元素都依次向后移动一个位置，然后将它置入最前方。

算法步骤：

① 定义变量 i、j，变量 x、y，将基准置入 x，i 置为 1。

② 扫描第 i 个元素，如果当前元素小于基准，转到③，否则 i++，继续进行②。

③ 将当前元素置入 y，并将当前元素之前的所有元素依次后移，最后将 y 写到第 1 个元素（下标为 0 的元素）位置上，转回②。

划分过程： 下面通过具体实例说明顺序表的划分过程，图中带下画线的数据表示是基准元素和当前与基准比较的元素，带底纹的元素为已扫描比较过的元素，如图 2-1 所示。

划分前	25	25	30	20	60	10	35	15
第1次比较后	25	25	30	20	60	10	35	15
第2次比较后	25	20	25	30	60	10	35	15
第3次比较后	25	20	25	30	60	10	35	15
第4次比较后	25	10	20	25	30	60	35	15
第5次比较后	25	10	20	25	30	60	35	15
第6次比较后	25	15	10	20	25	30	60	35

图 2-1　划分过程

动画演示
2-3 顺序
表的划分

划分算法：

```
void Part(SeqList *L)
{//顺序表的划分
    int i,j;
    DataType x,y; //用于存放基准和当前小于基准的结点
    x=L->data[0]; //将基准置入 x 中
    for(i=1;i<L->length;i++)
        if(L->data[i]<x)
        {
            y=L->data[i];  //将当前小于基准的置入 y
            for(j=i-1;j>=0;j--)
                L->data[j+1]= L->data[j];
            L->data[0]=y;
```

```
        }
    }
```

同步训练 2-2

一、单项选择题

1. 以下关于顺序表叙述正确的是（　　）。

   A. 数据元素在顺序表中可以是不连续的

   B. 顺序表是一种存储结构

   C. 顺序表是一种逻辑结构

   D. 对顺序表做插入或删除操作可使顺序表中的数据元素不连续

2. 顺序表是线性表的（　　）。

   A. 链式存储结构　　　　　　　　B. 顺序存储结构

   C. 索引存储结构　　　　　　　　D. 散列存储结构

3. 对于顺序表的优缺点，以下说法错误的是（　　）。

   A. 无需为表示结点间的逻辑关系而增加额外的存储空间

   B. 可以方便地随机存取表中的任一结点

   C. 插入和删除运算较方便

   D. 容易造成一部分空间长期闲置而得不到充分利用

4. 在顺序表中，只要知道（　　），就可在相同时间内求出任一结点的存储地址。

   A. 基地址　　　　　　　　　　　B. 结点存储长度

   C. 向量大小　　　　　　　　　　D. 基地址和结点存储长度

5. 一个顺序表第 1 个元素的存储地址是 100，每个元素的存储长度为 4，则第 5 个元素的地址是（　　）。

   A. 110　　　　　B. 116　　　　　C. 100　　　　　D. 120

6. 在长度为 n 的顺序表中插入一个新结点的正确插入位置共有（　　）个。

   A. $n-1$　　　　B. n　　　　　C. $n+1$　　　　D. 不确定

7. 在长度为 n 的顺序表的第 i（$1 \leqslant i \leqslant n+1$）个元素位置上插入一个新元素时，需要向后移动（　　）个元素。

   A. $n-i$　　　　B. $n-i+1$　　　　C. $n-i-1$　　　　D. i

8. 在长度为 n 的顺序表中插入一个结点需平均移动（　　）个结点。

   A. $(n+1)/2$　　　B. $n/2$　　　　C. $(n-1)/2$　　　D. n

9. 在对顺序表做插入操作时需要考虑的问题有（　　）。

   A. 插入位置是否正确

   B. 当前表是否为满表

   C. 当前表是否为空表

　　　D．插入位置是否正确和当前表是否为满表

10．在对顺序表做插入操作时需要依次完成的操作有（　　　）。

　　　A．结点依次后移、插入新结点

　　　B．插入新结点、表长加 1

　　　C．结点依次后移、表长加 1

　　　D．结点依次后移、插入新结点、表长加 1

11．在长度为 n 的顺序表中插入一个结点的算法的时间复杂度为（　　　）。

　　　A．$O(1)$　　　　　　B．$O(\lg n)$　　　　　C．$O(n)$　　　　　D．$O(n^2)$

12．在长度为 n 的顺序表中删除一个结点的正确删除位置共有（　　　）个。

　　　A．$n-1$　　　　　　B．n　　　　　　　C．$n+1$　　　　　D．不确定

13．在长度为 n 的顺序表中，删除第 $i(1\leqslant i\leqslant n)$ 个元素时，需要向前移动（　　　）个元素。

　　　A．$n-i$　　　　　　B．$n-i+1$　　　　　C．$n-i-1$　　　　　D．i

14．在长度为 n 的顺序表中删除一个结点需平均移动（　　　）个结点。

　　　A．$(n+1)/2$　　　　B．$n/2$　　　　　　C．$(n-1)/2$　　　　D．n

15．在对顺序表做删除操作时需要考虑的问题有（　　　）。

　　　A．删除位置是否正确

　　　B．当前表是否为满表

　　　C．当前表是否为空表

　　　D．删除位置是否正确和当前表是否为空表

16．在对顺序表做删除操作时需要依次完成的操作有（　　　）。

　　　A．结点依次前移、删除结点

　　　B．删除结点、表长减 1

　　　C．结点依次前移、表长减 1

　　　D．结点依次前移、删除结点、表长减 1

17．在长度为 n 的顺序表中删除一个结点的算法的时间复杂度为（　　　）。

　　　A．$O(1)$　　　　　　B．$O(\lg n)$　　　　　C．$O(n)$　　　　　D．$O(n^2)$

18．在下列对顺序表进行的操作中，算法时间复杂度为 $O(1)$ 的是（　　　）。

　　　A．求顺序表的长度

　　　B．在第 i 个元素之后插入一个新元素（$1\leqslant i\leqslant n$）

　　　C．删除第 i 个元素（$1\leqslant i\leqslant n$）

　　　D．在顺序表中按值查找

19．在下列对顺序表进行的操作中，算法时间复杂度不是 $O(n)$ 的是（　　　）。

　　　A．求第 i 个元素的值

　　　B．在第 i 个元素之后插入一个新元素（$1\leqslant i\leqslant n$）

　　　C．删除第 i 个元素（$1\leqslant i\leqslant n$）

　　　D．在顺序表中按值查找

20．在（　　　）情况下应当选择顺序表作为存储结构。

A．对线性表的主要操作为插入操作

B．对线性表的主要操作为插入操作和删除操作

C．线性表的表长变化较大

D．对线性表的主要操作为存取线性表的元素

二、问题解答题

1．已知线性表的存储结构为顺序表，阅读下列算法，并回答以下问题。

（1）设线性表 L=(21,-7,-8,19,0,-11,34,30,-10)，写出执行 fun(&L)后的 L 状态。

（2）简述算法 fun 的功能。

```
void fun(SeqList *L)
{
    int i,j;
    for(i=j=0;i<L->length; i++)
        if(L->data[i]>=0)
        {
            if(i!=j)
                L->data[j]=L->data[i];
            j++;
        }
    L->length=j;
}
```

2．假设线性表采用顺序存储结构，表中元素值为整型。阅读算法 fun，并回答下列问题。

（1）设顺序表 L=(3,7,3,2,1,1,8,7,3)，写出执行算法 fun 后的 L。

（2）简述算法 fun 的功能。

```
void fun(SeqList *L)
{
    int i,j,k;
    k=0;
    for(i=0;i<L->length;i++)
    {
        for(j=0;j<k&&L->data[i]!=L->data[j];j++);
        if(j==k)
        {
            if(k!=i)
                L->data[k]=L->data[i];
            k++;
        }
    }
}
```

```
        L->length=k;
    }
```

3．阅读下列算法，并回答以下问题。

（1）设顺序表 L=(3,7,11,14,20,51)，写出执行 fun(&L,15)之后的 L。

（2）设顺序表 L=(4,7,10,14,20,51)，写出执行 fun(&L,10)之后的 L。

（3）简述算法的功能。

```
void fun(SeqList *L, DataType x)
{
    int i =0, j;
    while (i<L->length && x>L->data[i]) i++;
    if(i<L->length && x==L->data[i])
    {
        for(j=i+1;j<L->length;j++)
            L->data[j-1]=L->data[j];
        L->length--;
    }
    else
    {
        for(j=L->length;j>i;j--)
            L->data[j]=L->data[j-1];
        L->data[i]=x;
        L->length++;
    }
}
```

三、算法设计题

1．用顺序表作为存储结构，实现将线性表$(a_0,a_1,\cdots a_{n-1})$就地逆置的操作，所谓"就地"指辅助空间应为 $O(1)$。

2．假设线性表采用顺序存储结构，其类型定义如下：

```
#define ListSize 100
typedef struct
{
    int data[ListSize];
    int length;
}SeqList;
```

编写算法，将顺序表 L 中所有值为奇数的元素调整到表的前端。

微课 2-4
链表及其
描述

PPT 2-4
链表及其
描述

PPT

2.3 链表及其基本操作

2.3.1 链表的有关概念

1. 结点（Node）的组成

线性表中的数据元素及元素之间的逻辑关系可由**结点**来表示。结点由两部分组成：一部分是用来存储数据元素的值的**数据域**；另一部分是用来存储元素之间逻辑关系的**指针域**，指针域存放的是该结点的直接后继结点的地址。结点的结构如图 2-2 所示。

数据域	指针域

图 2-2 结点结构

2. 单链表（Lingle Linked List）

用链式存储结构表示的线性表称为**链表**，即用一组任意（可以连续也可以不连续）的存储单元来存放线性表的结点；把每个结点只有一个指针域的链表称为**单链表**。

3. 开始结点、尾结点、头结点和头指针

在链表中存储第 1 个数据元素（a_1）的结点称为**开始结点**；存储最后一个数据元素（a_n）的结点称为**尾结点**，由于尾结点没有直接后继，所以尾结点指针域的值为 NULL，NULL 在表示链表的示意图中经常用^来代替；在开始结点之前附加的一个结点称为**头结点**；指向链表中第 1 个结点（头结点或开始结点）的指针称为**头指针**。

4. 单链表示意图

不带头结点的单链表如图 2-3（a）所示，带头结点的单链表如图 2-3（b）所示。

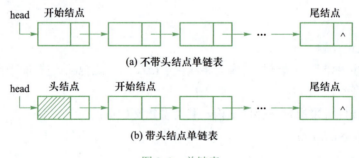

图 2-3 单链表

5. 结点的生成与释放

当需要建立新的结点时，可以使用 C 语言提供的动态存储分配函数 malloc，向系统申请一个指定大小和类型的存储空间来生成一个新结点，新结点必须要用指向结点的指针来指向。

【示例 2-3】设 p 是指向单链表结点的指针，可使用语句

p=(ListNode *)malloc(sizeof(ListNode));

向系统申请含有 sizeof(ListNode)字节的存储空间，并强制转换为 ListNode *类型，使 p 指向该存储空间，即指向新生成的结点。

当由用户申请的某个存储空间（如 p 指向的空间）不需要时，可使用 free(p);释放 p 指向的结点空间，以便其他应用程序使用，不至于造成空间的浪费。

6.（链表）结点的描述

typedef char DataType;	//定义结点的数据域类型
typedef struct node	
{ //结点类型定义	
DataType data;	//结点的数据域
struct node *next;	//结点的指针域
}ListNode;	//结构体类型标识符
typedef ListNode *LinkList;	
ListNode *p;	//定义一个指向结点的指针
LinkList head;	//定义指向链表的头指针

注意：

① LinkList 和 ListNode *是不同名字的同一个指针类型，各有专门的用途以示区别。

② 专门使用 LinkList 定义指向单链表的头指针。

③ 专门使用 ListNode *定义指向某一结点的指针，如有定义 ListNode *p;并使 p 指向某结点，则 p 指向结点的数据域可表示为 p->data，p 指向结点的指针域可表示为p->next。

2.3.2 链表的基本操作

1. 链表的建立

建立一个含有若干个结点的单链表，可将单链表的头指针作为参数，此时可以没有返回值，也可以没有参数而返回单链表的头指针。

假设线性表中结点的数据类型是字符型，逐个输入这些字符，并以换行符'\n'作为输入结束的条件，动态地建立单链表的常用方法有如下两种。

（1）头插法建立单链表

算法思路：

从一个空表开始，重复读入数据，生成新结点，将读入数据存放在新结点的数据域中，然后将新结点插入到当前链表的表头上，直到读入换行符'\n'为止。

算法步骤：

① 将头指针 head 置为 NULL，转向②，如图 2-4 所示。

② 读取字符 ch，判断 ch 与'\n'是否不相等，若是转向③，否则返回 head。

③ 生成一个新结点*s（即由 s 指向），转向④，如图 2-5 所示。

④ 将 ch 写入新结点*s 数据域，转向⑤，如图 2-6 所示。

微课 2-5
头插法建立
单链表

PPT 2-5
头插法建立
单链表

PPT

动画演示
2-4 头插
法建立单
链表

图 2-4　头指针　　　　图 2-5　新结点 s　　　　图 2-6　值写入数据域

⑤ 将新结点*s 插入链表的前面（第 1 个结点时是将*s 指针域置为 NULL），转向⑥，如图 2-7 所示。

⑥ 将头指针指向新结点，转向②，如图 2-8 所示。

图 2-7　新结点前插　　　　图 2-8　头指针指向新结点

重复进行第②步~第⑥步，即可建立一个含有多个结点的不带头结点的单链表，如图 2-9 所示。

图 2-9　头插法建单链表

说明：头插法建立的单链表结点的次序与数据输入的次序相反，即最先输入的是链表的尾结点，最后输入的是链表的开始结点。头插法建表需要使用两个指针：一个头指针，一个指向新建结点的指针。

具体算法：

```
LinkList CreatListF(void)
{//头插法建立单链表
    DataType ch;
    LinkList head;
    ListNode *s;
    head=NULL;
    printf("请输入链表各结点的数据(字符型):\n");
    while((ch=getchar())!='\n')
    {
        s=(ListNode *)malloc(sizeof(ListNode ));
        if(s==NULL)
        {
            printf("申请存储空间失败!");break;
        }
        s->data=ch;        //输入的数据写入结点数据域
        s->next=head;      //将新结点*s 插入链表的前面
```

```
        head=s;          //头指针指向新结点
    }
    return head;
}
```

（2）尾插法建立带头结点的单链表

算法思路：

先建立一个头结点，使头指针指向头结点，产生一个带头结点的空表。从这一空表开始，重复读入数据，生成新结点，将读入数据存放在新结点的数据域中，然后将新结点插入到当前链表的表尾上，直到读入结束标志为止。

算法步骤：

① 建立一个头结点，将头指针和指向尾结点的指针指向头结点，转向②，如图 2-10 所示。

② 读取字符 ch，判断 ch 与'\n'是否不相等，若是转向③，否则将尾指针指针域置为 NULL，返回 head。

③ 生成一个新结点*s，并将 ch 写入新结点*s 数据域，转向④，如图 2-11 所示。

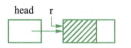

图 2-10　head 指向头结点　　　　图 2-11　值写入新结点 s

④ 将新结点插入表尾，转向⑤，如图 2-12 所示。

⑤ 使尾指针指向新表尾，转向②，如图 2-13 所示。

图 2-12　新结点 s 插入表尾　　　　图 2-13　尾指针 r 指向新表尾

重复以上第②步～第⑤步，建立含有多个结点的带头结点单链表，如图 2-14 所示。

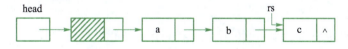

图 2-14　尾插法建带头结点单链表

具体算法：

```
LinkList CreatListRH(void)
{//尾插法建立带头结点的单链表
    DataType ch;
    LinkList head;
    ListNode *s,*r;
    head=(ListNode *)malloc(sizeof(ListNode));
```

```
    if(head==NULL)
    {
        printf("申请存储空间失败!");return head;
    }
    r=head;         //尾指针初值也指向头结点
    printf("请输入链表各结点的数据(字符型):\n");
    while((ch=getchar())!='\n')
    {
        s=(ListNode *)malloc(sizeof(ListNode));
        if(s==NULL)
        {
            printf("申请存储空间失败!");break;
        }
        s->data=ch;
        r->next=s;      //将新结点插到链表尾
        r=s;            //尾指针指向新表尾
    }
    r->next=NULL;
    return head;
}
```

在单链表中加入头结点，有以下两个优点。

① 由于开始结点的地址被存放在头结点的指针域中，所以插入第 1 个结点的操作就与插入其他结点的操作一致（否则第④步要考虑两种不同的情况），无须进行特殊处理。

② 无论链表是否为空，其头指针都是指向头结点的非空指针（空表中头结点的指针域空），因此空表和非空表的处理也就统一了（否则第②步要考虑两种不同的情况）。

2．求表长

返回带头结点单链表中结点的个数，可将链表头指针作为参数。

算法思路：

从开始结点出发，逐一扫描链表的结点，并将计数器加 1，链表扫描完毕计数器的值就是链表的长度。

算法步骤：

① 定义一个移动指针 p 指向开始结点，设置一个计数器 j 并置初值为 0，转向②。

② 判断 p 指向结点是否存在，若是，转向③，否则返回 j。

③ 使 p 指向下一个结点，并将计数器 j 加 1，转向②。

具体算法：

```
int LengthListH(LinkList head)
```

```
{//求带头结点单链表的表长
    ListNode *p=head->next;    //p 指向开始结点
    int j=0;
    while(p)  //p 与 p!=NULL 等价
    {
        p=p->next;    //使 p 指向下一个结点
        j++;
    }
    return j;
}
```

3. 链表的查找

链表的查找包括按序号查找和按值查找。

在链表中，即使知道被访问结点的序号 i，也不能像顺序表中那样直接按序号 i 访问结点，而只能从链表的头指针出发，顺着链域逐个结点往下搜索，直至搜索到第 i 个结点为止。因此，链表不是随机存取结构。

微课 2-7
链表的查找

（1）按序号在带头结点的单链表中查找

返回当前链表中第 i 个结点的地址，可将链表头指针和查找位置 i 作为参数。

PPT 2-7
链表的查找

算法思路：

从开始结点出发，逐一扫描链表的结点，并将计数器加 1，当计数器的值为 i 时，移动指针指向的结点就是第 i 个结点。

算法步骤：

① 定义一个移动指针 p 指向开始结点，设置一个计数器 j 并置初值为 1，转向②。
② 判断 p 指向结点是否存在，并且 j 是否小于 i，若是，转向③，否则转向④。
③ 使 p 指向下一个结点，并将计数器加 1，转向②。
④ 如果 j==i，返回 p，否则返回 NULL。

具体算法：

```
ListNode *GetNode(LinkList head,int i)
{//按序号查找第 i 个结点
    int j=1;
    ListNode *p=head->next;
    while(p &&j<i)
    {//从头结点开始扫描
        p=p->next;
        j++;
    }
    if(j ==i)  //找到了第 i 个结点
        return p;
    else
```

```
        return NULL;
}
```

（2）按值在带头结点的单链表中查找

返回当前链表中值为给定值结点的地址，可将链表头指针和给定值作为参数。

算法思路：

从开始结点出发，逐一扫描链表的结点，比较当前结点数据域的值与给定值是否相等，若相等，移动指针指向的结点就是要找的结点。

算法步骤：

① 定义一个移动指针 p 指向开始结点，转向②。

② 判断 p 指向结点是否存在，并且当前结点数据域的值与给定值是否不相等，若是，转向③，否则返回 p。

③ 使 p 指向下一个结点，转向②。

具体算法：

```
ListNode *LocateNode (LinkList head,DataType key)
{//按值查找
    ListNode *p=head->next;
    while(p&&p->data!=key)
        p=p->next;
    return p;
}
```

4. 链表的插入

将值为给定值 x 的新结点插入到当前链表第 i 个结点的位置上，插入成功返回 1，否则返回 0。可将链表头指针、插入结点的值和插入位置 i 作为参数。

算法思路：

微课 2-8
链表的插入

从开始结点出发，顺着链查找第 i−1 个结点，将待插入结点插入到第 i−1 个结点的后面，实现插入。

算法步骤：

PPT　2-8
链表的插入

① 定义移动指针 p 和工作指针 s，从开始结点出发，顺着链查找第 i−1 个结点，使 p 指向第 i−1 个结点，转向②，如图 2-15 所示。

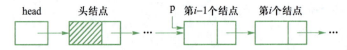

图 2-15　查找第 i−1 个结点

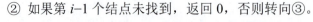

动画演示
2-6　链表
的插入

② 如果第 i−1 个结点未找到，返回 0，否则转向③。

③ 生成一个新结点使 s 指向新结点，并将新结点数据域置为 x，转向④，如图 2-16 所示。

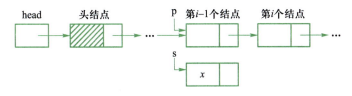

图 2-16　新建结点*s

④ 将新结点插入 p 指向结点的后面，返回 1，如图 2-17 所示。

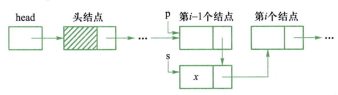

图 2-17　插入新结点

具体算法：

```
int InsertList(LinkList head,DataType x,int i)
{//链表的插入
    ListNode *p,*s;
    p=GetNode(head,i-1);    //寻找第 i-1 个结点
    if(p==NULL)
    {
        printf("未找到第%d 个结点",i-1);return 0;
    }
    s=(ListNode *)malloc(sizeof(ListNode));
    if(s==NULL)
    {
        printf("申请存储空间失败!");return 0;
    }
    s->data=x;
    s->next=p->next;
    p->next=s;
    return 1;
}
```

5．链表的删除

删除当前单链表的第 i 个结点，删除成功返回 1，否则返回 0。可将链表头指针和删除位置 i 作为参数。

算法思路：

从开始结点出发，顺着链查找第 $i-1$ 个结点，将第 i 个结点删除。

微课 2-9
链表的删除

PPT   2-9
链表的删除

PPT

动画演示
2-7   链表
的删除

算法步骤：

① 定义移动指针 p 和工作指针 r，从开始结点出发，顺着链查找第 $i-1$ 个结点，使 p 指向第 $i-1$ 个结点，转向②，如图 2-18 所示。

图 2-18   查找第 $i-1$ 个结点

② 如果第 $i-1$ 个结点未找到或第 i 个结点不存在，返回 0，否则转向③。

③ 使 r 指向第 i 个结点（被删除的结点），转向④，如图 2-19 所示。

图 2-19   r 指向第 i 个结点

④ 将第 i 个结点从链表中摘下，释放被删除结点的空间，返回 1，如图 2-20 所示。

图 2-20   摘下并释放空间

具体算法：

```
int DeleteList(LinkList head,int i)
{//链表的删除
    ListNode *p,*r;
    p=GetNode(head,i-1);    //找到第 i-1 个结点
    if(!p ||!p->next)//!p 与 p==NULL 等价，!p->next 与 p->next ==NULL 等价
    {
        printf("未找到第%d 个结点或第 d%个结点不存在。\n",i-1,i); return 0;
    }
    r=p->next;      //使 r 指向被删除的结点 a_i
    p->next=r->next;         //将 a_i 从链上摘下
    free(r);    //释放结点 a_i 的空间
    return 1;
}
```

【课堂实践 2-2】

已知带头结点的单链表 head，编写一个算法将其倒置。倒置是指：由结点次序为 $(a_1,a_2,\cdots,a_n)$ 的单链表，得到一个结点次序为 $(a_n,a_{n-1},\cdots,a_1)$ 的单链表。

6. 销毁链表

释放当前链表所有结点的存储空间，可将链表头指针作为参数。

链表使用后要及时销毁它，因为链表中每个结点的存储空间都是由用户申请分配的，系统并不能释放其存储空间，必须由用户来释放。如果在系统中使用了大量的链表并未及时销毁，不仅占用内存空间，还可能导致内存的泄漏甚至程序的崩溃。因此应当养成及时销毁不用链表的良好习惯。

算法思路：

从第 1 个结点出发，依次释放每个结点的存储空间。需要定义两个工作指针 p 和 q，q 用来指向 p 指向结点的后继结点。

算法步骤：

① 定义移动指针 p 和工作指针 q，使 p 指向第 1 个结点，转向②。

② 判断 p 指向结点是否存在，若是，转向③，否则将 head 置为 NULL。

③ 先使 q 指向 p 指向结点的后继结点，然后释放 p 指向结点的空间，再使 p 指向 q 指向的结点，转向②。

具体算法：

```
void DestroyList(LinkList head)
{
    ListNode *p, *q;
    p=head;
    while(p)
    {
        q=p->next;
        free(p);
        p=q;
    }
    head=NULL;
}
```

ⓘ **注意**：在后面的所有单元中，凡是用链式存储结构存储的，使用结束后都要及时销毁，这里不再赘述。

【例 2-2】 有序单链表的合并。

设有带头结点单链表 A 和 B，其结点均已按值升序排列。编写一个算法将它们合并成一个按值升序排列的带头结点单链表 C。

基本思路： 以 A 表头结点作为 C 表头结点，均从开始结点依次扫描 A 和 B，并进行比较，将值较小的结点从当前表中摘下插入 C 表，直到其中的一个链表扫描完毕，然后将另一个链表中剩余结点链到 C 表即可。

算法步骤：

① 定义头指针 C 和移动指针 pa、pb、pc，取 A 表头结点作为 C 表头结点，pa、pb 分别指向 A 表、B 表开始结点，pc 指向 C 表头结点，并将 C 表头结点指针域置为 NULL，

动画演示
2-8 有序
单链表的
合并

释放 B 表头结点空间，转向②。

　　② 分别从 pa 指向结点和 pb 指向结点出发，扫描 A 表和 B 表，判断 pa 指向结点和 pb 指向结点是否均存在，若是，转向③，否则转向④。

　　③ 判断 A 表当前结点的值是否不大于 B 表当前结点的值，若是，将 pa 指向结点摘下插入 C 表，转回②，否则将 pb 指向结点摘下插入 C 表，转回②。

　　④ 如果 A 表非空，将 A 表剩余结点插入 C 表，如果 B 表非空，将 B 表剩余结点插入 C 表，返回 C 表头指针。

　　合并过程：下面通过具体实例说明有序链表的合并过程，如图 2-21 所示。

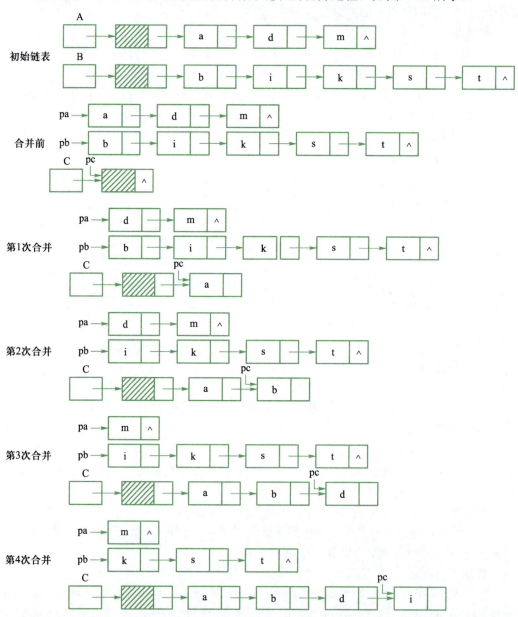

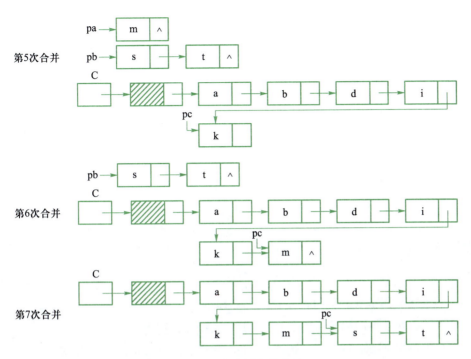

图 2-21 有序链表的合并

合并算法：

```
LinkList MergeLinkH(LinkList A,LinkList B)
{//将两个带头结点的递增有序表合并为递增有序表
    LinkList C=A;//取 A 表头结点作为 C 表头结点
    ListNode *pa=A->next,*pb=B->next,*pc=C;//pa、pb 分别指向 A 表、B 表开始结
点，pc 指向 C 表头结点
    pc->next=NULL;//防止 A 表、B 表均为空表
    free(B);//释放 B 表头结点空间
    while(pa&&pb)
    {
        if(pa->data<=pb->data )
        {//将 pa 指向结点摘下插入 C 表
            pc->next=pa;
            pa=pa->next;
            pc=pc->next;
        }
        else
        {//将 pb 指向结点摘下插入 C 表
            pc->next=pb;
```

```
                    pb=pb->next;
                    pc=pc->next;
                }
            }
        if(pa)//若 A 表非空，将 A 表剩余结点插入 C 表
            pc->next=pa;
        if(pb)//若 B 表非空，将 B 表剩余结点插入 C 表
            pc->next=pb;
        return C;
    }
```

同步训练 2-3

一、单项选择题

1. 线性表采用链式存储时，结点的存储地址（   ）。

    A．必须是不连续的   B．连续与否均可

    C．必须是连续的   D．和头结点的存储地址相连续

2. 单链表中的每一个结点（   ）。

    A．可以有多个指针域   B．至多有一个指针域

    C．有且只有一个指针域   D．指针域的个数任意

3. 链表中的每一个结点（   ）。

    A．可以有多个指针域   B．至多有一个指针域

    C．有且只有一个指针域   D．指针域的个数任意

4. 链表中的头结点是指（   ）。

    A．链表中的第 1 个结点   B．链表的开始结点

    C．链表的尾结点   D．附加在开始结点之前的结点

5. 在以单链表为存储结构的线性表中，数据元素之间的逻辑关系用（   ）。

    A．数据元素的相邻地址表示   B．数据元素在表中的序号表示

    C．指向后继元素的指针表示   D．数据元素的值表示

6. 链表不具有的特点是（   ）。

    A．插入、删除不需要移动元素

    B．可随机访问任一元素

    C．不必事先估计存储空间

    D．所需空间与线性表长度成正比

7. 不带头结点的单链表的头指针为 head，判断该链表为空的条件是（   ）。

    A．head==NULL   B．head->next==NULL

    C．head!=NULL   D．head->next!=NULL

8. 不带头结点的单链表的头指针为 head，判断该链表为非空的条件是（　　）。

  A．head==NULL　　　　　　　　B．head->next==NULL

  C．head!=NULL　　　　　　　　　D．head->next!=NULL

9. 带头结点的单链表的头指针为 head，判断该链表为非空的条件是（　　）。

  A．head==NULL　　　　　　　　B．head->next==NULL

  C．head!=NULL　　　　　　　　　D．head->next!=NULL

10. 带头结点的单链表的头指针为 head，判断该链表为空的条件是（　　）。

  A．head==NULL　　　　　　　　B．head->next==NULL

  C．head!=NULL　　　　　　　　　D．head->next!=NULL

11. 假设结点数据域数据输入顺序为 a,b,c，则用头插法建立的单链表结点的顺序是（　　）。

  A．a,b,c　　　　　B．c,b,a　　　　C．c,a,b　　　　　D．不确定

12. 用头插法在头指针为 head 的不带头结点单链表中，将 s 指向结点插入到链表中的操作是（　　）。

  A．head->next=s;s->next=head->next;

  B．s->next=head->next;head->next=s;

  C．head=s;s->next=head;

  D．s->next=head;head=s;

13. 用头插法在头指针为 head 的带头结点单链表中，将 s 指向结点插入到链表中的操作是（　　）。

  A．head->next=s;s->next=head->next;

  B．s->next=head->next;head->next=s;

  C．head=s;s->next=head;

  D．s->next=head;head=s;

14. 假设结点数据域数据输入顺序为 a,b,c，则用尾插法建立的单链表结点的顺序是（　　）。

  A．a,b,c　　　　　B．c,b,a　　　　C．c,a,b　　　　　D．不确定

15. 用尾插法在头指针为 head，指向尾结点指针为 r 的带头结点单链表中，将 s 指向结点插入到链表中的操作是（　　）。

  A．r=s;r->next=s;　　　　　　　B．r->next=s;r=s;

  C．head=s;r=s;　　　　　　　　D．r=s;head=s;

16. 用尾插法在头指针为 head，指向尾结点指针为 r 的不带头结点空单链表中，将 s 指向结点插入到链表中的操作是（　　）。

  A．r=s;r->next=s;　　　　　　　B．r->next=s;r=s;

  C．head=s;r=s;　　　　　　　　D．r=s;head=s;

17. 在单链表指针 p 指向结点之后插入指针 s 指向结点的正确操作是（　　）。

  A．p->next=s;s->next=p->next;　　B．s->next=p->next;p->next=s;

　　　C．p->next=s;p->next=s->next;　　　　D．p->next=s->next;p->next=s;

18．在单链表中插入一个结点，需要修改（　　）个指针域的值。

　　　A．1　　　　　　　B．2　　　　　　　C．3　　　　　　　D．4

19．在单链表中删除指针 p 指向结点的后继结点*r 的正确操作是（　　　）。

　　　A．p->next=r->next;

　　　B．p->next=r->next;free(r);

　　　C．p=r->next;

　　　D．p=r->next;free(r);

20．设 r 是工作指针，在单链表中删除指针 p 指向结点的后继结点的正确操作是（　　）。

　　　A．p->next=r->next;r=p->next;free(r);

　　　B．r=p->next;p->next=r->next;free(r);

　　　C．r->next=p->next;p=r->next;free(r);

　　　D．p=r->next;r->next=p->next;free(r);

21．在单链表中删除一个结点，需要修改（　　）个指针域的值。

　　　A．1　　　　　　　B．2　　　　　　　C．3　　　　　　　D．4

22．输入线性表的 n 个元素建立单链表，其时间复杂度为（　　）。

　　　A．$O(1)$　　　　　B．$O(n)$　　　　　C．$O(n\lg n)$　　　　D．$O(n^2)$

23．下列对含有 n 个结点单链表的操作中，时间复杂度为 $O(1)$ 的是（　　）。

　　　A．求单链表的表长　　　　　　　　　B．按序号或按值查找

　　　C．插入或删除一个结点　　　　　　　D．建立单链表

24．下列对含有 n 个结点单链表的操作中，时间复杂度不是 $O(n)$ 的是（　　）。

　　　A．求单链表的表长　　　　　　　　　B．按序号或按值查找

　　　C．插入或删除一个结点　　　　　　　D．建立单链表

二、问题解答题

1．假设以带头结点的单链表表示线性表，阅读下列算法 fun，并回答以下问题。

（1）设线性表为$(a_1,a_2,a_3,a_4,a_5,a_6,a_7)$，写出执行算法 fun 后的线性表。

（2）简述算法 fun 的功能。

```
void fun(LinkList L)
{//L 为带头结点单链表的头指针
    ListNode *p,*q;
    p =L;
    while (p &&p->next)
    {
        q = p->next;
        p->next =q->next;
        p =q->next;
        free(q);
```

```
        }
}
```

2．阅读下面的算法，回答下列问题。

（1）说明语句 S1 的功能。

（2）说明语句组 S2 的功能。

（3）设链表表示的线性表为$(a_1,a_2,\cdots,a_n)$，写出算法执行后的返回值所表示的线性表。

```
LinkList mynote(LinkList L)
{//L 是不带头结点的单链表的头指针
    if(L&&L->next)
    {
        q=L;L=L->next;p=L;
S1:     while(p->next) p=p->next;
S2:     p->next=q;q->next=NULL;
    }
    return L;
}
```

3．下列函数的功能是，对以带头结点的单链表作为存储结构的两个递增有序表（表中不存在值相同的数据元素）进行如下操作：将所有 Lb 表中存在而 La 表中不存在的结点插入到 La 表中，其中 La 和 Lb 分别为两个链表的头指针。在空缺处填入合适内容，使其成为一个完整的算法。

```
void fun(LinkList La,LinkList Lb)
{//本算法的功能是将所有 Lb 表中存在而 La 表中不存在的结点插入到 La 表中
    ListNode *pre=La,*q;
    ListNode *pa=La->next;
    ListNode *pb=Lb->next;
    free(Lb);
    while(pa&&pb)
    {
        if(pa->data<pb->data)
        {
            pre=pa;
            pa=pa->next;
        }
        else if(pa->data>pb->data)
        {
            ___(1)___;
            pre=pb;
            pb=pb->next;
```

```
            (2)   ;
        }
        else
        {
            q=pb;
            pb=pb->next;
            free(q);
        }
    }
    if(pb)
        (3)   ;
}
```

4. 假设以带头结点的单链表表示线性表，单链表的类型定义如下：

```
typedef int DataType;
typedef struct node
{
    DataType data;
    struct node *next;
}LinkNode,*LinkList;
```

阅读下列算法，并回答问题。

（1）已知初始链表如图 2-22 所示，画出执行 fun(head)之后的链表。

图 2-22　初始链表

（2）简述算法 fun 的功能。

```
void fun(LinkList head)
{
    ListNode *p,*r,*s;
    if(head->next)
    {
        r=head->next;
        p=r->next;
        r->next=NULL;
        while(p)
        {
            s=p;
            p=p->next;
```

```
        if(s->data%2==0)
        {
            s->next=head->next;
            head->next=s;
        }
        else
        {
            s->next=r->next;
            r->next=s;
            r=s;
        }
        }
    }
}
```

5. 已知下列程序，Ls 指向带头结点的单链表。

```
typedef struct node
{
    DataType data;
    struct node *next;
}*LinkList;
void fun(LinkList Ls)
{
    LinkList p,q;
    q=Ls->next;
    if(q&&q->next)
    {
        Ls->next=q->next;
        p=q;
        while(p->next)
            p=p->next;
        p->next=q;
        q->next=NULL;
    }
}
```

回答下列问题。

（1）Ls 指向的链表如图 2-23 所示，画出执行本函数之后的链表的结果。

图 2-23　Ls 指向的链表

（2）简述算法的功能。

6．阅读下列算法，并回答下列问题。

（1）简述该算法中标号 s1 所指示的循环语句的功能。

（2）简述该算法中标号 s2 所指示的循环语句的功能。

```
LinkList Insertmnode(LinkList head,char x,int m)
{
        LinkNode *p,*q,*s;
        int i;
        char ch;
        p=head->next;
  s1：  while(p&&p->data!=x)
            p=p->next;
        if (p==NULL) printf("error\n");
        else
        {
            q=p->next;
  s2：      for(i=1;i<=m;i++)
            {
                s=(LinkNode *)malloc(sizeof(LinkNode));
                scanf("%c",&ch);
                s->data=ch;
                p->next=s;
                p=s;
            }
            p->next=q;
        }
        return head;
}
```

三、算法设计题

1．已知 L1 和 L2 分别指向两个单链表的头结点，且已知其长度分别为 m 和 n。试写一算法将这两个链表连接在一起，分析算法的时间复杂度。

2．设 A 和 B 是两个单链表，其表中元素递增有序。试写一算法将 A 和 B 归并成一个按元素值递减有序的单链表 C，并要求辅助空间为 $O(1)$，分析算法的时间复杂度。

3．写一算法将单链表中值重复的结点删除，使所得的结果表中各结点值均不相同。

4．假设以带头结点的单链表表示线性表，单链表的类型定义如下：

```
typedef int DataType;
typedef struct node
```

```
{
    DataType data;
    struct node *next;
}LinkNode, *LinkList;
```

编写算法，删除线性表中最大元素（假设最大值唯一存在）。函数原型为：void fun(LinkList head)。

5．假设以单链表表示线性表，单链表的类型定义如下：

```
typedef int DataType;
typedef struct node
{
    DataType data;
    struct node *next;
}LinkNode, *LinkList;
```

编写算法，在一个头指针为 head 且带头结点的单链表中，删除所有结点数据域值为 x 的结点。函数原型为：LinkListdelnode (LinkList head,DataType x)。

2.4 循环链表及双向链表

2.4.1 循环链表

循环链表（Circular Linked List）是一个首尾相接的链表，它是单链表的另一种形式。

将单链表最后一个结点的指针域由 NULL 改为指向头结点或开始结点，就得到了单链形式的循环链表，称为**单循环链表**。

为了使某些操作实现起来方便，在单循环链表中也可设置一个头结点。这样，空循环链表仅由一个自成循环的头结点表示，如图 2-24 所示。

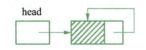

图 2-24　带头结点空循环链表

带头结点的单循环链表中各种操作的实现算法与带头结点的单链表的实现算法类似，只需将相应算法中的判断指针是否为 NULL 改为判断指针是否为 head。

从任意结点出发，都可访问到单循环链表的所有结点，而单链表只能从开始结点遍历整个链表。

在单循环链表中附设尾指针有时比附设头指针会使操作变得更简单。如在用头指针表示的单循环链表中，找开始结点 a_1 的时间复杂度是 $O(1)$，而要找到终端结点 a_n，则需要从开始结点遍历整个链表，其时间复杂度是 $O(n)$。如果用尾指针 rear 来表示单循环链

微课 2-10
双向链表
及其描述

PPT 2-10
双向链表
及其描述

PPT

表，则查找开始结点和终端结点都很方便，它们的存储位置分别是 rear->next->next 和 rear，显然，查找时间复杂度都是 $O(1)$。因此，多采用尾指针表示单循环链表。

2.4.2　双向链表

在单链表中，从一已知结点出发，只能访问到该结点及其后续结点，无法找到该结点之前的其他结点。而在单循环链表中，虽然从任一结点出发都可访问到表中所有结点，但访问该结点的直接前驱结点的时间复杂度为 $O(n)$；另外，在单链表中，若已知某结点的存储位置 p，则将一新结点*s 插入*p 之前（称为前插）不如插入*p 之后方便，因为前插操作必须知道*p 的直接前驱的位置；同理，删除*p 本身不如删除*p 的直接后继方便。

1．双向链表（Doubly Linked List）

在单链表的每个结点里再增加一个指向其直接前驱结点的指针域 prior，这样形成的链表中有两条方向不同的链，因此称为**双向链表**。

在双向链表中增加一个头结点，得到带头结点的双向链表。带头结点的双向链表能使某些运算变得方便。

将双向链表头结点和尾结点链接起来构成的循环链表，称为**双向循环链表**。

双向（循环）链表示意图如图 2-25 所示。

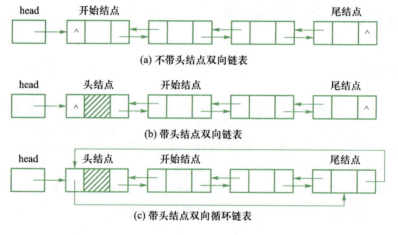

(a) 不带头结点双向链表

(b) 带头结点双向链表

(c) 带头结点双向循环链表

图 2-25　双向（循环）链表示意图

2．双向链表的描述

```
typedef char DataType; //定义结点的数据域类型
typedef struct dlistnode
{ //结点类型定义
    DataType data; //结点的数据域
    struct dlistnode *prior,*next; //结点的指针域
}DListNode;        //结构体类型标识符
typedef DListNode *DLinkList;   //定义新指针类型
DListNode *p,*s; //定义工作指针
```

DLinkList head;　//定义头指针

双向（循环）链表的对称性

如果 p 是当前结点*p 的地址，那么 p->prior 是结点*p 的前驱结点的地址，p->next 是结点*p 的后继结点的地址。因此 p->prior->next==p==p->next->prior，即结点*p 的地址存放在它的前驱结点*(p->prior)的（直接后继结点）next 指针域中，也存放在它的后继结点*(p->next)的（直接前驱结点）prior 指针域中。

3. 前插操作

在带头结点的双向链表中，将值为 *x* 的新结点*s 插入结点*p 之前，设 p≠NULL。可将指向结点的指针 p 和插入结点的值 *x* 作为参数。

在*p 之前插入结点*s，需要完成以下 4 个操作，如图 2-26 所示。

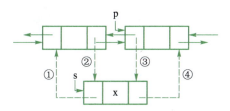

图 2-26　双向链表前插操作

4 个操作分别如下。

① s-> prior= p-> prior;

② p-> prior->next= s;

③ p-> prior = s;

④ s-> next = p;

注意：操作③必须在操作①和操作②之后进行，只要能够保证这一点，4 个操作的顺序可以任意，都能实现前插操作。

具体算法：

```
int DInsertBefore(DListNode *p,DataType x)
{//前插操作
    DListNode *s=( DListNode *)malloc(sizeof(DListNode));
    if(s==NULL)
    {
        printf("申请存储空间失败!");return 0;
    }
    s->data=x;
    s->prior=p->prior;
    s->next=p;
    p->prior->next=s;
    p->prior=s;
    return 1;
}
```

微课 2-11 双向链表的前插操作

PPT 2-11 双向链表的前插操作

动画演示 2-9 双向链表的前插操作

微课 2-12
双向链表删
除当前结点
的操作

4．删除当前结点操作

在带头结点的双向链表中，删除当前结点*p，设 p≠NULL。可将指向结点的指针 p 作为参数。

当前结点*p 有以下两种情况。

（1）*p 不是尾结点，即 p->next!=NULL

此时，需要完成两个操作，如图 2-27 所示。

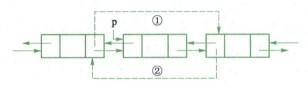

PPT 2-12
双向链表删
除当前结点
的操作

PPT

图 2-27 双向链表删除当前结点操作

这两个操作分别如下。

① p-> prior->next = p->next;

② p->next-> prior = p-> prior;

（2）*p 是尾结点，即 p->next==NULL

此时，只需完成操作 p-> prior->next = NULL;或 p-> prior->next = p->next;即可。

动画演示
2-10 双向
链表删除
当前结点
的操作

 注意：不论是哪种情况，最后都要做一个释放结点 p 的存储空间的操作，即 free(p)。

算法实现：

```
void DDeleteNode(DListNode *p)
{//删除当前结点的操作
    if(p->next)
    {
        p->prior->next=p->next;
        p->next->prior=p->prior;
    }
    else
        p->prior->next=NULL;
    free(p);
}
```

【课堂实践 2-3】

编写程序，在带头结点的双向链表中，将值为 x 的新结点*s 插入结点*p 之后。

同步训练 2-4

一、单项选择题

1．循环链表尾结点指针域的值为（ ）。

　A．头结点的地址　　　　　　　　　　B．开始结点的地址

C．头结点或开始结点的地址　　　　　D．NULL

2．不带头结点的单循环链表的头指针为 head，判断该循环链表为空的条件是（　　）。

    A．head==NULL　　　　　　　　　B．head->next==NULL

    C．head->next ==head　　　　　　　D．head->next!=head

3．带头结点的单循环链表的头指针为 head，判断该循环链表为空的条件是（　　）。

    A．head==NULL　　　　　　　　　B．head->next==NULL

    C．head->next ==head　　　　　　　D．head->next!=head

4．（　　）可以从任意结点出发访问到该链表的所有结点。

    A．不带头结点单链表　　　　　　　B．带头结点单链表

    C．循环链表　　　　　　　　　　　D．任意链表

5．在含有 n 个结点的（　　）中访问开始结点和尾结点的时间复杂度都是 $O(1)$ 的。

    A．不带头结点单链表

    B．带头结点单链表

    C．用头指针表示的单循环链表

    D．用尾指针表示的单循环链表

6．在含有 n 个结点的双向链表中，在某个结点之前插入结点的时间复杂度为（　　）。

    A．$O(1)$　　　　　B．$O(n)$　　　　　C．$O(n\lg n)$　　　　D．$O(n^2)$

7．在含有 n 个结点的双向链表中，删除当前指针指向结点的时间复杂度为（　　）。

    A．$O(1)$　　　　　B．$O(n)$　　　　　C．$O(n\lg n)$　　　　D．$O(n^2)$

8．对双向链表进行前插操作需要修改（　　）个指针域的值。

    A．1　　　　　　　B．2　　　　　　　C．3　　　　　　　D．4

9．对双向链表进行删除当前结点（非尾结点）操作需要修改（　　）个指针域的值。

    A．1　　　　　　　B．2　　　　　　　C．3　　　　　　　D．4

10．对双向链表进行删除尾结点操作需要修改（　　）个指针域的值。

    A．1　　　　　　　B．2　　　　　　　C．3　　　　　　　D．4

11．对于只在表的首、尾两端进行插入操作的线性表，宜采用的存储结构为（　　）。

    A．顺序表　　　　　　　　　　　　B．用头指针表示的单循环链表

    C．用尾指针表示的单循环链表　　　D．单链表

12．在一个带头结点的单循环链表中，p 指向尾结点的直接前驱，则指向头结点的指针 head 可用 p 表示为（　　）。

    A．p　　　　　　　　　　　　　　B．p->next

    C．p->next->next　　　　　　　　　D．p->next->next->next

13．若要在 $O(1)$ 的时间复杂度上实现两个循环链表头尾相接，则应对两个循环链表各设置一个指针，分别指向（　　）。

A. 各自的头结点

B. 各自的尾结点

C. 各自的第 1 个元素结点

D. 一个表的头结点，另一个表的尾结点

14. 已知在结点个数大于 1 的单循环链表中，指针 p 指向表中某个结点，则下列程序段执行结束时，指针 q 指向结点*p 的（　　　）结点。

　　　q=p;
　　　while(q->next!=p) q=q->next;

A. 本身　　　　　　B. 直接前驱　　　　C. 直接后继　　　　D. 不确定

15. 在一个长度为 n 的循环链表中，删除其元素值为 x 的结点的时间复杂度为（　　　）。

A. $O(1)$　　　　　　B. $O(n)$　　　　　　C. $O(n\lg n)$　　　　　　D. $O(n^2)$

16. 在双向链表指针 p 指向结点前插入一个指针 q 指向结点的操作是（　　　）。

A. p->prior=q;q->next=p;p->prior->next=q;q->prior=q;

B. p->prior=q;p->prior->next=q;q->next=p;q->prior=p->prior;

C. q->next=p;q->prior=p->prior;p->prior->next=q;p->prior=q;

D. q->prior=p->prior;q->next=q;p->prior=q;p->prior=q;

17. 在双向链表指针 p 指向结点前插入一个指针 q 指向结点的 4 个操作中，不能先进行的操作是（　　　）。

A. q->next=p;　　　　　　　　　　　　B. p->prior=q;

C. q->prior=p->prior;　　　　　　　　D. p->prior->next=q;

18. 非空的单循环链表的头指针为 head，尾指针为 rear，则下列条件成立的是（　　　）。

A. rear->next= =head　　　　　　　　B. rear->next->next= =head

C. head->next= =rear　　　　　　　　D. head->next->next= =rear

19. 若线性表的插入和删除操作频繁地在表头或表尾位置进行，则更适宜采用的存储结构为（　　　）。

A. 无头结点的双向链表　　　　　　　B. 带尾指针的循环链表

C. 无头结点的单链表　　　　　　　　D. 带头指针的循环链表

20. 指针 p1 和 p2 分别指向两个无头结点的非空单循环链表中的尾结点，要将两个链表链接成一个新的单循环链表，应执行的操作为（　　　）。

A. p1->next=p2->next;p2->next=p1->next;

B. p2->next=p1->next;p1->next=p2->next;

C. p=p2->next; p1->next=p;p2->next=p1->next;

D. p=p1->next; p1->next= p2->next;p2->next=p;

二、问题解答题

1. 以下函数中，h 是带头结点的双向循环链表的头指针。

（1）说明程序的功能。

（2）当链表中结点数分别为 1 和 6（不包括头结点）时，写出程序中 while 循环体的执行次数。

```
int f(DListNode *h)
{
    DListNode *p,*q;
    int j=1;
    p=h->next;
    q=h->prior;
    while(p!=q&&p->prior!=q)
        if(p->data==q->data)
        {
            p=p->next;
            q=q->prior;
        }
        else j=0;
    return j;
}
```

2．对于单链表、单循环链表和双向链表，如果仅仅知道一个指向链表中某结点的指针 p，能否将 p 所指结点的数据元素与其确实存在的直接前驱交换？对每一种链表作出判断，若可以，写出程序段；否则说明理由。

单链表和单循环链表的结点结构为 | data | next | 。

双向链表的结点结构为 | prior | data | next | 。

3．假设某个不设头指针的无头结点单向循环链表的长度大于 1，s 为指向链表中某个结点的指针。算法 fun 的功能是，删除并返回链表中指针 s 所指结点的前驱。在空缺处填入合适的内容，使其成为完整的算法。

```
typedef struct node
{
    DataType data;
    struct node *next;
}*LinkList;
DataType fun(LinkList s)
{
    LinkList pre,p;
    DataType e;
    pre=s;
    p=s->next;
    while(   （1）   )
    {
```

单元 2
拓展训练

单元 2
课堂实践
参考答案

同步训练
2-1 参考
答案

同步训练
2-2 参考
答案

同步训练
2-3 参考
答案

同步训练
2-4 参考
答案

单元 2
拓展训练
参考答案

```
            pre=p;
            ____(2)____;
        }
        pre->next=____(3)____;
        e=p->data;
        free(p);
        return e;
    }
```

三、算法设计题

1. 假设在长度大于 1 的单循环链表中，既无头结点也无头指针。s 为指向链表中某个结点的指针，试编写算法删除结点*s 的直接前驱结点。

2. 假设以带头结点的单循环链表作非递减有序线性表的存储结构。设计一个时间复杂度为 $O(n)$ 的算法，删除表中所有数值相同的多余元素，并释放结点空间。例如，(7,10,10,21,30,42,42,42,51,70)经算法操作后变为(7,10,21,30,42,51,70)。

3. 假设以单链表表示线性表，单链表的类型定义如下：

```
typedef struct node
{
    DataType data;
    struct node *next;
}LinkNode,*LinkList;
```

编写算法，将一个头指针为 head 且不带头结点的单链表改造为一个含头结点且头指针仍为 head 的单向循环链表。

4. 假设用带头结点的单循环链表表示线性表，单链表的类型定义如下：

```
typedef struct node
{
    int data;
    struct node *next;
}LinkNode,*LinkList;
```

编写程序，求头指针为 head 的单循环链表中 data 域值为正整数的结点个数占结点总数的比例，若为空表输出 0，并给出所写算法的时间复杂度。函数原型为：float fun(LinkList head)。

5. 编写程序，在带头结点的双向链表中，删除结点*p 的后继结点（后继存在）。

单元 3

栈 和 队 列

学习目标

【知识目标】

- 掌握栈的定义及基本运算。
- 掌握顺序栈、链栈基本运算的实现算法。
- 掌握队列的定义及基本运算。
- 掌握循环队列、链队列基本运算的实现算法。

【能力目标】

- 具有恰当地选择栈或队列作为数据的逻辑结构，顺序栈（队列）、链栈（队列）作为数据的存储结构的能力。
- 具有应用栈、队列解决实际问题的能力。

笔记

3.1 栈

栈是一种特殊的线性表，它的逻辑结构与线性表相同，只是其运算规则较线性表有限制，故又称它为运算受限的线性表。

3.1.1 栈的定义及基本操作

1. 栈的定义

栈（**Stack**）是限制仅在表的一端进行插入和删除运算的线性表。向栈中插入元素称为进（入）栈，从栈中删除元素称为退（出）栈。

通常插入、删除的这一端称为**栈顶**（**Stack Top**），由于元素的进栈和退栈，使得栈顶的位置经常是变动的，因此需要用一个整型量 Top 指示栈顶的位置，通常称 Top 为栈顶指针，另一端称为**栈底**。当表中没有元素时称为空栈，即 Top=-1。

栈为后进先出（Last In First Out，LIFO）的线性表，简称为 LIFO 表。

栈的修改是按后进先出的原则进行。每次删除的总是当前栈中"最新"的元素，即最后插入的元素，而最先插入的元素被放在栈的底部，要到最后才能删除。

【示例 3-1】栈的实例。

在现实生活中，人们见到的手枪弹夹就是一个栈，装入子弹时，需要从弹夹的顶部一粒粒压入，子弹射出时，需要从弹夹的顶部一粒粒射出，最后装入的被最先射出，最先装入的只有到最后才能被射出。

栈可以用图 3-1 来表示。

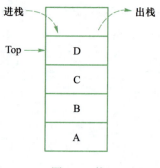

图 3-1　栈

2. 栈的基本操作

① **置栈空**：InitStack(S)。

构造一个空栈 S。

② **判栈空**：StackEmpty(S)。

若 S 为空栈，则返回 1，否则返回 0。

③ **判栈满**：StackFull(S)。

若 S 为满栈，则返回 1，否则返回 0。

④ **进栈**：Push(S,x)。

若栈 S 不满，则将元素 *x* 插入 S 的栈顶。

⑤ **退栈**：Pop(S,x)。

若栈 S 非空，则将 S 的栈顶元素存到 *x* 中并返回，改变栈的状态。

⑥ **取栈顶元素**：StackTop(S,x)。

若栈 S 非空，则将 S 的栈顶元素存到 *x* 中并返回，但不改变栈的状态。

3.1.2　顺序栈及基本操作

由于栈是运算受限线性表，因此线性表的存储结构对栈也适用，而线性表有顺序存储和链式存储两种，所以，栈也有顺序存储和链式存储两种。

1．顺序栈

栈的顺序存储结构简称为**顺序栈（Sequence Stack）**，它是运算受限的顺序表。

2．顺序栈的描述

#define StackSize 100 //假定栈空间最多为 100 个元素

typedef char DataType;//假定栈元素的类型为字符类型

typedef struct

{

　　　DataType data[StackSize];//栈元素定义

　　　int top;//栈指针定义

}SeqStack;

SeqStack *S;//栈定义

设 S 是 SeqStack 类型的指针变量，则栈顶指针可表示为 S->top，则栈顶元素可表示为 S->data[S-> top]。

说明：

① 条件 S->top==StackSize-1 表示栈满，条件 S->top==-1 表示栈空。

② 当有元素 x 进栈时，需要先将 S->top 加 1，然后再将元素进栈，即依次完成下列操作：S->top++，S->data[S->top]=x，可将这两个操作合并为一个操作：S->data[++S->top]=x；

③ 当栈满时，做进栈操作所产生的空间溢出现象称为上溢，上溢是一种出错状态，应设法避免。

④ 当栈顶元素做退栈操作时，需要先将栈顶元素退栈，即*x= S->data[S->top]，再将栈顶指针减 1，即 S->top--，可将这两个操作合并为一个操作：*x= S->data[S->top--]。

⑤ 当栈空时，做退栈操作所产生的溢出现象称为下溢，下溢也是一种出错状态，应设法避免。

3．顺序栈的基本操作

（1）置栈空

将顺序栈 S 置为空栈，可将顺序栈 S 作为参数。

微课 3-1
顺序栈及其
描述

PPT　3-1
顺序栈及其
描述

微课 3-2
顺序栈的
操作

PPT　3-2
顺序栈的
操作

PPT

具体算法：
void InitStack(SeqStack *S)
{//置栈空
　　S->top=-1;
}
（2）判栈空
判断顺序栈 S 是否为空栈，可将顺序栈 S 作为参数。
代码可以写成：
int StackEmpty(SeqStack *S)
{
　　if(S->top==-1)
　　　　return 1;
　　else
　　　　return 0;
}
　　当 S->top==-1 成立时，关系表达式 S->top==-1 的值为 1，所以，可以返回 S->top==-1；而当 S->top==-1 不成立时，关系表达式 S->top==-1 的值为 0，所以，也可以返回 S->top==-1。因此，无论怎样只需返回 S->top==-1 的值。
　　具体算法：
int StackEmpty(SeqStack *S)
{//判栈空
　　return S->top==-1;
}
（3）判栈满
判断顺序栈 S 是否为满栈，可将顺序栈 S 作为参数。
与判栈空的道理相同，只需返回 S->top==StackSize-1。
　　具体算法：
int StackFull(SeqStack *S)
{//判栈满
　　return S->top==StackSize-1;
}
（4）进栈
　　令值为 x 的元素进入栈 S，进栈操作成功时，返回 1，否则返回 0。可将栈 S 和进栈元素的值 x 作为参数。
算法思路：
判断栈 S 是否栈满，当栈不满时，先将栈顶指针加 1，再将元素进栈。
具体算法：
int Push(SeqStack *S,DataType x)

动画演示
3-1　顺序
栈的进栈退
栈操作

```
{//进栈
    if (StackFull(S))
    {
        puts("栈满"); return 0;
    }
    S->data[++S->top]=x;
    return 1;
}
```

（5）退栈

保存栈顶结点的数据，栈顶指针 S 下移。退栈操作成功时，返回 1，否则返回 0。可将栈 S 和指针 x 作为参数。

算法思路：

判断栈 S 是否栈空，当栈不空时，先将栈顶元素的值存入指针 x 指向的变量，再将栈顶指针减 1。

具体算法：

```
int Pop(SeqStack *S, DataType *x)
{//退栈
    if(StackEmpty(S))
    {
        puts("栈空"); return 0;
    }
    *x=S->data[S->top--];
    return 1;
}
```

（6）取栈顶元素

取栈顶元素与退栈的区别在于，退栈改变栈的状态，而取栈顶元素不改变栈的状态。

具体算法：

```
int StackTop(SeqStack *S, DataType *x)
{//取栈顶元素
    if(StackEmpty(S))
    {
        puts("栈空"); return 0;
    }
    *x=S->data[S->top];
    return 1;
}
```

由于栈的插入和删除操作具有它的特殊性，所以用顺序存储结构表示的栈并不存在插入、删除数据元素时需要移动结点的问题，但栈容量难以扩充的弱点仍旧没有摆脱。

【示例 3-2】元素 a_1、a_2、a_3、a_4 依次进入顺序栈，则下列不可能的退栈序列是（   ）。

A. a_4、a_3、a_2、a_1 B. a_3、a_2、a_4、a_1

C. a_3、a_4、a_2、a_1 D. a_3、a_1、a_4、a_2

分析：对于 A，由于元素 a_1、a_2、a_3、a_4 依次进栈，而 a_4 先退栈，说明 a_1、a_2、a_3 已经入栈，所以退栈顺序只能是 a_4、a_3、a_2、a_1，因此 A 是正确的退栈序列；对于 B、C、D，由于都是 a_3 先退栈，说明 a_1、a_2 已经入栈，所以 a_1，a_2 的相对位置一定是不变的，即 a_2 一定要在 a_1 之前退栈，比较上述 3 个答案，只有 D 中的 a_1 在 a_2 的前面退栈，这显然是错误的。因此，答案为 D。

【课堂实践 3-1】

设计一个选择菜单，根据用户的选择决定对顺序栈进行置空栈、进栈、退栈、取栈顶元素和退出程序的操作。

3.1.3 链栈及基本操作

微课 3-3
链栈及其
操作

PPT 3-3
链栈及其
操作

PPT

若栈中元素的数目变化范围较大或不清楚栈元素的数目，就应该考虑使用链式存储结构来表示栈。

由于栈的插入、删除操作只能在一端进行，而对于单链表来说，在首端插入、删除结点要比尾端相对地容易一些，所以可将无头结点的单链表的首端作为栈顶，即将单链表的头指针作为栈顶指针。链栈如图 3-2 所示。

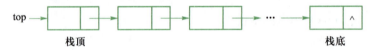

图 3-2 链栈示意图

1. 链栈

栈的链式存储结构称为**链栈（Linked Stack）**，它是运算受限的单链表，其插入和删除操作限制仅在表头位置上进行，链表的头指针就是栈顶指针。

2. 链栈的描述

```
typedef char DataType;//假定栈元素的类型为字符类型
typedef struct stacknode
{//结点的描述
    DataType data;
    struct stacknode *next;
}StackNode;
typedef struct
{//栈的描述
    StackNode *top; //栈顶指针
}LinkStack;
```

设 S 是 LinkStack 类型的指针变量，则 S 是指向链栈的指针，链栈栈顶指针可表示为 S->top；链栈栈顶元素可表示为 S->top->data。

设 p 是 StackNode 类型的指针变量，则 p 是指向链栈某结点的指针，该结点的数据域可表示为 p->data，该结点的指针域可表示为 p->next。

📝 **说明：** 条件 S->top== NULL 表示空栈，链栈没有栈满的情况。

3．链栈的基本操作

（1）置栈空

将链栈 S 置为空栈，可将链栈 S 作为参数。

具体算法：

```
void InitStack(LinkStack *S)
{//置栈空
    S->top=NULL;
}
```

（2）判栈空

判断链栈 S 是否为空栈，可将链栈 S 作为参数。

具体算法：

```
int StackEmpty(LinkStack *S)
{//判栈空
    return S->top==NULL;
}
```

（3）进栈

将值为 x 的结点插入栈顶，进栈操作成功时，返回 1，否则返回 0。可将栈 S 和进栈元素的值 x 作为参数。

算法思路：

生成一个新结点，将数据域写入 x，再将新结点插入栈的顶部。

具体算法：

```
int Push(LinkStack *S,DataType x)
{//进栈
    StackNode *p=(StackNode *)malloc(sizeof(StackNode));
    if(p==NULL)
    {
        puts ("内存申请不成功!"); return 0;
    }
    p->data=x;
    p->next=S->top;//将新结点*p 插入链栈头部
    S->top=p; //栈顶指针指向新结点
    return 1;
}
```

动画演示
3-2 链栈
的进栈退栈
操作

（4）退栈

保存栈顶结点的数据，移除栈顶结点。退栈操作成功时，返回 1，否则返回 0。可将栈 S 和指针 x 作为参数。

算法思路：

判断栈 S 是否栈空，当栈不空时，先将栈顶元素的值存入指针 x 指向的变量，再将栈顶结点删除。

具体算法：

```
int Pop(LinkStack *S, DataType *x)
{//退栈
    StackNode *p=S->top;//保存栈顶指针
    if(StackEmpty(S))
    {
        puts("栈空"); return 0;
    }
    *x=p->data; //保存栈顶结点数据
    S->top=p->next; //将栈顶结点从链上摘下
    free(p);
    return 1;
}
```

（5）取栈顶元素

保存栈顶结点的数据。操作成功时，返回 1，否则返回 0。可将栈 S 和指针 x 作为参数。

具体算法：

```
int StackTop(LinkStack *S, DataType *x)
{//取栈顶元素
    if(StackEmpty(S))
    {
        puts("栈空"); return 0;
    }
    *x =S->top->data;
    return 1;
}
```

注意：由于链栈中的结点是动态分配的，可以不考虑上溢，所以无须定义 StackFull 操作。

【课堂实践 3-2】

编写函数 void DestroyStack (LinkStack *S)，用于销毁链栈 S。

【例 3-1】将十进制整数 N 转换为 B 进制整数。

分析：

将十进制整数转换为 B 进制整数，通常采用的方法是"B 除取余法"。

例如，将 365 转换为 16 进制整数，采用 16 除取余法，如图 3-3 所示。

图 3-3　B 除取余法

得 365 转换为 16 进制数为 16D。

从上面的求解过程可以看出，最后得到的余数最先写出来，具有后进先出的特性，因此，将十进制整数 N 转换为 B 进制整数应该选择栈的数据结构，可采用顺序栈，也可采用链栈，但由于要转换的十进制数的位数是不确定的，所以，转换成的 B 进制数的位数也是不确定的，为避免浪费存储空间，应该选择链栈的存储结构。

基本思路： 重复进行整数 N 被 B 除的操作，将余数 $N\%B$ 进栈 S，商 N/B 作为新的 N，直到 N 为 0，然后，依次做退栈操作得到转换结果。

算法步骤：

① 定义一个指向链栈的指针 S，通过函数 malloc 确定 S 的指向，并对链栈进行初始化，当 N=0 时，输出一个 0，转向②。

② 判断 N 是否不等于 0，若是，转向③，否则转向④。

③ 将 N 被 B 除的余数 $N\%B$ 进栈 S，商 N/B 作为新的 N，转回②。

④ 重复进行退栈操作，并输出，直到栈空为止。

具体算法：

```c
int IntegerConversion(int N,int B)
{//十进制整数 N 转换为等值的 B 进制整数
    DataType x;
    LinkStack *S=(LinkStack *)malloc(sizeof(LinkStack));
    if(S==NULL)
    {
        puts("空间申请失败!");return 0;
    }
    InitStack(S);
    if(N==0)
        printf("0");
    while(N)
    {//求 N 对应 B 进制数的各位数字，并将其进栈
```

```
            if(Push(S,N%B))
            N=N/B;
        }
        while(!StackEmpty(S))
        {//栈非空时退栈输出
            if(Pop(S,&x))
                if(x>=10)
                    printf("%c",x+87);
                else
                    printf("%d",x);
        }
        return 1;
    }
```

【例 3-2】括号匹配检验。

假设一个表达式中可以包含圆括号 "（" 和 "）"、方括号 "[" 和 "]"、花括号 "{" 和 "}" 3 种括号，且这 3 种括号可按任意的次序嵌套使用。编写判别给定表达式中所含括号是否正确配对出现的算法。

分析：表达式中各种括号的使用规则是，出现左括号，必有相应的右括号与之匹配，并且每对括号之间可以嵌套，但不能出现交叉情况。

如果扫描输入的表达式出现一个左括号，继续扫描时希望能够出现与之配对的右括号，如果扫描输入的表达式出现多个左括号，继续扫描时希望能够出现与最后一个左括号配对的右括号，这样才能保证括号配对出现，即最后出现的左括号最先配对，由此，括号匹配检验问题具有后进先出的特性，所以应该选择栈的数据结构，另外，表达式中括号的对数具有不确定性，因此，可以选择链栈来解决括号匹配检验问题。

假设输入的表达式已存放在字符指针 Exp 指向的字符数组中，当括号匹配时返回 1，不匹配时返回 0。

算法思路：

对输入的表达式进行扫描，用栈结构保存每个出现的左括号，当遇到右括号时，从栈中弹出左括号，检验匹配情况。在检验过程中，若遇到以下情况，就可以得出括号不匹配的结论。

① 当遇到某一个右括号时，栈已空，说明到目前为止，右括号多于左括号。

② 从栈中弹出的左括号与当前检验的右括号类型不同，说明出现了括号交叉情况。

③ 表达式扫描完毕，但栈中还有没有匹配的左括号，说明左括号多于右括号。

算法步骤：

① 定义一个指向链栈的指针 S，通过函数 malloc 确定 S 的指向，并对链栈进行初始化，定义变量 i 初值为 0，转向②。

② 判断扫描的第 i 个字符 ch 是否不等于'\0'，若是，转向③，否则转向⑥。

③ 如果 ch 是左括号，进栈 S，如果 ch 是右括号，转向④，如果 ch 是其他字符，

转向⑤。

　　④ 如果栈 S 为空，返回 0，否则做出栈操作，并判断出栈左括号是否不与 ch 匹配，若是返回 0，否则转向⑤。

　　⑤ i++，转向②。

　　⑥ 如果当前栈 S 不空，返回 0，否则返回 1。

具体算法：

```c
int Check(char *Exp)
{//检验括号匹配
    char ch, th;
    int i;
    LinkStack *S=(LinkStack *)malloc(sizeof(StackNode));//定义栈 S
    if(S==NULL)
    {
        puts("申请空间失败!\n");
        return 0;
    }
    InitStack(S);     //初始化栈 S
    for(i=0;(ch=Exp[i])!='\0';i++)
    {
        switch (ch)
        {
        case '(':Push(S,ch);break;                //遇到左圆括号入栈
        case ')':if (StackEmpty(S)) return 0;     //属于不匹配情况①
            Pop(S,&th);if (th!= '(') return 0;    //属于不匹配情况②
        case '[':Push(S,ch);break;                //遇到左方括号入栈
        case ']':if (StackEmpty(S)) return 0;     //属于不匹配情况①
            Pop(S,&th);if (th!= '[') return 0;    //属于不匹配情况②
        case '{':Push(S,ch);break;                //遇到左花括号入栈
        case '}':if (StackEmpty(S)) return 0;     //属于不匹配情况①
            Pop(S,&th);if (th!= '{') return 0;    //属于不匹配情况②
        default:break;                            //其他字符继续检验
        }
    }
    if (!StackEmpty(S)) return 0;                 //属于不匹配情况③
    else return 1;
}
```

同步训练 3-1

一、单项选择题

1. 栈是一种操作受限的线性结构，其操作的主要特征是（　　）。
   A. 先进先出　　　　　　　　　B. 后进先出
   C. 进优于出　　　　　　　　　D. 出优于进

2. 栈与一般线性表的区别主要是（　　）。
   A. 元素个数不同　　　　　　　B. 逻辑结构不同
   C. 元素类型不同　　　　　　　D. 插入和删除元素的位置不同

3. 下列关于顺序栈的叙述中，正确的是（　　）。
   A. 入栈操作需要判断栈满，出栈操作需要判断栈空
   B. 入栈操作不需要判断栈满，出栈操作需要判断栈空
   C. 入栈操作需要判断栈满，出栈操作不需要判断栈空
   D. 入栈操作不需要判断栈满，出栈操作不需要判断栈空

4. 栈顶的位置是随着（　　）操作而变化的。
   A. 进栈　　　　　　　　　　　B. 退栈
   C. 进栈和退栈　　　　　　　　D. 取栈顶元素

5. 栈的上溢现象通常出现在（　　）。
   A. 顺序栈的入栈操作过程中　　B. 顺序栈的出栈操作过程中
   C. 链栈的入栈操作过程中　　　D. 链栈的出栈操作过程中

6. 栈的下溢现象通常出现在（　　）。
   A. 顺序栈的入栈操作过程中
   B. 顺序栈的出栈操作过程中
   C. 顺序栈或链栈的入栈操作过程中
   D. 顺序栈或链栈的出栈操作过程中

7. 链栈与顺序栈相比，比较明显的优点是（　　）。
   A. 插入操作更加方便　　　　　B. 删除操作更加方便
   C. 不会出现上溢的情况　　　　D. 不会出现下溢的情况

8. 若栈采用链式存储结构，则下列说法中正确的是（　　）。
   A. 需要判断栈满且需要判断栈空
   B. 不需要判断栈满但需要判断栈空
   C. 需要判断栈满但不需要判断栈空
   D. 不需要判断栈满也不需要判断栈空

9. 若进栈次序为 a、b、c，且进栈和出栈可以穿插进行，则可能出现的含 3 个元素的出栈序列个数是（　　）。

　　　　A. 3　　　　　　　B. 5　　　　　　　C. 6　　　　　　　D. 7

10. 栈中有 a、b 和 c 3 个元素，a 是栈底元素，c 是栈顶元素，元素 d 等待进栈，则不可能的出栈序列是（　　）。

　　　　A. dcba　　　　　B. cbda　　　　　C. cadb　　　　　D. cdba

11. 假设元素只能按 a、b、c、d 的顺序依次进栈，且得到的出栈序列中的第 1 个元素为 c，则可能得到的出栈序列为（　　）。

　　　　A. cabd　　　　　B. cadb　　　　　C. cdab　　　　　D. cdba

12. 假设元素只能按 a、b、c、d 的顺序依次进栈，且得到的出栈序列中的第 1 个元素为 c，则不可能得到的出栈序列为（　　）。

　　　　A. cabd　　　　　B. cbad　　　　　C. cbda　　　　　D. cdba

13. 一个栈的输入序列为 1、2、3、$\cdots$、n，若输出序列的第 1 个元素是 n，则输出的第 i（$1<=i<=n$）个元素是（　　）。

　　　　A. $n-i$　　　　　B. $n-i+1$　　　　C. $n-i+2$　　　　D. 不确定

14. 若一个栈的输入序列为 1、2、3、$\cdots$、n，输出序列的第 1 个元素是 i，则第 j 个输出元素是（　　）。

　　　　A. $i-j-1$　　　　B. $i-j$　　　　　C. $j-i+1$　　　　D. 不确定

15. 若元素的入栈顺序为 1、2、3、$\cdots$、n，如果第 2 个出栈的元素是 n，则输出的第 i（$1<=i<=n$）个元素是（　　）。

　　　　A. $n-i$　　　　　B. $n-i+1$　　　　C. $n-i+2$　　　　D. 不确定

16. 若元素的入栈顺序为 1、2、3、$\cdots$、n，如果第 1、2 个出栈的元素分别是 1、n，则输出的第 i（$3<=i<=n$）个元素是（　　）。

　　　　A. $n-i$　　　　　B. $n-i+1$　　　　C. $n-i+2$　　　　D. 不确定

17. 若进栈序列为 1、2、3、4、5、6，且进栈和出栈可以穿插进行，则不可能出现的出栈序列是（　　）。

　　　　A. 2, 4, 3, 1, 5, 6　　　　　　　　B. 3, 2, 4, 1, 6, 5
　　　　C. 4, 3, 2, 1, 5, 6　　　　　　　　D. 2, 3, 5, 1, 6, 4

18. 若进栈序列为 1、2、3、4、5、6，且进栈和出栈可以穿插进行，则可能出现的出栈序列为（　　）。

　　　　A. 3, 2, 6, 1, 4, 5　　　　　　　　B. 3, 4, 2, 1, 6, 5
　　　　C. 1, 2, 5, 3, 4, 6　　　　　　　　D. 5, 6, 4, 2, 3, 1

19. 已知栈的最大容量为 4。若进栈序列为 1、2、3、4、5、6，且进栈和出栈可以穿插进行，则可能出现的出栈序列为（　　）。

　　　　A. 5, 4, 3, 2, 1, 6　　　　　　　　B. 2, 3, 5, 6, 1, 4
　　　　C. 3, 2, 5, 4, 1, 6　　　　　　　　D. 1, 4, 6, 5, 2, 3

20. 设一个栈的进栈序列是 6、5、4、3、2、1，且进栈和出栈可以穿插进行，则不可能出现的出栈序列为（　　）。

　　　　A. 5, 4, 3, 6, 1, 2　　　　　　　　B. 4, 5, 3, 1, 2, 6

　　　　C. 3，4，6，5，2，1　　　　　　　　D. 2，3，4，1，5，6

　　21. 设栈的初始状态为空，入栈序列为 1、2、3、4、5、6，若出栈序列为 2、4、3、6、5、1，则操作过程中栈中元素个数最多时为（　　　）。

　　　　A. 2 个　　　　　　B. 3 个　　　　　　C. 4 个　　　　　　D. 6 个

　　22. 设栈的初始状态为空，元素 1、2、3、4、5、6 依次入栈，得到的出栈序列是 2、4、3、6、5、1，则栈的容量至少是（　　　）。

　　　　A. 2 个　　　　　　B. 3 个　　　　　　C. 4 个　　　　　　D. 6 个

　　23. 若以 S 和 X 分别表示进栈和退栈操作，则对初始状态为空的栈可以进行的栈操作系列是（　　　）。

　　　　A. SXSSXXXX　　　　　　　　　　B. SXXSXSSX

　　　　C. SXSXXSSX　　　　　　　　　　D. SSSXXSXX

　　24. 用 S 表示入栈操作，X 表示出栈操作，若元素入栈的顺序为 1、2、3、4，为了得到 1、3、4、2 的出栈顺序，相应的 S 和 X 的操作序列为（　　　）。

　　　　A. SXSXSXSX　　　　　　　　　　B. SXSSXXSX

　　　　C. SXSSXSXX　　　　　　　　　　D. SSXXSXSX

　　25. 在栈中，出栈操作的时间复杂度是（　　　）。

　　　　A. $O(1)$　　　　　B. $O(\lg n)$　　　　　C. $O(n)$　　　　　D. $O(n^2)$

二、问题解答题

　　1. 设将整数 1、2、3、4 依次进栈，但只要出栈时栈非空，则可将出栈操作按任何次序夹入其中，回答下述问题：

　　① 若入、出栈次序为 Push(1)、Pop()、Push(2)、Push(3)、Pop()、Pop()、Push(4)、Pop()，则出栈的数字序列为何（这里 Push(i)表示 i 进栈，Pop()表示出栈）？

　　② 能否得到出栈序列 1423 和 1432？并说明为什么不能得到或者如何得到。

　　③ 分析 1、2、3、4 的 24 种排列中，哪些序列是可以通过相应的入栈、出栈操作得到的出栈序列。

　　2. 链栈中为何不设置头结点？

　　3. 指出下述程序段的功能。

（1）void Demo1(SeqStack *S)

```
{
    DataType arr[StackSize];
    int i,n=0;
    while(!StackEmpty(S))
        Pop(S,&arr[n++]);
    for(i=0;i<n;i++)
        Push(S,arr[i]);
}
```

（2）SeqStack S1, S2, tmp;//假设栈 tmp 和 S2 已做过初始化

　　　　DataType x;

```
    while ( ! StackEmpty (&S1))
    {
        Pop(&S1,&x) ;
        Push(&tmp,x);
    }
    while ( ! StackEmpty (&tmp) )
    {
        Pop( &tmp,&x);
        Push( &S1,x);
        Push( &S2, x);
    }
```

（3）void Demo2(SeqStack *S, int m)

```
    {//设 DataType 为 int 型
        SeqStack T;
        int i;
        InitStack (&T);
        while (!StackEmpty(S))
            if(Pop(S,&i)&&i!=m)
                Push( &T,i);
        while (!StackEmpty(&T))
        {
            Pop(&T,&i); Push(S,i);
        }
    }
```

4．设栈 S1 的入栈序列为 1、2、3、4，则不可能得到出栈序列 3、1、4、2。但可通过增设栈 S2 来实现。例如，按如图 3-4 所示的箭头指示，依次经过栈 S1 和 S2，便可得到序列 3、1、4、2。

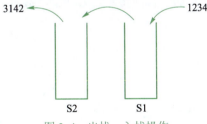

图 3-4　出栈、入栈操作

如果用 H1 和 H2 分别表示栈 S1 和 S2 的进栈操作，用 P1 和 P2 分别表示栈 S1 和 S2 的出栈操作，给出得到序列 3、1、4、2 和 4、1、3、2 的操作步骤。

5．阅读下列算法（假设栈的操作函数都已定义），并回答问题。

void fun()

```
{
    SeqStack S;
    char x,y;
    x='c';
    y='k';
    Push(&S,x);
    Push(&S,'a');
    Push(&S,y);
    Pop(&S,&x);
    Push(&S,'t');
    Push(&S,x);
    Pop(&S,&x);
    Push(&S,'s');
    while(!StackEmpty(&S))
    {
        Pop(&S,&y);
        putchar(y);
    }
    putchar(x);
}
```

① 自底向上写出执行 while 语句之前栈 S 中的元素序列。

② 写出该函数的最后输出结果。

6. 用 S 代表进栈操作，X 代表出栈操作。给出利用栈将字符串"a*b-c"改变为"ab*c-"的操作步骤。例如，将"ABC"改变为"BCA"，则其操作步骤为 SSXSXX。

三、算法设计题

回文是指正读反读均相同的字符序列，如"abba"和"abdba"均是回文，但"good"不是回文。试写一个算法判定给定的字符向量是否为回文。提示：将一半字符入栈。

3.2 队列

3.2.1 队列的定义及基本操作

队列与栈一样都是运算受限的线性表，但与栈的限制不同。

1. 队列的定义

队列（Queue）是只允许在表的一端进行插入，而在另一端进行删除的运算受限的线性表。向队列中插入元素称为**入队**，从队列中删除元素称为**出队**。允许删除的一端称为队头（**Front**），允许插入的一端称为**队尾**（**Rear**），当队列中没有元素时称为**空队列**。

队列是先进先出（First In First Out，FIFO）的线性表，简称为 **FIFO 表**。

队列的修改是依先进先出的原则进行的，新来的成员总是加入队尾（即不允许"加塞"），每次离开的成员总是队列头上的成员（不允许中途离队），即当前"最老"的成员离队。

2．队列的基本操作

① **置队空**：InitQueue(Q)。

构造一个空队列 Q。

② **判队空**：QueueEmpty(Q)。

若队列 Q 为空，则返回 1，否则返回 0。

③ **判队满**：QueueFull(Q)。

若队列 Q 为满，则返回 1，否则返回 0。

④ **入队**：EnQueue(Q,x)。

若队列 Q 非满，则将元素 x 插入 Q 的队尾。

⑤ **出队**：DeQueue(Q,x)。

若队列 Q 非空，则将 Q 的队头元素存到 x 中并返回，改变队列的状态。

⑥ **取队头元素**：QueueFront(Q,x)。

若队列 Q 非空，则将 Q 的队头元素存到 x 中并返回，不改变队列的状态。

3.2.2　顺序队列

1．顺序队列的定义

队列的顺序存储结构称为**顺序队列**（**Sequence Queue**），它是运算受限的顺序表。

2．顺序队列的表示

① 和顺序表一样，顺序队列用一个数组（向量空间）来存放当前队列中的元素，数组的容量用符号常量 QueueSize 来表示。

② 由于随着入队和出队操作的变化，队列的队头和队尾的位置是变动的，所以应设置两个整型量 front 和 rear 分别指示队头和队尾在向量空间中的位置，它们的初值在队列初始化时均应置为 0。通常称 front 为队头指针，称 rear 为队尾指针。

3．顺序队列的基本操作

（1）入队

入队时将新元素插入 rear 所指的位置，然后将 rear 加 1。

（2）出队

出队时删去 front 所指的元素，然后将 front 加 1 并返回被删元素。

注意：

① 当队头、队尾指针相等，即 front==rear 时，队列为空队列。

② 在非空队列里，队头指针始终指向队头元素，队尾指针始终指向队尾元素的下一位置。

③ 当队尾指针等于队列容量，即 rear==QueueSize 时，队列为满队列。

【示例 3-3】设一个队列的容量为 QueueSize=3，A、B、C 依次入顺序队列，然后 A 出队，再 B、C 出队，队列变化情况如图 3-5 所示。

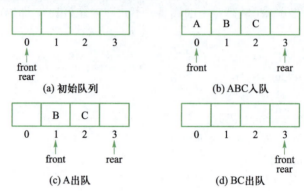

图 3-5　队列变化情况

由图 3-5（a）和图 3-5（d）可以看出，当 front==rear 时，队列为空队列；由图 3-5（b）可以看出，当 rear==QueueSize 时，队列为满队列；而由图 3-5（c）和图 3-5（d）可以看出，虽然 rear==QueueSize，但实际队列并不满，而且这时已不能再做入队操作，因此顺序队列存在存储空间不能得到充分利用的问题。

4.顺序队列的溢出现象

（1）下溢

当队列为空时，做出队操作所产生的溢出现象称为下溢，下溢是一种出错状态，应设法避免。

（2）真上溢

当队列满时，做入队操作所产生的空间溢出现象称为真上溢，真上溢也是一种出错状态，应设法避免。

（3）假上溢

由于在入队和出队操作中，头、尾指针只增加不减少，致使被删元素的空间永远无法重新利用。当队列中实际元素个数远远小于向量空间的规模时，也可能由于尾指针已超越向量空间的上界而不能做入队操作。该现象称为**假上溢**。

5.解决假上溢的方法

① 当出现假上溢时，把所有的元素向低位移动，使得空位从低位区移向高位区，显然这种方法很浪费时间。

② 把队列向量空间的元素位置 0～QueueSize-1 看成一个首尾相接的环形，当入队的队尾指针等于最大容量，即 rear==QueueSize 时，使 rear=0。

微课 3-4
循环队列
及其操作

PPT 3-4
循环队列
及其操作

3.2.3　循环队列

1.循环队列的定义

把向量空间的元素位置首尾相接的顺序队列称为**循环队列**（**Circular Queue**）。

【示例 3-4】设队列的容量 QueueSize=8，元素 a_1，a_2，a_3，a_4，a_5，a_6，a_7 依次入队，然后 a_1，a_2，a_3 出队的循环队列如图 3-6 所示。

图 3-6 入队出队情况

2．头、尾指针的加 1 操作

循环队列 Q 进行出队、入队操作时，头、尾指针仍要加 1。当头、尾指针指向向量上界（QueueSize-1）时，其加 1 操作的结果是指向向量的下界 0。这种循环意义下的加 1 操作描述如下。

（1）利用选择结构

if(i+1==QueueSize)//i 为 Q->front 或 Q->rear

    i=0;

else

    i++;

（2）利用模运算

i=(i+1)%QueueSize;//i 为 Q->front 或 Q->rear

这里采用此方法实现循环意义下的队头、队尾指针的加 1 操作。

3．队列空满的处理方法

在循环队列 Q 中，由于入队时尾指针向前追赶头指针，出队时头指针向前追赶尾指针，造成队空和队满时头、尾指针均相等，因此，无法通过条件 Q->front==Q->rear 来判别队列是"空"还是"满"。解决这个问题的方法至少有以下 3 种。

① 另设一标志变量 flag 以区别队列的空和满，如当条件 Q->front==Q->rear 成立，且 flag 为 0 时表示队列空，而为 1 时表示队列满。

② 少用一个元素的空间。约定入队前，测试队尾指针在循环意义下加 1 后是否等于队头指针，若相等则认为队满。注意：rear 所指的单元始终为空。

此时，队空的条件是 Q->front==Q->rear，队满的条件是(Q->rear+1)%QueueSize==Q->front。

③ 使用一个计数器 count 记录队列中元素的总数，当 Q->count ==0 时表示队列空，当 Q->count ==QueueSize 时表示队列满。这里将使用此方法。

4．循环队列的描述

```
#define QueueSize 100   //定义队列最大容量
typedef char DataType;   //定义队列元素类型
typedef struct cirqueue
{
    DataType data[QueueSize];//队列元素定义
    int front;              //队头指针定义
    int rear;              //队尾指针定义
    int count;              //计数器定义
}CirQueue;
    CirQueue *Q; //定义循环队列 Q
```

设 Q 是 CirQueue 类型的指针变量，则 Q 是指向循环队列的指针，队头指针、队尾指针可分别表示为 Q->front、Q->rear，计数器可表示为 Q->count，队头元素可表示为 Q->data[Q->front]，队尾元素可表示为 Q->data[Q->rear]。

5．循环队列基本操作

（1）置队空

将队列 Q 置为空队列。可将队列 Q 作为参数。

具体算法：

```
void InitQueue(CirQueue *Q)
{//置队空
    Q->front=Q->rear=0;
    Q->count=0;        //计数器置 0
}
```

（2）判队空

判断队列 Q 是否为空队列，若是返回 1，否则返回 0。可将队列 Q 作为参数。

具体算法：

```
int QueueEmpty(CirQueue *Q)
{//判队空
    return Q->count==0; //队列无元素为空
}
```

（3）判队满

判断队列 Q 是否为满队列，若是返回 1，否则返回 0。可将队列 Q 作为参数。

具体算法：

```
int QueueFull(CirQueue *Q)
{//判队满
    return Q->count==QueueSize; //队中元素个数等于 QueueSize 时队满
}
```

（4）入队

将值为 x 的元素进入队列 Q，入队操作成功时，返回 1，否则返回 0。可将队列 Q 和入队元素的值 x 作为参数。

算法思路：

判断队列 Q 是否队满，当队列不满时，先将计数器加 1，再将元素进栈，最后将队尾指针循环意义下加 1。

具体算法：

```
int EnQueue(CirQueue *Q,DataType x)
{//入队
    if(QueueFull(Q))
    {
        puts("队满"); return 0;
    }
    Q->count ++;//队列元素个数加 1
    Q->data[Q->rear]=x;//新元素插入队尾
    Q->rear=(Q->rear+1)%QueueSize;//循环意义下将尾指针加 1
    return 1;
}
```

（5）出队

保存队头元素的数据，队头指针后移。出队操作成功时，返回 1，否则返回 0。可将队列 Q 和指针 x 作为参数。

算法思路：

判断队列 Q 是否队空，当队不空时，先将栈顶元素的值存入指针 x 指向的变量，再将计数器减 1、队头指针循环意义下加 1。

具体算法：

```
int DeQueue(CirQueue *Q ,DataType *x)
{//出队
    if(QueueEmpty(Q))
    {
        puts("队空"); return 0;
    }
    *x=Q->data[Q->front];
    Q->count--;//队列元素个数减 1
    Q->front=(Q->front+1)%QueueSize;//循环意义下的头指针加 1
    return 1;
}
```

（6）取队头元素

保存队头元素的数据。操作成功时，返回 1，否则返回 0。可将队列 Q 和指针 x 作

动画演示
3-3 循环
队列的入队
出队操作

为参数。

具体算法：

```
int QueueFront(CirQueue *Q ,DataType *x)
{//取队头元素
    if(QueueEmpty(Q))
    {
        puts("队空"); return 0;
    }
    *x=Q->data[Q->front];
    return 1;
}
```

 【课堂实践 3-3】

使用标志变量 flag 以区别队列的空和满，当条件 Q->front== Q->rear 成立，且 flag 为 0 时表示队列空，而为 1 时表示队列满，循环队列的描述如下。

```
#define QueueSize 100    //定义队列最大容量
typedef char DataType;   //定义队列元素类型
typedef struct cirqueue
{
    DataType data[QueueSize];//队列元素定义
    int front;              //队头指针定义
    int rear;               //队尾指针定义
    int flag;               //标志变量定义
}CirQueue;
```

给出对循环队列进行置空队、判队空、判队满、入队、出队和取队头元素的算法。

3.2.4　链队列

1. 链队列的定义

队列的链式存储结构称为**链队列（Linked Queue）**，它是限制仅在表头删除和在表尾插入的单链表。由于需要在表尾进行插入操作，所以为操作方便除头指针外有必要再增加一个指向尾结点的指针。

2. 链队列的描述

```
typedef char DataType;   //定义队列元素类型
typedef struct queuenode
{//队列中结点的类型
    DataType data;
    struct queuenode *next;
}QueueNode;
```

微课 3-5
链队列及
其操作

PPT　3-5
链队列及
其操作

PPT

```
typedef struct
{
    QueueNode *front;    //队头指针
    QueueNode *rear;     //队尾指针
}LinkQueue;
LinkQueue *Q;    //定义链队列 Q
```

设 Q 是 LinkQueue 类型的指针变量，则 Q 是指向链队列的指针，队头指针、队尾指针可分别表示为 Q->front、Q->rear。

设 p 是 QueueNode 类型的指针变量，则 p 是指向链队列某结点的指针，该结点的数据域可表示为 p->data，该结点的指针域可表示为 p->next。

链队列如图 3-7 所示。

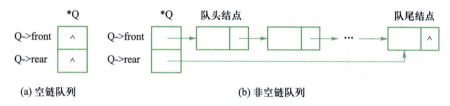

图 3-7　链队列

3．链队列的基本操作

由于链队列结点的存储空间是动态分配的，所以无须考虑判队满的操作。

（1）置队空

将队列 Q 置为空队列。可将队列 Q 作为参数。

具体算法：

```
void InitQueue(LinkQueue *Q)
{//置队空
    Q->front=Q->rear=NULL;
}
```

（2）判队空

判断队列 Q 是否为空队列，若是返回 1，否则返回 0。可将队列 Q 作为参数。

具体算法：

```
int QueueEmpty(LinkQueue *Q)
{//判队空
    return Q->front==NULL;
}
```

（3）入队

将值为 x 的元素进入队列 Q，入队操作成功时，返回 1，否则返回 0。可将队列 Q 和入队元素的值 x 作为参数。

动画演示
3-4 链队
列的入队
出队操作

算法思路：

生成一个新结点，将数据域写入 x，再将新结点插入队列。需考虑队列是否为空队列。

具体算法：

```
int EnQueue(LinkQueue *Q,DataType x)
{//入队
    QueueNode *p;
    p=(QueueNode *)malloc(sizeof(QueueNode));
    if(p==NULL)
    {
        puts ("空间申请失败!");return 0;
    }
    p->data=x;
    p->next=NULL;
    if(QueueEmpty(Q))
        Q->front=Q->rear=p;//将 x 插入空队列
    else
    {//x 插入非空队列的尾
        Q->rear->next=p;//*p 链到原队尾结点后
        Q->rear=p;//队尾指针指向新的尾
    }
    return 1;
}
```

（4）出队

保存队头结点的数据，删除队头结点。出队操作成功时，返回 1，否则返回 0。可将队列 Q 和指针 x 作为参数。

算法思路：

判断队列 Q 是否为空，当队列不空时，先将队头元素的值存入指针 x 指向的变量，再将队头结点删除。需考虑队列只有一个结点的情况。

具体算法：

```
int DeQueue(LinkQueue *Q, DataType *x)
{//出队
    QueueNode *p;
    if(QueueEmpty(Q))
    {
        puts("队空"); return 0;
    }
    p=Q->front;//指向队头结点
```

```
    *x=p->data;//保存队头结点的数据
    Q->front=p->next;//将队头结点从链上摘下
    if(Q->rear==p)//队列中只有一个结点的处理
        Q->rear=NULL;
    free(p);//释放被删队头结点
    return 1;
}
```

（5）取队头元素

保存队头元素的数据。操作成功时，返回 1，否则返回 0。可将队列 Q 和指针 x 作为参数。

具体算法：

```
int QueueFront(LinkQueue *Q,DataType *x)
{//取队头元素
    if(QueueEmpty(Q))
    {
        puts("队空"); return 0;
    }
    *x=Q->front->data;
    return 1;
}
```

📌 **注意**：在出队算法中，一般只需修改队头指针。但当原队中只有一个结点时，该结点既是队头也是队尾，故删去此结点时亦需修改队尾指针，且删去此结点后队列变空。

💻【课堂实践 3-4】

编写函数 int QueueLength (LinkQueue *Q)，求链队列 Q 中元素的个数。

【例 3-3】将十进制纯小数 M 转换为 B 进制小数。

分析：

将十进制纯小数转换为 B 进制纯小数，通常采用的方法是"B 乘取整法"。

例如，将 0.618 转换为 16 进制数，采用 16 乘取整法，如图 3-8 所示。

得 0.618 转换为 16 进制数近似为 0.9E353F。

从转换过程可以看出，最先得到的整数最先写出来，具有先进先出的特性，因此，将十进制纯小数 M 转换为 B 进制纯小数应该选择队列的数据结构，可采用循环队列，也可采用链队列，但由于转换后得到的 B 进制纯小数需要精确到某一位，有确定的最大位数，所以，应该选择循环队列的存储结构。

基本思路：重复进行纯小数 M 被 B 乘的操作，将整数部分(int)(M*B)入队 Q，小数部分 M*B-(int)(M*B)作为新的 M，直到 M 为 0 或队列 Q 满，然后，依次做出队操作得到转换结果。

乘数	被乘数/小数部分	整数部分
	0.618	
16	×) 16	
	0.888	9
16	×) 16	
	0.208	14
16	×) 16	
	0.328	3
16	×) 16	
	0.248	5
16	×) 16	
	0.968	3
16	×) 16	
	0.488	15
…	…	…

图 3-8　B 乘取整法

算法步骤：

① 定义一个指向循环队列的指针 Q，通过函数 malloc 确定 Q 的指向，并对循环队列进行初始化，当 $M! = 0$ 时，输出一个小数点 ".", 转向②。

② 判断 M 是否不等于 0 并且队列 Q 是否不满，若是，转向③，否则转向④。

③ 将 M 被 B 乘的整数部分 (int)($M*B$) 入队 Q，小数部分 $M*B$-(int)($M*B$) 作为新的 M，转回②。

④ 重复进行出队操作，并输出，直到队空为止。

具体算法：

```
int DecimalConversion(double M,int B)
{//十进制纯小数 M 转换为等值的 B 进制小数
    DataType x;
    int j=1;
    CirQueue *Q=(CirQueue *)malloc(sizeof(CirQueue));
    if(Q==NULL)
    {
        puts("空间申请失败!");return 0;
    }
    InitQueue(Q);
    if(M!=0)
        printf(".");
    while(M!=0&&j++<=QueueSize)
    {/*求 M 对应 B 进制数的各位数字，并将其入队，条件 j++<=QueueSize 为避免
出现无限小数产生的溢出*/
        if(EnQueue(Q,(int)(M*B)))
```

```
            M=M*B-(int)(M*B);
    }
    while(!QueueEmpty(Q))
    {//队非空时出队输出
        if(DeQueue(Q,&x))
            if(x>=10)
                printf("%c",x+87);
            else
                printf("%d",x);
    }
    printf("\n");
    return 1;
}
```

同步训练 3-2

一、单项选择题

1．队列操作数据的原则是（　　）。

　　A．先进先出　　　B．后进先出　　　C．先进后出　　　D．不分顺序

2．队列和栈的主要区别是（　　）。

　　A．逻辑结构不同　　　　　　　　B．存储结构不同

　　C．限定插入和删除的位置不同　　D．所包含的元素个数不同

3．栈和队列都是（　　）。

　　A．限制存取位置的线性结构　　　B．顺序存储的线性结构

　　C．链式存储的线性结构　　　　　D．限制存取位置的非线性结构

4．下列关于队列的叙述中，错误的是（　　）。

　　A．队列是一种先进先出的线性表

　　B．队列是一种后进后出的线性表

　　C．循环队列中进行出队操作时要判断队列是否为空

　　D．在链队列中进行入队操作时要判断队列是否为满

5．队列的特点是（　　）。

　　A．允许在表的任何位置进行插入和删除

　　B．只允许在表的一端进行插入和删除

　　C．允许在表的两端进行插入和删除

　　D．只允许在表的一端进行插入，在另一端进行删除

6．在队列中，允许进行插入操作的一端称为（　　）。

　　　　A．入队　　　　　　B．出队　　　　　　C．队头　　　　　　D．队尾

7．在队列中，允许进行删除操作的一端称为（　　　）。

　　　　A．入队　　　　　　B．出队　　　　　　C．队头　　　　　　D．队尾

8．可能发生假上溢现象的存储结构是（　　　）。

　　　　A．顺序栈　　　　　B．顺序队列　　　　C．循环队列　　　　D．链队列

9．假上溢现象通常出现在（　　　）。

　　　　A．顺序栈的入栈操作过程中　　　　　　B．顺序队列的入队操作过程中

　　　　C．循环队列的入队操作过程中　　　　　D．链队列的入队操作过程中

10．引起循环队列队头位置发生变化的操作是（　　　）。

　　　　A．入队　　　　　　B．出队　　　　　　C．取队头元素　　D．取队尾元素

11．引起循环队列队尾位置发生变化的操作是（　　　）。

　　　　A．入队　　　　　　B．出队　　　　　　C．取队头元素　　D．取队尾元素

12．已知循环队列的存储空间大小为 m，队头指针 front 指向队头元素，队尾指针 rear 指向队尾元素的下一个位置，则向队列中插入新元素时，修改指针的操作是（　　　）。

　　　　A．rear=(rear−1)%m;　　　　　　　　　B．front=(front+1)%m;

　　　　C．front=(front−1)%m;　　　　　　　　D．rear=(rear+1)%m;

13．已知循环队列的存储空间大小为 m，队头指针 front 指向队头元素，队尾指针 rear 指向队尾元素的下一个位置，则从队列中删除元素时，修改指针的操作是（　　　）。

　　　　A．rear=(rear−1)%m;　　　　　　　　　B．front=(front+1)%m;

　　　　C．front=(front−1)%m;　　　　　　　　D．rear=(rear+1)%m;

14．设以数组 $A[0 \cdots m-1]$ 存放循环队列，front 指向队头元素，rear 指向队尾元素的下一个位置，则当前队列中的元素个数为（　　　）。

　　　　A．(rear−front+m)%m　　　　　　　　　B．rear−front+1

　　　　C．(front−rear+m)%m　　　　　　　　　D．front−rear +1

15．设循环队列的容量为 50（序号为 0～49），现经过一系列的入队和出队运算后，有 front=11，rear=29，循环队列中的元素个数是（　　　）。

　　　　A．18　　　　　　　B．19　　　　　　　C．32　　　　　　　D．33

16．设循环队列的容量为 50（序号为 0～49），现经过一系列的入队和出队运算后，有 front=29，rear=11，循环队列中的元素个数是（　　　）。

　　　　A．18　　　　　　　B．19　　　　　　　C．32　　　　　　　D．33

17．若用一个大小为 6 的数组来实现循环队列，且当前 rear 和 front 的值分别为 0 和 3，当从队列中删除一个元素，再加上两个元素后，rear 和 front 的值分别为（　　　）。

　　　　A．1 和 5　　　　B．2 和 4　　　　C．4 和 2　　　　D．5 和 1

18．假设以数组 $A[60]$ 存放循环队列的元素，其头指针是 front=47，当前队列有 50 个元素，则队列的尾指针值为（　　　）。

　　　　A．3　　　　　　B．37　　　　　　C．50　　　　　　D．97

19．一个队列的入队序列是 1、2、3、4，则队列的可能输出序列是（　　　）。

　　　　A．4321　　　　B．1234　　　　C．1432　　　　D．3241

20．在链队列执行入队操作（　　　）。

    A．需要判别队列是否为空　　　　B．需要判别队列是否满

    C．限制在链表头进行操作　　　　D．限制在链表尾进行操作

21．带头结点的链队列 Q 为空的条件是（　　　）。

    A．Q.front==NULL　　　　　　　B．Q.rear==NULL

    C．Q.front==Q.rear　　　　　　　D．Q.front!=Q.rear

22．无表头结点的链队列 Q 为空的条件是（　　　）。

    A．Q.front==NULL　　　　　　　B．Q.rear==NULL

    C．Q.front==Q.rear　　　　　　　D．Q.front!=Q.rear

二、问题解答题

1．循环队列的优点是什么？如何判别它的空和满？

2．设长度为 n 的链队列用单循环链表表示，若设头指针，则入队、出队操作的时间为何?若只设尾指针呢?

3．指出下述程序段的功能。

（1）void Demo(CirQueue *Q)

```
{//设 DataType 为 int 型
    int x;
    SeqStack S;
    InitStack(&S);
    while (!QueueEmpty(Q))
    {
        DeQueue(Q,&x); Push(&S,x);
    }
    while (!StackEmpty(&S))
    {
        Pop(&S,&x); EnQueue(Q,x);
    }
}
```

（2）CirQueue Q1,Q2;//设 DataType 为 int 型，设 Q1 已有内容，Q2 已初始化过

```
    int x,i,n=0;
    while (!QueueEmpty(&Q1))
    {
        DeQueue(&Q1,&x);EnQueue(&Q2,x);n++;
    }
    for (i=0;i<n;i++)
    {
        DeQueue(&Q2,&x);EnQueue( &Q1, x);EnQueue(&Q2,x);
    }
```

4．阅读下列函数 algo，并回答以下问题：

（1）假设队列 *q* 中的元素为（2,4,5,7,8），其中 2 为队头元素。写出执行函数调用 algo(&q)后的队列 *q*。

（2）简述算法 algo 的功能。

```
void algo(CirQueue *Q)
{
    SeqStack S;
    DataType x;
    InitStack(&S);
    while(!QueueEmpty(Q))
    {
        DeQueue(Q,&x);
        Push(&S,x);
    }
    while(!StackEmpty(&S))
    {
        Pop(&S,&x);
        EnQueue(Q,x);
    }
}
```

5．假设以数组 seqn[m]存放循环队列的元素，设变量 rear 和 quelen 分别指示循环队列中队尾元素的位置和元素的个数。

（1）写出队满的条件表达式。

（2）写出队空的条件表达式。

（3）设 m=40，rear=13，quelen=19，求队头元素的位置。

（4）写出一般情况下队头元素位置的表达式。

6．阅读算法 fun，并回答下列问题：

（1）设队列 Q=(1,3,5,2,4,6)。写出执行算法 fun(Q)后的队列 Q。

（2）简述算法 fun 的功能。

```
void fun(CirQueue *Q)
{
    DataType e;
    if (!QueueEmpty(Q))
    {
        DeQueue(Q,&e);
        fun(Q);
        EnQueue(Q,e);
    }
}
```

7. 算法 fun 的功能是清空带头结点的链队列 Q。在空缺处填入合适的内容，使其成为一个完整的算法。

```
typedef struct node
{
    DataType data;

    struct node *next;
}QueueNode;
typedef struct
{
    QueueNode *front;//队头指针
    QueueNode *rear;//队尾指针
}LinkQueue;
void fun(LinkQueue*Q)
{
    QueueNode *p,*s;
    p=   （1）   ;
    while(p!=NULL)
    {
        s=p;
        p=p->next;
        free (s);
        ____（2）____=NULL;
        Q->rear=  （3）   ;
    }
}
```

8. 假设 Q 是一个具有 11 个元素存储空间的循环队列（队尾指针指向队尾元素的下一个位置，队头指针指向队头元素），初始状态 Q.front=Q.rear=0；写出依次执行下列操作后，头、尾指针的当前值。

（1）a、b、c、d、e、f 入队，a、b、c、d 出队。

（2）g、h、i、j、k、l 入队，e、f、g、h 出队。

（3）M、n、o、P 入队，i、j、k、l、m 出队。

9. 设 Q[M]是有 M 个元素存储空间的循环队列，若 front 指向队首元素，rear 指向队尾元素的下一位置，分别用 C 语言描述下列操作。

（1）将元素 x 入队。

（2）将队首元素出队，并保存到变量 y 中。

（3）计算当前队列中的元素个数。

单元 3
拓展训练

单元 3
课堂实践
参考答案

同步训练
3-1 参考
答案

同步训练
3-2 参考
答案

单元 3
拓展训练
参考答案

三、算法设计题

假设以带头结点的循环链表表示队列，并且只设一个指针指向队尾元素结点（注意不设头指针），其描述如下：

typedef char DataType;

typedef struct queuenode

{

    DataType data;

    struct queuenode *next;

}QueueNode;

typedef struct

{

    QueueNode *rear;

}LinkQueue;

试编写相应的置空队、判队空、入队、出队和取队头元素算法。

単元 4

树与二叉树

学习目标

【知识目标】

- 理解树的逻辑结构和基本术语。
- 理解二叉树的递归定义，掌握二叉树的性质。
- 掌握二叉树的遍历，能确定遍历所得到的结点访问序列。
- 掌握二叉树的存储方法和二叉树的基本操作的算法。
- 掌握树和森林与二叉树之间的转换方法。
- 能根据给定的叶结点及其权值构造出相应的最优二叉树。
- 能根据最优二叉树构造对应的哈夫曼编码。

【能力目标】

- 具有用树来描述实际问题、应用二叉树解决实际问题的能力。
- 具有恰当选择二叉树作为数据的逻辑结构和存储结构的能力。

4.1　树的概念

　　树结构是一类重要的非线性结构。树结构是结点之间有分支，并具有层次关系的结构。它非常类似于自然界中的树。

　　树结构在客观世界中是大量存在的，在计算机领域中也有着广泛的应用。例如，在编译程序中，可以用树来表示源程序的语法结构；在数据库系统中，可以用树来组织信息。

4.1.1　树的递归定义

1. 定义

　　树（Tree）是 n（$n \geq 0$）个结点的有限集合 T，T 为空时称为**空树**，否则它满足如下两个条件。

　　① 有且仅有一个特定的称为**根（Root）**的结点。

　　② 其余的结点可分为 m（$m \geq 0$）个互不相交的有限子集 T_1、T_2、$\cdots$、T_m，其中每个子集本身又是一棵树，并称其为根的**子树（SubTree）**。

　　ℹ️ **注意**：树的递归定义刻画了树的固有特性，即一棵**非空树**是由若干子树构成的，而子树又可由若干更小的子树构成。

2. 树的表示

　　① **树形图表示**：结点用圆圈表示，结点名字写在圆圈旁或圆圈内，子树与其根之间用**无向边**来连接。图 4-1 所示是用树形图表示的树 T_1。

　　② **嵌套集合表示法**：用集合的包含关系描述树结构。图 4-2 所示是树 T_1 的嵌套集合表示。

　　③ **凹入表表示法**：类似于书的目录。

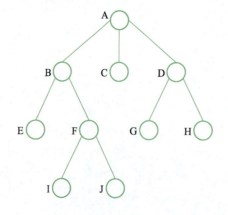

图 4-1　树 T_1 的树形图表示

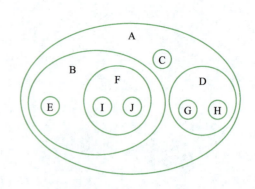

图 4-2　树 T_1 的嵌套集合表示

4.1.2 树结构的基本术语

1. 结点的度

① **结点的度**：一个结点拥有子树的个数称为该**结点的度**。

【示例 4-1】图 4-1 表示的树 T_1 中结点 A 的度为 3，其他结点的度都为 2 或 0。

② **树的度**：树中结点的最大度数称为该**树的度**。

【示例 4-2】图 4-1 表示的树 T_1 的度为 3。

③ **叶子结点**：度为 0 的结点称为**叶子结点**或终端结点。

【示例 4-3】图 4-1 表示的树 T_1 中结点 C、E、G、H、I、J 都是叶子结点。

④ **分支结点**：度不为 0 的结点称为**分支结点**或非终端结点，即除叶子结点外的结点均为分支结点。

【示例 4-4】图 4-1 表示的树 T_1 中结点 A、B、D、F 都是分支结点。

⑤ **内部结点**：除根结点之外的分支结点统称为**内部结点**。

⑥ **开始结点**：根结点又称为**开始结点**。

【示例 4-5】图 4-1 表示的树 T_1 中结点 A 是开始结点。

结点总数的计算：设 T 是一棵 m 度的树，用 n_i（$i=0,1,2,\cdots,m$）表示 i 度结点的个数，n 表示结点总数，则 $n=n_0+n_1+n_2+\cdots+n_m$。

2. 结点之间的关系

① **孩子（Child）结点**：树中某个结点的子树的根称为该结点的**孩子结点**。

【示例 4-6】图 4-1 表示的树 T_1 中，结点 B、C、D 都是结点 A 的孩子结点，结点 E、F 都是结点 B 的孩子结点，结点 G、H 都是结点 D 的孩子结点。

孩子结点总数的计算：设 T 是一棵 m 度的树，用 n_i（$i=0,1,2,\cdots,m$）表示 i 度结点的个数，n 表示结点总数，c 表示孩子结点总数，由于根结点不是任何结点的孩子，i 度结点有 i 个孩子，所以，$c=n-1=n_1+2n_2+\cdots+mn_m$。

② **双亲（Parent）结点**：孩子结点的根称为该结点的**双亲**。

【示例 4-7】图 4-1 表示的树 T_1 中，结点 A 是结点 B、C、D 的双亲结点，结点 B 是结点 E、F 的双亲结点，结点 D 是结点 G、H 的双亲结点。

③ **兄弟结点**：同一个双亲的孩子互称为**兄弟结点**。

【示例 4-8】图 4-1 表示的树 T_1 中，结点 B、C、D 互为兄弟结点，结点 E、F 互为兄弟结点，而结点 F 和 G 非兄弟结点。

④ **堂兄弟**：在后面介绍。

⑤ **祖先和子孙**：在后面介绍。

3. 路径

① **路径或道路**：若树中存在一个结点序列 k_1、k_2、$\cdots$、k_j，使得 k_i 是 k_{i+1} 的双亲（$1\leq i<j$），则称该结点序列是从 k_1 到 k_j 的一条**路径**或道路。

② **路径的长度**：路径所经过的边的数目。

ℹ️ **注意**：若一个结点序列是路径，则在树的树形图表示中，该结点序列"自上而下"通过路径上的每条边。从树的根结点到树中其余结点均存在一条唯一的路径。

【示例 4-9】图 4-1 表示的树 T_1 中，结点序列 ABFI 是结点 A 到 I 的一条路径，因为自上而下 A 是 B 的双亲，B 是 F 的双亲，F 是 I 的双亲。该路径的长度为 3。而结点 B 和 G 之间不存在路径，因为既不能从 B 出发自上而下地经过若干结点到达 G，也不能从 G 出发自上而下地经过若干结点到达 B。

③ **祖先和子孙**：若树中结点 k 到 k_s 存在一条路径，则称 k 是 k_s 的祖先，k_s 是 k 的子孙。一个结点的祖先是从根结点到该结点路径上所经过的所有结点，而一个结点的子孙则是以该结点为根的子树中的所有结点。

约定：结点 k 的祖先和子孙不包含结点 k 本身。

4. 结点的层数和树的深度

① **结点的层数**：根结点的层数为 1，其余结点的层数等于其双亲结点的层数加 1。

② **堂兄弟**：双亲在同一层的结点互为堂兄弟。

③ **树的深度**：树中结点的最大层数称为**树的深度**。

ℹ️ **注意**：要弄清结点的度、树的度和树的深度的区别。

5. 有序树和无序树

若将树中每个结点的各子树看成是从左到右有次序的，则称该树为有序树，否则称为无序树。

若不特别指明，一般讨论的树都是有序树。

6. 森林（Forest）

森林是 m（$m \geqslant 0$）棵互不相交的树的集合。删去一棵树的根，就得到一个森林；反之，加上一个结点作树根，森林就变为一棵树。

4.1.3 树结构的逻辑特征

树结构的逻辑特征可用树中结点之间的父子关系来描述。

① 树中任一结点都可以有 0 个或多个直接后继结点，但至多只能有一个直接前驱结点。

② 树中只有根结点无前驱，它是开始结点，叶结点无后继，它们是终端结点。

③ 祖先与子孙的关系是对父子关系的延拓，它定义了树中结点之间的纵向次序。

④ 有序树中，同一组兄弟结点从左到右有长幼之分。对这一关系加以延拓，规定若 k_1 和 k_2 是兄弟，且 k_1 在 k_2 的左边，则 k_1 的任一子孙都在 k_2 任一子孙的左边，那么就定义了树中结点之间的横向次序。

树中结点之间的逻辑关系是"一对多"的关系，树是一种非线性结构。

🖥️ **【课堂实践 4-1】**

已知在一棵度为 3 的树中，度为 2 的结点数为 4，度为 3 的结点数为 3，求该树中的叶子结点数。

提示：分别从树的结点总数和树的孩子结点总数两个角度考虑。

同步训练 4-1

一、单项选择题

1．树可以用集合 {(x,y)|结点 x 是结点 y 的双亲} 表示，如 T={(b,d),(a,b),(c,e),(c,g),(c,f),(a,c),(e,h)}，则树 T 的根结点是（　　）。

　　A．a 　　　　　B．b 　　　　　C．c 　　　　　D．d

2．树可以用集合 {(x,y)|结点 x 是结点 y 的双亲} 表示，如 T={(b,d),(a,b),(c,e),(c,g),(c,f),(a,c),(e,h)}，则树 T 的叶结点的个数是（　　）。

　　A．1 　　　　　B．2 　　　　　C．3 　　　　　D．4

3．树可以用集合 {(x,y)|结点 x 是结点 y 的双亲} 表示，如 T={(b,d),(a,b),(c,e),(c,g),(c,f),(a,c),(e,h)}，则树 T 的度是（　　）。

　　A．1 　　　　　B．2 　　　　　C．3 　　　　　D．4

4．树可以用集合 {(x,y)|结点 x 是结点 y 的双亲} 表示，如 T={(b,d),(a,b),(c,e),(c,g),(c,f),(a,c),(e,h)}，则树 T 的深度是（　　）。

　　A．1 　　　　　B．2 　　　　　C．3 　　　　　D．4

5．在树的集合表示{(x,y)|结点 x 是结点 y 的双亲}中，根结点一定是（　　）。

　　A．只在 x 的位置上出现的结点

　　B．只在 y 的位置上出现的结点

　　C．在 x、y 位置上都出现的结点

　　D．在 x、y 位置上都不出现的结点

6．在树的集合表示{(x,y)|结点 x 是结点 y 的双亲}中，叶结点一定是（　　）。

　　A．只在 x 的位置上出现的结点

　　B．只在 y 的位置上出现的结点

　　C．在 x、y 位置上都出现的结点

　　D．在 x、y 位置上都不出现的结点

7．在树的集合表示{(x,y)|结点 x 是结点 y 的双亲}中，某结点的度是（　　）。

　　A．该结点在 x 的位置上出现的次数

　　B．该结点在 y 的位置上出现的次数

　　C．该结点在 x 或 y 位置上出现的次数

　　D．该结点在 x 和 y 位置上出现的次数

8．在一棵度为 3 的含有 16 个结点的树中，度为 3 的结点个数为 2，度为 2 的结点个数为 1，则度为 1 的结点个数为（　　）。

　　A．6 　　　　　B．7 　　　　　C．8 　　　　　D．9

9．在一棵度为 3 的含有 16 个结点的树中，度为 2 的结点个数是 2，度为 0 的结点个数是 7，则度为 1 的结点个数是（　　）。

　　A．5 　　　　　B．6 　　　　　C．7 　　　　　D．8

10．以下说法错误的是（　　）。

　　　A．树中每个结点都可以有多个直接前驱

  B．树中每个结点都可以有多个直接后继

  C．树中有且只有一个结点无前驱

  D．树中可以有多个结点无后继

二、问题解答题

1．已知一棵度为 m 的树中有 n_1 个度为 1 的结点，n_2 个度为 2 的结点，…，n_m 个度为 m 的结点。问：该树中有多少片叶子？

2．树可以用集合 $\{(x,y)|$ 结点 x 是结点 y 的双亲 $\}$ 表示，已知一棵树的集合为 $\{(i,m),(i,n),(e,i),(b,e),(b,d),(a,b),(g,j),(g,k),(c,g),(c,f),(h,l),(c,h),(a,c)\}$，用树形图表示法画出此树，并回答下列问题：

（1）哪个结点是根结点？

（2）哪些结点是叶结点？

（3）哪个结点是 g 的双亲？

（4）哪些结点是 g 的祖先？

（5）哪些结点是 g 的孩子？

（6）哪些结点是 e 的子孙？

（7）哪些结点是 e 的兄弟?哪些结点是 f 的兄弟？

（8）结点 b 和 n 的层数各是多少？

（9）树的深度是多少？

（10）以结点 c 为根的子树的深度是多少？

（11）树的度数是多少？

3．在一棵含有 n 个结点的树中，只有 k 度结点和叶子结点，求该树中含有的 k 度结点和叶子结点的个数。

4.2　二叉树及其性质

微课 4-1
二叉树及其
性质

PPT 4-1
二叉树及其
性质

PPT

  二叉树是树结构的一个重要类型。许多实际问题抽象出来的数据结构往往是二叉树形式，即使是一般的树也能简单地转换为二叉树，而且二叉树的存储结构及其算法都较为简单，因此二叉树显得特别重要。二叉树的特点是每个结点最多只能有两棵子树，且有左右之分。

4.2.1　二叉树的定义

1．二叉树的递归定义

  二叉树（Binary Tree）是 n（$n \geq 0$）个结点的有限集，它或者是空集（$n=0$），或者由一个根结点及两棵互不相交的、分别称为这个根的**左子树**和**右子树**的二叉树组成。

2．二叉树的 5 种基本形态

二叉树可以是空集，可以有空的左子树或空的右子树，或者左、右子树皆为空。

二叉树的 5 种基本形态如图 4-3 所示。

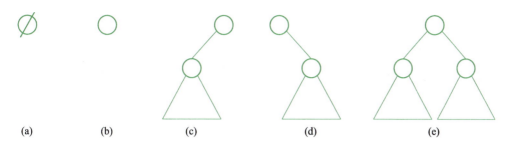

图 4-3 二叉树的 5 种基本形态

图 4-3（a）为空二叉树，图 4-3（b）是仅有一个根结点的二叉树，图 4-3（c）是右子树为空的二叉树，图 4-3（d）是左子树为空的二叉树，图 4-3（e）是左、右子树均非空的二叉树。

4.2.2 二叉树的性质

1. 性质

性质 1：二叉树第 i 层上的结点数目最多为 2^{i-1}（$i \geq 1$）个。

证明：假设二叉树非空，用数学归纳法证明。

当 $i=1$ 时，因为第 1 层上只有一个根结点，而 $2^{i-1}=2^0=1$。所以命题成立。

假设对所有的 j（$1 \leq j < i$）命题成立，即第 j 层上至多有 2^{i-1} 个结点，下面证明当 $j=i$ 时命题亦成立。

根据归纳假设，第 $i-1$ 层上至多有 2^{i-2} 个结点。由于二叉树的每个结点至多有两个孩子，故第 i 层上的结点数至多是第 $i-1$ 层上最大结点数的 2 倍，即 $j=i$ 时，该层上至多有 $2 \cdot 2^{i-2}=2^{i-1}$ 个结点，故命题成立。

性质 2：深度为 k 的二叉树至多有 2^k-1（$k \geq 1$）个结点。

证明：由性质 1，第 i 层至多有 2^{i-1}（$1 \leq i \leq k$）个结点，所以深度为 k 的二叉树的结点总数至多为 $2^0+2^1+\cdots+2^{k-1}=2^k-1$ 个。

性质 3：在任意一棵非空二叉树中，若叶子结点的个数为 n_0，度为 2 的结点数为 n_2，则 $n_0=n_2+1$。

证明：因为二叉树中所有结点的度数均不大于 2，所以结点总数（记为 n）应等于 0 度结点数 n_0、1 度结点数 n_1 和 2 度结点数 n_2 之和，即 $n=n_0+n_1+n_2$。

另一方面，1 度结点有一个孩子，2 度结点有两个孩子，故二叉树中孩子结点总数是 n_1+2n_2，而树中只有根结点不是任何结点的孩子，故二叉树中的结点总数又可表示为 $n=n_1+2n_2+1$。

综合以上两个式子得到：$n_0=n_2+1$。

性质 3 说明：**在任意非空二叉树中，叶子结点数总比度为 2 的结点数多 1 个。**

【示例 4-10】如图 4-4 所示的二叉树 BT_1 中，叶子结点数为 6，度为 2 的结点数为 5，叶子结点数正好比度为 2 的结点数多 1 个。

微课 4-2
完全二叉树
及其性质

PPT　4-2
完全二叉树
及其性质

2. 特殊二叉树

（1）满二叉树

一棵深度为 k 且有 2^k-1 个结点的二叉树称为**满二叉树**。

满二叉树的特点如下。

① 每一层上的结点数都达到最大值。即对给定的高度，它是具有最多结点数的二叉树。

② 满二叉树中不存在度数为 1 的结点，每个分支结点均有两棵高度相同的子树，且树叶都在最下一层。

【示例 4-11】如图 4-5 所示的二叉树 BT_2，是一棵深度为 4 的满二叉树，每一层上的结点数都达到最大值 2^{i-1}（$i \geq 1$）。不存在度数为 1 的结点，每个分支结点均有两棵高度相同的子树，且树叶都在最下一层。

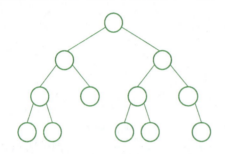

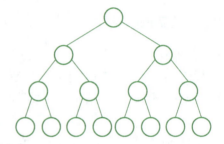

图 4-4　二叉树 BT_1　　　　　图 4-5　深度为 4 的满二叉树 BT_2

（2）完全二叉树

在满二叉树的最下一层上，从最右边开始连续删去若干结点得到的二叉树称为完全二叉树。

完全二叉树的特点如下。

① 若二叉树至多只有最下面两层上结点的度数可以小于 2，并且最下一层上的结点都集中在该层最左边的若干位置上，则此二叉树为**完全二叉树**。

② 满二叉树是完全二叉树，但完全二叉树不一定是满二叉树。

③ 在完全二叉树中，若某个结点没有左孩子，则它一定没有右孩子，即该结点必是叶结点。

④ 深度为 k 的完全二叉树的前 $k-1$ 层是深度为 $k-1$ 的满二叉树，一共有 $2^{k-1}-1$ 个结点。

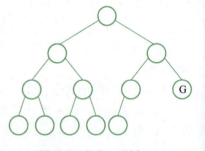

【示例 4-12】如图 4-5 和图 4-6 所示的两棵二叉树 BT_2 和 BT_3 中：

BT_2 是满二叉树，也是完全二叉树；BT_3 是完全二叉树，但不是满二叉树。

在 BT_2 的最下一层上，从最右边开始连续删去 3 个结点后得到完全二叉树 BT_3。

在完全二叉树 BT_3 中，结点 G 没有左孩子，也一定

图 4-6　完全二叉树 BT_3

没有右孩子，即该结点 G 是叶结点。

BT_3 是深度为 4 的完全二叉树，它的前 3 层是深度为 3 的满二叉树，一共有 $2^3-1=7$ 个结点。

性质 4：具有 n 个结点的完全二叉树的深度为 $\lfloor \lg n \rfloor +1$ 或 $\lceil \lg(n+1) \rceil$，其中 $\lfloor \lg n \rfloor$ 表示取小于或等于 $\lg n$ 的整数部分，$\lceil \lg(n+1) \rceil$ 表示取大于或等于 $\lg(n+1)$ 的整数部分，$\lg$ 表示以 2 为底的对数。

证明：设所求完全二叉树的深度为 k。由完全二叉树特点知：深度为 k 的完全二叉树的前 $k-1$ 层是深度为 $k-1$ 的满二叉树，一共有 $2^{k-1}-1$ 个结点。

由于完全二叉树的深度为 k，故第 k 层上还有若干结点，因此该完全二叉树的结点个数 $n>2^{k-1}-1$。

另一方面，由性质 2 知，深度为 k 的二叉树至多有 2^k-1（$k \geqslant 1$）个结点，因此 $n \leqslant 2^k-1$，即 $2^{k-1}-1<n \leqslant 2^k-1$，由此可推出 $2^{k-1} \leqslant n<2^k$，取对数后有 $k-1 \leqslant \lg n<k$。

又因 $k-1$ 和 k 是相邻的两个整数，故有 $k-1=\lfloor \lg n \rfloor$。

由此即得 $k=\lfloor \lg n \rfloor +1$。

另外，由 $2^{k-1}-1<n \leqslant 2^k-1$ 得 $2^{k-1}<n+1 \leqslant 2^k$，两边再取对数便可得到 $k=\lceil \lg(n+1) \rceil$。

【示例 4-13】一棵含有 139 个结点的完全二叉树，由于 $128<139<256$，即 $2^7<139<2^8$，所以含有 139 个结点的完全二叉树的深度为 8。

【课堂实践 4-2】

已知一棵含 50 个结点的二叉树中有 16 个叶子结点，求该二叉树中度为 1 的结点个数。

同步训练 4-2

一、单项选择题

1. 下列说法中正确的是（　　　）。

    A．任何一棵二叉树中至少有一个结点的度为 2

    B．任何一棵二叉树中每个结点的度都为 2

    C．任何一棵二叉树中树的度肯定等于 2

    D．任何一棵二叉树中树的度可以小于 2

2. 下列叙述中正确的是（　　　）。

    A．二叉树是度为 2 的有序树

    B．二叉树中结点只有一个孩子时无左右之分

    C．二叉树中必有度为 2 的结点

    D．二叉树中结点最多有两棵子树，并且有左右之分

3. 二叉树共有（　　　）种基本形态。

    A．3　　　　　　B．4　　　　　　C．5　　　　　　D．6

4. 3 个结点的二叉树共有（　　　）种。

　　A. 1　　　　　　B. 3　　　　　　　C. 5　　　　　　　D. 7

5. 二叉树第 k 层上最多有（　　　）个结点。

　　A. k　　　　　B. 2^{k-1}　　　　　C. 2^k-1　　　　　D. 2^k

6. 深度为 k 的二叉树最多有（　　　）个结点。

　　A. k　　　　　B. 2^{k-1}　　　　　C. 2^k-1　　　　　D. 2^k

7. 深度为 k 的二叉树最少有（　　　）个结点。

　　A. k　　　　　B. 2^{k-1}　　　　　C. 2^k-1　　　　　D. 2^k

8. 深度为 k 的完全二叉树最多有（　　　）个结点。

　　A. k　　　　　B. 2^{k-1}　　　　　C. 2^k-1　　　　　D. 2^k

9. 深度为 k 的完全二叉树最少有（　　　）个结点。

　　A. k　　　　　B. 2^{k-1}　　　　　C. 2^k-1　　　　　D. 2^k

10. 若一棵二叉树有 11 个叶子结点，则该二叉树中度为 2 的结点个数为（　　　）。

　　A. 10　　　　　B. 11　　　　　　C. 12　　　　　　D. 不确定的

11. 已知一棵含 50 个结点的二叉树中只有一个叶子结点，则该树中度为 1 的结点个数为（　　　）。

　　A. 0　　　　　B. 1　　　　　　C. 48　　　　　　D. 49

12. 若一棵二叉树中度为 1 的结点个数是 3，度为 2 的结点个数是 4，则该二叉树叶子结点的个数为（　　　）。

　　A. 4　　　　　B. 5　　　　　　C. 7　　　　　　D. 8

13. 除第一层外，满二叉树中每一层结点个数是上一层结点个数的（　　　）。

　　A. 1/2 倍　　　B. 1 倍　　　　　C. 2 倍　　　　　D. 3 倍

14. 设二叉树有 n 个结点，则其深度为（　　　）。

　　A. $n-1$　　　B. n　　　　　C. $\lfloor \lg n \rfloor+1$　　D. 无法确定

15. 设完全二叉树有 n 个结点，则其深度为（　　　）。

　　A. $n-1$　　　B. n　　　　　C. $\lfloor \lg n \rfloor+1$　　D. 无法确定

16. 结点数为 20 的二叉树的最大深度为（　　　）。

　　A. 5　　　　　B. 10　　　　　　C. 15　　　　　　D. 20

17. 结点数为 20 的二叉树的最小深度为（　　　）。

　　A. 5　　　　　B. 10　　　　　　C. 15　　　　　　D. 20

18. 一棵含 999 个结点的完全二叉树的深度为（　　　）。

　　A. 7　　　　　B. 8　　　　　　C. 9　　　　　　D. 10

二、问题解答题

1. 深度为 h 的完全二叉树至少有多少个结点？至多有多少个结点？

2. 具有 n 个结点的二叉树深度至少有多少层？至多有多少层？

4.3 二叉树的存储

4.3.1 二叉树的顺序存储

微课 4-3
完全二叉树
的编号及
特点

顺序存储结构： 把二叉树的所有结点按照一定的线性次序存储到一片连续存储单元中。结点在这个序列中的相互位置还能反映出结点之间的逻辑关系。

1. 完全二叉树的存储

（1）完全二叉树结点的编号

PPT 4-3
完全二叉树
的编号及
特点

PPT

① **编号方法：** 在一棵有 n 个结点的完全二叉树中，从树根起，自上层到下层，每层从左至右给所有结点编号，开始结点的编号为 1，这样能得到一个反映整个二叉树结构的线性序列。

② **编号特点：** 完全二叉树中除最下面一层外，各层都充满了结点。每一层的结点个数恰好是上一层结点个数的 2 倍。从一个结点的编号就可推得其双亲，左、右孩子，兄弟等结点的编号。假设编号为 i 的结点是 k_i（$1 \leqslant i \leqslant n$），则有：

● 若 k_i 不是根结点（即 $i>1$），则 k_i 的双亲编号为 $[i/2]$；若 k_i 是根结点，则无双亲。

● 若 k_i 有左孩子（即 $2i \leqslant n$），则 k_i 的左孩子编号是 $2i$；若 k_i 无左孩子（即 $2i>n$），则也无右孩子，即 k_i 必定是叶子结点。因此，**完全二叉树中共有 $[n/2]$ 个非叶结点，$n-[n/2]$ 个叶结点。** 完全二叉树中至多有 1 个 1 度结点，n 为偶数时有 1 个 1 度结点，n 为奇数时没有 1 度结点。

● 若 i 为奇数且 k_i 不是根结点，则 k_i 是结点 $k[i/2]$ 的右孩子，即 k_i 的双亲编号是 $[i/2]$，k_i 的左兄弟编号是 $i-1$；若 i 为偶数或 k_i 是根结点，则 k_i 无左兄弟。

● 若 i 为小于 n 的偶数，则 k_i 是结点 $k[i/2]$ 的左孩子，即 k_i 的双亲编号是 $[i/2]$，k_i 的右兄弟编号是 $i+1$；若 $i=n$ 或 i 为奇数，则 k_i 无右兄弟。

由此可知，完全二叉树中结点的编号序列，完全反映了结点之间的逻辑关系。

【示例 4-14】如图 4-7 所示的编号的完全二叉树 BT_3 中，编号为 5 的结点 E 的左、右孩子结点是编号为 10（2×5）和 11（2×5+1）的结点 J 和 K，编号为 5 的结点 E 的双亲结点是编号为 2（[5/2]）的结点 B；该完全二叉树共有 12 个结点，其中非叶子结点数为 6（[12/2]），叶子结点数为 6（12-6），1 度结点有 1 个，2 度结点有 5 个。

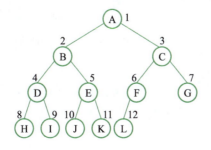

图 4-7 编号的完全二叉树 BT_3

【课堂实践 4-3】

已知一棵完全二叉树含 1000 个结点，分别求该二叉树的度为 2 的结点数、度为 1 的结点数和叶子结点数。

（2）完全二叉树的顺序存储

将完全二叉树中的所有结点按编号顺序依次存储在一个向量 bt[0⋯n]中。其中，bt[1⋯n]用来存储结点，bt[0]不用或用来存储结点数目。

【示例 4-15】如图 4-7 所示的完全二叉树的顺序存储结构如图 4-8 所示。

下标	0	1	2	3	4	5	6	7	8	9	10	11	12
BT₃	12	A	B	C	D	E	F	G	H	I	J	K	L

图 4-8　完全二叉树 BT_3 的顺序存储

说明：完全二叉树的顺序存储结构既简单又节省存储空间；按这种方法存储的完全二叉树，向量元素 bt[i]的下标 i 就是对应结点的编号。

2. 一般二叉树的顺序存储

（1）具体方法

① 将一般二叉树添上一些"虚结点"，使其成为完全二叉树。

② 为了用结点在向量中的相对位置来表示结点之间的逻辑关系，按完全二叉树形式给结点编号。

③ 将结点按编号存入向量对应分量，其中"虚结点"用ϕ表示。

（2）二叉树的顺序存储结构的优缺点

优点是存储结构简单，缺点是可能浪费大量的存储空间。在最坏的情况下，一个深度为 k 的且只有 k 个结点的右单支树，需要 2^k-1 个结点的存储空间，浪费了 2^k-1-k 个存储空间。

【示例 4-16】对如图 4-9 所示的 3 个结点添加上 4 个虚结点右单支树的存储结构如图 4-10 所示。

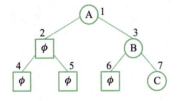

图 4-9　添加虚结点右单支树

图 4-10　右单支树的顺序存储

（3）二叉树顺序存储结构的描述

```
#define MAXSIZE 50          //设置二叉树的最大结点数
typedef char DataType;      //定义结点类型
typedef struct
{ //定义二叉树结构
```

```
        DataType bt[MAXSIZE];        //存放二叉树的结点
        int num;                     //存放二叉树的结点数
}SeqBT;
```

> **注意**：如果使用元素 bt[0]存放二叉树的结点数，成员 num 可省略或不定义结构而只定义数组。

4.3.2 二叉树的链式存储

1. 结点的结构

二叉树的每个结点最多有两个孩子。用链接方式存储二叉树时，每个结点除了存储结点本身的数据外，还应设置两个指针域 lchild 和 rchild，分别指向该结点的左孩子和右孩子。

结点的结构如图 4-11 所示。

lchild	data	rchild

图 4-11　结点的结构

微课 4-4
二叉树的链
式存储

2. 结点的描述

```
typedef char DataType;               //定义结点数据域类型
typedef struct node
{//定义结点结构
        DataType data;
        struct node *lchild,*rchild;  //左右孩子指针
}BinTNode;                           //结点类型
typedef BinTNode *BinTree;
```

PPT 4-4
二叉树的
链式存储

> **说明**：定义新类型 BinTree 为指向 BinTNode 类型结点的指针类型，用于定义指向根结点的指针。

3. 二叉树的链式存储结构——二叉链表

在一棵二叉树中，所有类型为 BinTNode 的结点，再加上一个指向开始结点（即根结点）的 BinTree 型头指针（即根指针）root，就构成了二叉树的链式存储结构，并将其称为**二叉链表**。

> **说明**：

① 一个二叉链表由根指针 root 唯一确定。若二叉树为空，则 root==NULL；若结点的某个孩子不存在，则相应的指针为空。

② 具有 n 个结点的二叉链表中，共有 $2n$ 个指针域。其中只有 $n-1$ 个用来指示结点的左、右孩子，其余的 $n+1$ 个指针域为空。

证明：因为二叉树中结点总数 n 等于 0 度结点数 n_0、1 度结点数 n_1 和 2 度结点数 n_2 之和，即 $n=n_0+n_1+n_2$。

由二叉树的性质 3：$n_0=n_2+1$，所以，$n_1+2n_2=n-1$。而在二叉链表中，度为 1 的结点有一个指针域不空，度为 2 的结点的两个指针域都不空，即 n 个结点的二叉链表中共有 n_1+2n_2 个指针域不空，即 $n-1$ 个指针域不空，分别指向左、右孩子。因此，其余的 $n+1$ 个指针域为空。

【示例 4-17】如图 4-12 所示的二叉树 BT_4 的二叉链表如图 4-13 所示。

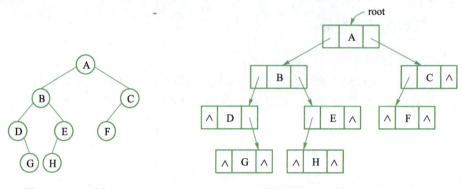

图 4-12   二叉树 BT_4 图 4-13   二叉树 BT_4 的二叉链表

4．带双亲指针的二叉链表

经常要在二叉树中寻找某结点的双亲时，可在每个结点上再加一个指向其双亲的指针 parent，形成一个带双亲指针的二叉链表。

【示例 4-18】如图 4-12 所示的二叉树 BT_4 带双亲指针的二叉链表如图 4-14 所示。

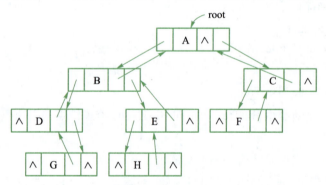

图 4-14   二叉树 BT_4 带双亲指针的二叉链表

同步训练 4-3

1．设含有 n 个结点的完全二叉树的结点 k_i 的编号为 i（$i>1$），则 k_i 的双亲编号为（   ）。

    A．$i/2$ B．$[i/2]$ C．$2i$ D．$2i+1$

2．设含有 n 个结点的完全二叉树的结点 k_i 的编号为 i（$3<2i+1<n$），则 k_i 的左孩子编号为（   ）。

A．$i/2$　　　　　　B．$[i/2]$　　　　　C．$2i$　　　　　D．$2i+1$

3．设含有 n 个结点的完全二叉树的结点 k_i 的编号为 i（$3<2i+1<n$），则 k_i 的右孩子编号为（　　）。

A．$i/2$　　　　　　B．$[i/2]$　　　　　C．$2i$　　　　　D．$2i+1$

4．在含有 n 个结点的完全二叉树中，非叶结点的个数为（　　）。

A．1　　　　　　B．$[n/2]$　　　　　C．$n-[n/2]$　　　　D．不确定

5．在含有 n 个结点的完全二叉树中，叶子结点的个数为（　　）。

A．1　　　　　　B．$[n/2]$　　　　　C．$n-[n/2]$　　　　D．不确定

6．在含有 n 个结点的完全二叉树中，1 度结点的个数至多为（　　）。

A．1　　　　　　B．$[n/2]$　　　　　C．$n-[n/2]$　　　　D．不确定

7．已知一棵完全二叉树中共有 768 个结点，则该树中共有（　　）个 2 度结点。

A．1　　　　　　B．383　　　　　　C．384　　　　　　D．不确定

8．已知一棵完全二叉树中共有 768 个结点，则该树中共有（　　）个 1 度结点。

A．1　　　　　　B．383　　　　　　C．384　　　　　　D．不确定

9．已知一棵完全二叉树中共有 768 个结点，则该树中共有（　　）个叶子结点。

A．1　　　　　　B．383　　　　　　C．384　　　　　　D．不确定

10．已知一棵完全二叉树中共有 768 个结点，则该树中共有（　　）个非叶子结点。

A．1　　　　　　B．383　　　　　　C．384　　　　　　D．不确定

11．在具有 n 个结点的二叉链表中，共有（　　）个指针域用来指示结点的左、右孩子。

A．$n-1$　　　　　B．n　　　　　　C．$n+1$　　　　　D．不确定

12．在具有 n 个结点的二叉链表中，共有（　　）个指针域为空。

A．$n-1$　　　　　B．n　　　　　　C．$n+1$　　　　　D．不确定

13．以下说法中错误的是（　　）。

A．完全二叉树上结点之间的父子关系可由它们编号之间的关系来表达

B．在带双亲指针的二叉链表上，求双亲运算很容易实现

C．在二叉链表上，求根、左、右孩子等很容易实现

D．在二叉链表上，求双亲运算的时间性能很好

14．下列图示的顺序存储结构表示的二叉树是（　　）。

下标	0	1	2	3	4	5	6	7	8	9	10	11	12
bt	6	A	B	C	ϕ	D	E	ϕ	ϕ	ϕ	ϕ	ϕ	F

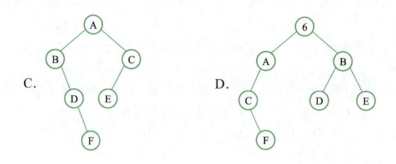

4.4　二叉树的遍历

二叉树遍历是二叉树最重要的运算之一，是二叉树进行其他运算的基础。

遍历（Traversal）：是指沿着某条搜索路线，依次对树中每个结点均做一次且仅做一次访问。访问结点所做的操作依赖于具体的应用问题。

4.4.1　遍历方案

1．遍历方案

由于二叉树中每个结点可能有两个后继结点，所以遍历二叉树存在多条遍历路线。从二叉树的递归定义可知，一棵非空的二叉树由根结点及左、右子树这 3 个基本部分组成。因此，在任一给定结点上，可以按某种次序执行以下 3 个操作。

① 访问结点本身（N）。

② 遍历该结点的左子树（L）。

③ 遍历该结点的右子树（R）。

以上 3 种操作有 6 种遍历方案，即 NLR、LNR、LRN、NRL、RNL、RLN。由于前 3 种次序与后 3 种次序对称，所以只讨论先左后右的前 3 种次序。

2．3 种遍历的命名

- **先（前）序遍历 NLR**：访问结点的操作发生在遍历其左、右子树之前，又称为**先根遍历**。
- **中序遍历 LNR**：访问结点的操作发生在遍历其左、右子树之中（间），又称为**中根遍历**。
- **后序遍历 LRN**：访问结点的操作发生在遍历其左、右子树之后，又称为**后根遍历**。

3．遍历规则及算法

（1）中序遍历的递归算法

若二叉树非空，则依次执行如下操作。

① 遍历左子树。

② 访问根结点。

③ 遍历右子树。

中序遍历的递归算法：

```
void InOrder(BinTree T)
{
    if(T)
    {//如果二叉树非空
        InOrder(T->lchild);      //遍历左子树
        printf("%c",T->data);    //访问根结点
        InOrder(T->rchild);      //遍历右子树
    }
}
```

（2）先序遍历的递归算法

若二叉树非空，则依次执行如下操作。

① 访问根结点。

② 遍历左子树。

③ 遍历右子树。

先序遍历的递归算法：

```
void PreOrder(BinTree T)
{
    if(T)
    {//如果二叉树非空
        printf("%c",T->data);//访问根结点
        PreOrder(T->lchild); //遍历左子树
        PreOrder(T->rchild); //遍历右子树
    }
}
```

（3）后序遍历的递归算法

若二叉树非空，则依次执行如下操作。

① 遍历左子树。

② 遍历右子树。

③ 访问根结点。

后序遍历的递归算法：

```
void PostOrder(BinTree T)
{
    if(T)
    {//如果二叉树非空
        PostOrder(T->lchild); //遍历左子树
        PostOrder(T->rchild); //遍历右子树
        printf("%c",T->data); //访问根结点
    }
}
```

微课 4-6
二叉树的遍
历序列

PPT   4-6
二叉树的
遍历序列

PPT

4.4.2　遍历序列

1. 中序序列

中序遍历二叉树时，按对结点的访问次序形成的结点序列称为中序序列。

说明：在中序遍历序列中，根结点左边的结点在根的左子树上，根结点右边的结点在根的右子树上。

2. 先序序列

先序遍历二叉树时，按对结点的访问次序形成的结点序列称为先序序列。

说明：在先序遍历序列中，最左边的结点是根结点。

3. 后序序列

后序遍历二叉树时，按对结点的访问次序形成的结点序列称为后序序列。

说明：在后序遍历序列中，最右边的结点是根结点。

【例 4-1】对如图 4-12 所示的二叉树 BT₄，求出它的中序遍历、先序遍历和后序遍历序列。

动画演示
4-1　二叉
树的中序
遍历

中序遍历过程：

① 按中序遍历规则，先遍历以 A 为根的左子树，对 A 的左子树先遍历以 B 为根的左子树，对 B 的左子树先遍历以 D 为根的左子树，由于 D 没有左子树，所以访问根结点 D。

② 遍历以 D 为根的右子树，对 D 的右子树，先遍历以 G 为根的左子树，由于 G 没有左子树，所以访问根结点 G。

动画演示
4-2　二叉
树的先序
遍历

③ 遍历以 G 为根的右子树，由于 G 没有右子树，所以，以 D 为根的右子树遍历完毕，即以 B 为根的左子树遍历完毕，所以访问根结点 B。

④ 遍历以 B 为根的右子树，对 B 的右子树，先遍历以 E 为根的左子树，对 E 的左子树先遍历以 H 为根的左子树，由于 H 没有左子树，所以访问根结点 H。

⑤ 遍历以 H 为根的右子树，由于 H 没有右子树，所以以 H 为根的右子树遍历完毕，即以 E 为根的左子树遍历完毕，所以访问根结点 E。

动画演示
4-3　二叉
树的后序
遍历

⑥ 遍历以 E 为根的右子树，由于 E 没有右子树，所以以 E 为根的右子树遍历完毕，即以 B 为根的右子树遍历完毕，亦即以 A 为根的左子树遍历完毕。

⑦ 访问根结点 A。

⑧ 遍历以 A 为根的右子树，同理得到，依次先后访问根结点 F，访问根结点 C，以 A 为根的右子树遍历完毕。

因此，整个二叉树遍历完毕，得到中序遍历序列为 **DGBHEAFC**。

同样按先序遍历和后序遍历的规则，可得到先序遍历序列为 **ABDGEHCF**，后序遍历序列为 **GDHEBFCA**。

【课堂实践 4-4】

写出如图 4-15 所示二叉树 BT_5 的先序遍历序列、中序遍历序列和后序遍历序列。

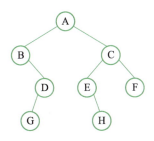

微课 4-7
由遍历序列
确定二叉树

图 4-15　二叉树 BT_5

4. 确定二叉树

已知中序遍历序列和先序遍历序列或后序遍历序列可以确定一棵二叉树。

具体方法：先根据先序遍历序列确定该二叉树的根，再根据中序遍历序列确定根的左子树和右子树上的结点，而对于左子树和右子树可用同样的方法确定子树的根和其左、右子树上的结点，这样便可确定该二叉树。

PPT 4-7
由遍历序列
确定二叉树

PPT

【例 4-2】已知一棵二叉树的中序遍历序列和先序遍历序列分别为 BGDAEHCF 和 ABDGCEHF，画出这棵二叉树。

先确定二叉树的根。由先序遍历序列得到根结点为 A，再由中序遍历序列得到以 A 为根的左子树上有结点 BGD，以 A 为根的右子树上有结点 EHCF，如图 4-16（a）所示。

动画演示
4-4 由遍
历序列确定
二叉树

然后确定左、右子树 BGD 和 EHCF 的根及相应左、右子树上的结点。由先序遍历序列知，在 BGD 这 3 个结点中，B 在最左边，所以 B 为子树的根，再由中序遍历序列知，结点 B 没有左子树，只有右子树，即 GD 在 B 的右子树上；同理，EHCF 这 4 个结点，C 为子树的根，结点 C 的左子树有结点 EH，右子树有结点 F，如图 4-16（b）所示。

最后确定子树 GD 和 EH 的根及相应左、右子树上的结点。由先序遍历序列知，在 GD 这两个结点中，D 为子树的根，再由中序遍历序列知，G 在 D 的左子树上；同理，EH 这两个结点，E 为子树的根，H 在 E 的右子树上，如图 4-16（c）所示。

因此，所确定的二叉树如图 4-16（c）所示。

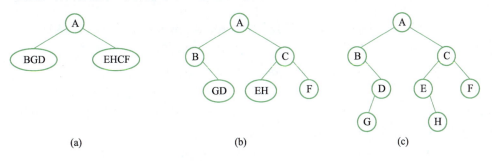

图 4-16　确定二叉树过程

【课堂实践 4-5】

已知二叉树的先序序列和中序序列分别为 ABDEHCFI 和 DBHEACIF，画出该二叉树的二叉链表存储表示，并写出该二叉树的后序序列。

5. 带虚结点的遍历序列

（1）带虚结点的遍历序列

在二叉树的先序遍历序列中，根据先序遍历规则，如果某个结点没有左孩子，则在该结点的后面加上符号 ϕ，以表示该结点左子树为空；如果某个结点没有右孩子，则在该结点左子树先序遍历序列的后面加上符号 ϕ，以表示该结点右子树为空，这样得到的遍历序列称为带虚结点的先序遍历序列。

在二叉树的中序遍历序列中，根据中序遍历规则，如果某个结点没有左孩子，则在该结点的前面加上符号 ϕ，以表示该结点左子树为空；如果某个结点没有右孩子，则在该结点的后面加上符号 ϕ，以表示该结点右子树为空，这样得到的遍历序列称为带虚结点的中序遍历序列。

在二叉树的后序遍历序列中，根据后序遍历规则，如果某个结点没有左孩子，则在该结点右子树后序遍历序列的前面加上符号 ϕ，以表示该结点左子树为空；如果某个结点没有右孩子，则在该结点的前面加上符号 ϕ，以表示该结点右子树为空，这样得到的遍历序列称为带虚结点的后序遍历序列。

【示例 4-19】对如图 4-12 所示的二叉树 BT_4，其先序遍历、中序遍历和后序遍历序列依次为 ABDGEHCF、DGBHEAFC、GDHEBFCA。其带虚结点的先序遍历、中序遍历和后序遍历序列依次为 ABDϕG$\phi\phi$EH$\phi\phi\phi$CF$\phi\phi\phi$、ϕDϕGϕBϕHϕE ϕAϕFϕCϕ、$\phi\phi\phi$GD$\phi\phi$HϕEB$\phi\phi$FϕCA。

（2）基本形态带虚结点的遍历序列

二叉树非空的 4 种基本形态如图 4-17 所示。

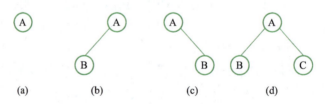

(a)　　　(b)　　　(c)　　　(d)

图 4-17　二叉树的 4 种非空基本形态

它们的带虚结点的先序遍历序列分别为 A$\phi\phi$、AB$\phi\phi\phi$、AϕB$\phi\phi$、A B$\phi\phi$C$\phi\phi$。
带虚结点的中序遍历序列分别为 ϕAϕ、ϕBϕAϕ、ϕAϕBϕ、ϕBϕAϕCϕ。
带虚结点的后序遍历序列分别为 $\phi\phi$A、$\phi\phi$BϕA、$\phi\phi\phi$BA、$\phi\phi$B$\phi\phi$CA。

可以看出，4 种基本形态的带虚结点的先序遍历序列各不相同，而且无论怎样调换结点的位置，先序遍历序列仍不相同，并且任何一个二叉树的带虚结点的先序遍历序列都是这 4 种基本形态序列的组合。

另外，如果把图 4-17（c）中结点 A 和 B 的位置交换一下，得到与图 4-17（b）所示完全相同的带虚结点的中序遍历序列，即不同形态的二叉树带虚结点的中序遍历序列可能相同。

（3）带虚结点的先序遍历序列确定二叉树

在不带虚结点的遍历序列中，如果知道先序（或后序）遍历序列，能确定该二叉树的根结点，但不能确定根的左、右孩子；如果知道中序遍历序列，不能确定该二叉树的根结点；因此，如果只知道一种遍历序列，无法确定该二叉树。

但在带虚结点的先序遍历序列中，如果知道先序（或后序）遍历序列，不但能确定该二叉树的根结点，还可以通过虚结点确定一个结点是否有左孩子和右孩子。

在带虚结点的先序遍历序列中，第一个结点是根结点，在一个结点之后的结点是该结点左子树的根，如果一个结点之后只有一个虚结点，则该结点的左子树为空，只有一个虚结点之后的结点是该结点右子树的根；如果一个结点之后有两个连续的虚结点，则该结点一定是叶结点，遇到叶结点说明某结点的左子树或右子树结束；如果一个结点是某个结点左子树的叶结点，则该叶结点之后的结点必定是这个结点右子树的根，如果叶结点之后的结点是虚结点（叶结点之后连续 3 个虚结点），说明这个结点的右子树为空。

由此，根据带虚结点的先序遍历序列，不仅可以确定二叉树的根，还可以确定其左、右子树。因此，由带虚结点的先序遍历序列可以唯一确定一棵二叉树。同理，由带虚结点的后序遍历序列也可以唯一确定一棵二叉树，但由带虚结点的中序遍历序列不能确定二叉树。

【示例 4-20】设某个二叉树的带虚结点的先序遍历为 ABDϕG$\phi\phi$EH$\phi\phi\phi$CF$\phi\phi\phi$，则依次扫描序列的各结点，得到：

A 为根结点，B 是 A 的左子树的根，D 是 B 的左子树的根，D 没有左子树，D 的右子树的根为 G，G 是叶结点，说明 D 的右子树结束，即 B 的左子树结束，所以 E 是 B 的右子树的根，H 是 E 的左子树的根，H 是叶结点，说明 E 的左子树结束，E 的右子树为空，则 E 的右子树结束，即 B 的右子树结束，亦即 A 的左子树结束。因此，C 是 A 的右子树的根，F 是 C 的左子树的根，F 是叶结点，说明 C 的左子树结束，C 的右子树为空，则 C 的右子树结束，即 A 的右子树结束。这样，便确定了带虚结点的先序遍历为 ABDϕG$\phi\phi$EH$\phi\phi\phi$CF$\phi\phi\phi$的二叉树。

同步训练 4-4

一、单项选择题

1. 如图 4-18 所示二叉树的中序序列是（   ）。

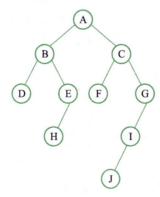

图 4-18 同步训练 4-4 第 1 题图

      A．DHEBAFIJCG　　　　　　　B．DHEBAFJICG

      C．DBHEAFCJIG　　　　　　　D．DBHEAFJICG

  2．如图 4-19 所示二叉树的先序序列是（　　　）。

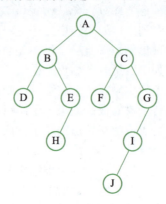

图 4-19   同步训练 4-4 第 2 题图

      A．ABDHECFJIG　　　　　　　B．ABDEHCFGIJ

      C．ABHDECJIFG　　　　　　　D．ABCDEFGHIJ

  3．如图 4-20 所示二叉树的后序序列是（　　　）。

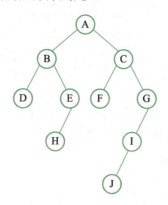

图 4-20   同步训练 4-4 第 3 题图

      A．HEDBJIGFCA　　　　　　　B．HDEBJIFGCA

      C．DEHBFGIJCA　　　　　　　D．DHEBFJIGCA

  4．对含有（　　　）个结点的非空二叉树，采用任何一种遍历方式，其结点访问序列均相同。

      A．1　　　　　　　　　　　　B．2

      C．3　　　　　　　　　　　　D．不存在这样的二叉树

  5．若一棵二叉树的前序遍历序列与后序遍历序列相同，则该二叉树可能的形状是（　　　）。

      A．树中没有度为 2 的结点　　B．树中只有一个根结点

C．树中非叶结点均只有左子树　　　D．树中非叶结点均只有右子树

6．若一棵二叉树的前序遍历序列与中序遍历序列相同，则该二叉树可能的形状是
（　　）。

A．树中没有度为 2 的结点　　　　　B．树根只有右子树
C．树中非叶结点均只有左子树　　　D．树中非叶结点均只有右子树

7．若一棵二叉树的后序遍历序列与中序遍历序列相同，则该二叉树可能的形状是
（　　）。

A．树中没有度为 2 的结点　　　　　B．树根只有左子树
C．树中非叶结点均只有左子树　　　D．树中非叶结点均只有右子树

8．在任意一棵二叉树的前序序列和后序序列中，各叶子之间的相对次序关系
（　　）。

A．不一定相同　　B．都相同　　　C．都不相同　　　D．互为逆序

9．在含有 3 个结点 a、b、c 的二叉树中，前序序列为 abc 且后序序列为 cba 的二叉
树有（　　）棵。

A．1　　　　　　　B．2　　　　　　C．4　　　　　　　D．5

10．已知二叉树的（　　）不能唯一确定一棵二叉树。

A．先序序列和后序序列　　　　　　B．先序序列和中序序列
C．后序序列和中序序列　　　　　　D．带虚结点的先序序列

11．已知某二叉树的后序遍历序列是 dabec，中序遍历序列是 deabc，它的前序遍历
序列是（　　）。

A．acbed　　　　B．deabc　　　　C．decab　　　　D．cedba

12．某二叉树的前序遍历序列是 abdgcefh，中序遍历序列是 dgbaechf，则其后序遍
历序列是（　　）。

A．bdgcefha　　　B．gdbecfha　　　C．bdgechfa　　　D．gdbehfca

二、问题解答题

1．已知一棵二叉树的前序序列和中序序列分别为 ABDGHCEFI 和 GDHBAECIF。
（1）请画出此二叉树。
（2）给出该二叉树的后序遍历序列。

2．已知一棵二叉树的中序序列和后序序列分别为 BDCEAFHG 和 DECBHGFA。
（1）请画出此二叉树。
（2）给出该二叉树的先序遍历序列。

3．已知二叉树的先序序列和中序序列分别为 ABDEHCFI 和 DBHEACIF。
（1）画出该二叉树的二叉链表存储表示。
（2）写出该二叉树的后序序列。

4．假设二叉树的 RNL 遍历规则定义如下。若二叉树非空，则依次执行如下操作：
（1）遍历右子树。
（2）访问根结点。
（3）遍历左子树。
已知一棵二叉树如图 4-21 所示，请给出其 RNL 遍历的结果序列。

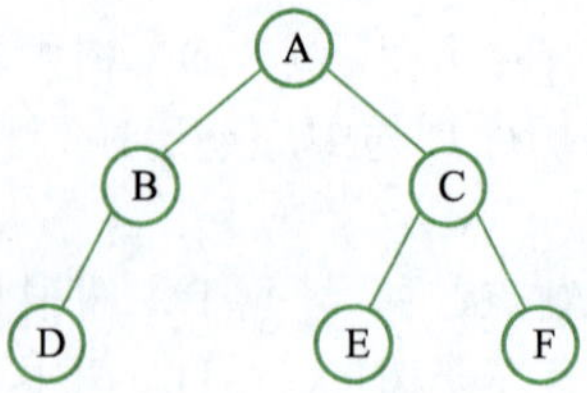

图 4-21 同步训练 4-4 第 4 题图

5．简述前序序列和中序序列不相同的二叉树的特征。

6．已知具有 n 个结点的完全二叉树采用顺序存储结构存储在向量 BT[1…n]中，结点的数据元素为字符类型。请阅读下列算法，并回答问题：

```c
void fun(char BT[],int n)
{
    int i=1;
    while(i>0)
        if(i<=n)
        {
            printf("%c",BT[i]);
            i=i*2;
        }
        else
        {
            do
            {
                i=i/2;
            }while(i%2);
            if(i>0)
                i++;
        }
}
```

（1）假设向量 BT 中的内容为：

BT	A	B	C	D	E	F
	1	2	3	4	5	6

写出执行 fun(BT,6)后的输出结果。

（2）说明该算法的功能。

4.5 二叉树的基本操作

给定一棵二叉树，要对它进行操作必须先将其存储到计算机中。二叉树的存储可以采用顺序存储结构，也可以采用链式存储结构。链式存储结构有二叉链表和带双亲指针的二叉链表等，这里采用的是二叉链表。

4.5.1 二叉链表的建立

由二叉树的遍历知道，已知二叉树的先序（或后序）遍历序列和中序遍历序列或已知二叉树的带虚结点的先序（或后序）遍历序列可以唯一确定一棵二叉树，所以可以用以下两种方法来建立二叉链表。

1. 基于先序和中序遍历序列建立二叉链表

算法思路：

设 T 为指向二叉树根指针的指针，分别用字符指针 PRO 和 INO 指向二叉树的先序序列和中序序列，n 为二叉树结点的个数，它们作为建立二叉链表函数的参数。

如果当前结点数 n 为 0，则将当前根指针置为 NULL，即建立一棵空子树。

如果当前结点数 n 大于 0，先建立根结点，再查找当前根在中序序列 INO 中的位置 m，确定当前根左子树先序序列的起始元素 PRO[1]，中序序列的起始元素 INO[0]，右子树先序序列的起始元素 PRO[m+1]，中序序列的起始元素 INO[m+1]，最后分别建立当前根的左子树和右子树。

具体算法：

```
void CreateBinTreePI(BinTree *T,char *PRO,char *INO,int n)
{//基于先序和中序建立二叉链表
    int m=0;    //记录根结点在中序序列中的位置
    if(n==0)
        *T=NULL;
    else
    {
        *T=(BinTNode *)malloc(sizeof(BinTNode));//生成根结点，确定实参指针的指向
        (*T)->data=PRO[0];
        while(INO[m]!=PRO[0])//查找根结点在中序序列的下标
            m++;
        CreateBinTreePI(&(*T)->lchild,PRO+1,INO,m);//建立左子树
        CreateBinTreePI(&(*T)->rchild,PRO+m+1,INO+m+1,n-m-1);//建立右子树
    }
}
```

算法中使用指向根指针的指针 T 是为了能够在需要时为实参指针确定指向。

2. 基于带虚结点先序遍历序列建立二叉链表

算法思路：

设 T 为指向二叉树根指针的指针，作为建立二叉链表函数的参数，用外部字符指针 PRO 指向二叉树带虚结点先序序列。

如果 PRO 当前指向的字符是虚结点，则将当前根指针置为 NULL，即建立一棵空

子树。

如果 PRO 当前指向的字符不是虚结点，先建立根结点，再分别建立当前根的左子树和右子树。

具体算法：

```
void CreateBinTreeP(BinTree *T)
{//基于带虚结点先序序列建立二叉链表
    if(*PRO==' ')
    {
        *T=NULL;
        PRO++;
    }
    else
    {
        *T=(BinTNode *)malloc(sizeof(BinTNode));//生成根结点，确定实参指针的指向
        (*T)->data=*PRO++;
        CreateBinTreeP(&(*T)->lchild);//建立左子树
        CreateBinTreeP(&(*T)->rchild);//建立右子树
    }
}
```

4.5.2　二叉链表的基本操作

二叉树的基本操作包括遍历二叉树、计算二叉树深度、计算所有结点总数、计算叶子结点数、计算双孩子结点个数、计算单孩子结点个数等。

说明：下面给出的是基本操作的递归算法，在进行算法设计时，需要把二叉树 5 种基本形态的各种情况考虑周到。

以下操作均用二叉链表作为存储结构。

微课 4-9
计算二叉树
深度

1. 计算二叉树深度

分析：

如果二叉树 BT 为空，即 BT==NULL，则 BT 的深度为 0。

如果二叉树 BT 只有一个根结点，即 BT->lchild==NULL&&BT->rchild==NULL，则 BT 的深度为 1。

如果二叉树 BT 的根结点只有一棵左子树，即 BT->lchild!=NULL&&BT->rchild==NULL，则 BT 的深度为左子树的深度加 1，简记为：左+1。

PPT 4-9
计算二叉
树深度

如果二叉树 BT 的根结点只有一棵右子树，即 BT->lchild==NULL&&BT->rchild!=NULL，则 BT 的深度为右子树的深度加 1，简记为：右+1。

如果二叉树 BT 的根结点既有左子树又有右子树，即 BT->lchild!=NULL&&BT->

rchild!=NULL，则 BT 的深度为左、右子树中最大深度加 1，简记为：max(左,右)+1。

显然，后 4 种情况可合并为一种情况，即：

如果二叉树 BT 不空，即 BT!=NULL，则 BT 的深度为左、右子树最大深度加 1，简记为：max(左,右)+1。

综上得到：

如果 BT==NULL，则 BT 的深度为 0，否则 BT 的深度为 max(左,右)+1。

算法步骤：

① 如果二叉树 BT 为空，返回 0，否则执行②。

② 分别计算 BT 的左、右子树的深度，执行③。

③ 如果左子树深度大，返回左子树深度+1，否则返回右子树深度+1。

递归算法：

```
int BinTreeDepth(BinTNode *BT)
{
    int leftdep,rightdep;//分别记录左、右子树深度
    if (BT==NULL)
        return 0;
    else
    {
        leftdep=BinTreeDepth(BT->lchild);
        rightdep=BinTreeDepth(BT->rchild);
    }
    return leftdep>rightdep?leftdep+1:rightdep+1;
}
```

微课 4-10
计算双孩子
结点个数

2. 计算双孩子结点个数

分析：

如果二叉树 BT 为空，则 BT 的双孩子结点个数为 0。

如果二叉树 BT 只有一个根结点，则 BT 的双孩子结点个数为 0。

如果二叉树 BT 的根结点只有一棵左子树，则 BT 的双孩子结点个数为左子树双孩子结点个数，简记为：左。

如果二叉树 BT 的根结点只有一棵右子树，则 BT 的双孩子结点个数为右子树双孩子结点个数，简记为：右。

PPT 4-10
计算双孩子
结点个数

如果二叉树 BT 的根结点既有左子树又有右子树，则 BT 的双孩子结点个数为左子树双孩子结点个数与右子树双孩子结点个数的和加 1，简记为：左+右+1。

显然，中间 3 种情况可合并为一种情况，即：

如果二叉树 BT 左子树为空或右子树为空，即 BT->lchild ==NULL|| BT->rchild==NULL，则 BT 的双孩子结点个数为左子树双孩子结点个数与右子树双孩子结点个数的和，简记为：左+右。

综上得到：

如果 BT==NULL，则 BT 的双孩子结点个数为 0；如果 BT->lchild ==NULL|| BT->rchild==NULL，则 BT 的双孩子结点个数为左+右；否则，BT 的双孩子结点个数为左+右+1。

算法步骤：

① 如果二叉树 BT 为空，返回 0，否则执行②。

② 如果左、右子树至少有一个为空，返回左子树双孩子结点数与右子树双孩子结点数之和，否则执行③。

③ 如果左、右子树都不空，返回左子树双孩子结点数与右子树双孩子结点数之和+1。

递归算法：

```
int TwoSonCount(BinTNode *BT)
{
    if (BT==NULL)
        return 0;
    else if (BT->lchild==NULL || BT->rchild==NULL)
        return(TwoSonCount (BT->lchild)+ TwoSonCount (BT->rchild));
    else
        return(TwoSonCount (BT->lchild)+ TwoSonCount (BT->rchild)+1);
}
```

【课堂实践 4-6】

用递归方法分别求二叉树的结点总数、叶子结点数和单孩子结点个数。

同步训练 4-5

一、问题解答题

1．已知二叉树的存储结构为二叉链表，阅读算法：

```
typedef struct node
{
    DateType data;
    struct node *next;
}ListNode;
typedef ListNode *LinkList;
LinkList Leafhead=NULL;
void Inorder(BinTree T)
{
    ListNode *s;
    if(T)
    {
        Inorder(T->lchild);
```

```
        if((!T->lchild)&&(!T->rchild))
        {
            s=(ListNode*)malloc(sizeof(ListNode));
            s->data=T->data;
            s->next=Leafhead;
            Leafhead=s;
        }
        Inorder(T->rchild);
    }
}
```

对于如图 4-22 所示的二叉树：

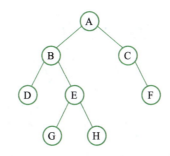

图 4-22　同步训练 4-5 第 1 题图

（1）画出执行上述算法后所建立的结构。

（2）说明该算法的功能。

2．阅读下列函数 F：

```
void F(BinTree T)
{
    SeqStack S;
    if(T)
    {
        InitStack(&S);
        Push(&S,NULL);
        while(T)
        {
            printf("%4c",T->data);
            if(T->rchild)
                Push(&S,T->rchild);
            if(T->lchild)
                T=T->lchild;
            else
```

```
                Pop(&S,&T);
            }
        }
    }
```

回答下列问题：

（1）已知如图 4-23 所示的二叉树以二叉链表作存储结构，rt 为指向根结点的指针。写出执行函数调用 F(rt)的输出结果。

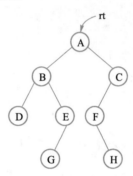

图 4-23　同步训练 4-5 第 2 题图

（2）说明函数 F 的功能。

3．设二叉树采用二叉链表存储结构，结点的数据域 data 为字符类型。阅读下列算法：

```
int fun(BinTree T)
{
    SeqStack s;
    BinTNode *p,*q;
    if(T==NULL) return 0;
    InitStack(&s);
    p=T;
    do
    {
        while (p)
        {
            Push(&s,p);
            if(p->lchild)
                p=p->lchild;
            else
                p=p->rchild;
        }
        while(!StackEmpty(&s)&&StackTop(&s,&q)&&q->rchild==p)
```

```
        {
            Pop(&s,&p);
            printf("%c",p->data);
        }
        if(!StackEmpty(&s))
        {
            StackTop(&s,&q);
            p=q->rchild;
        }
    }while(!StackEmpty(&s));
    return 1;
}
```

回答下列问题：

（1）对于如图 4-24 所示的二叉树，写出执行函数 fun 的输出结果。

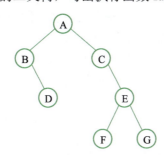

图 4-24   同步训练 4-5 第 3 题图

（2）简述函数 fun 的功能。

4．已知二叉树的存储结构为二叉链表，阅读算法 fun：

```
BinTree fun(BinTree bt1)
{
    BinTree bt2;
    if(bt1==NULL)
        bt2=NULL;
    else
    {
        bt2=(BinTNode *)malloc(sizeof(BinTNode));
        bt2->data=bt1->data;
        bt2->rchild=f32(bt1->lchild);
        bt2->lchild=f32(bt1->rchild);
    }
    return bt2;
}
```

回答下列问题：

（1）对于如图 4-25 所示的二叉树，画出执行算法 fun 的结果。

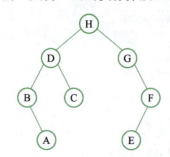

图 4-25　同步训练 4-5 第 4 题图

（2）简述算法 fun 的功能。

二、算法设计题

1．以二叉链表为存储结构，写出求二叉树非叶子结点总数的递归算法。

2．以二叉链表为存储结构，写出求二叉树宽度的递归算法，所谓宽度是指二叉树的各层上，具有结点数最多的那一层的结点总数。

3．以二叉链表为存储结构，写一算法对二叉树进行层次遍历。提示：应使用队列来保存二叉树及各子树的指针。

4.6　树和森林

4.6.1　树、森林到二叉树的转换

1. 将树转换为二叉树

树中每个结点最多只有一个最左边的孩子（长子）和一个右邻的兄弟。按照这种关系很自然地就能将树转换成相应的二叉树。

转换方法：

① **加线：** 在所有兄弟结点之间加一连线。

② **去线：** 对每个结点，除了保留与其长子的连线外，去掉该结点与其他孩子的连线。

③ **调整：** 按树的层次进行调整，将原来的右兄弟变成其右孩子，原来的无兄弟结点变成左孩子。

【示例 4-21】将如图 4-26（a）所示的树 T_2 转换为二叉树的全过程如下。

第 1 步：**加线。** 在所有兄弟结点之间加一连线，所加线用虚线表示，如图 4-26（b）所示。

第 2 步：**去线。** 对每个结点，除与其长子的连线外，去掉该结点与其他孩子的连线，如图 4-26（c）所示。

第 3 步：**调整。** 按树的层次进行调整，将原来的右兄弟变成其右孩子，原来的无兄弟结点变成左孩子，并将虚线变成实线，如图 4-26（d）所示。

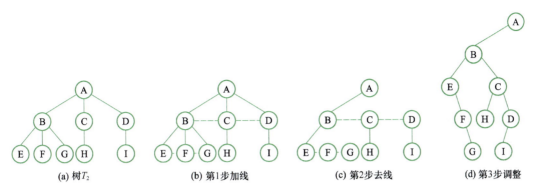

(a) 树T_2 (b) 第1步加线   (c) 第2步去线   (d) 第3步调整

图 4-26   树 T_2 转换为二叉树

说明：由于树根没有兄弟，故树转换为二叉树后，二叉树根结点的右子树必为空。

2. 将一个森林转换为二叉树

转换方法如下。

① **树转换为二叉树**：将森林中的每棵树转换为二叉树。

② **连接根结点**：再将各二叉树的根结点视为兄弟从左至右连在一起。

③ **调整**：按树的层次进行调整，将原来的右兄弟变成其右孩子，原来的无兄弟结点变成左孩子。

【示例 4-22】将如图 4-27（a）所示的森林 F_1 转换为二叉树的全过程如下。

第 1 步：将森林 F_1 中的各棵树转换为二叉树，如图 4-27（b）所示。

第 2 步：连接各二叉树的根结点，如图 4-27（c）所示。

第 3 步：按树的层次进行调整，调整为二叉树，如图 4-27（d）所示。

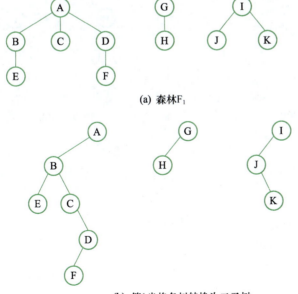

(a) 森林F_1

(b) 第1步将各树转换为二叉树

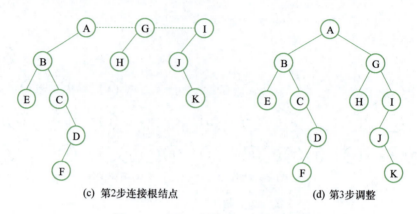

(c) 第2步连接根结点　　　　　　　　　　(d) 第3步调整

图 4-27 森林 F_1 转换为二叉树的过程

3. 二叉树到树、森林的转换

转换方法如下。

① **加线**：在左孩子结点的双亲与左孩子结点的右孩子、右孩子的右孩子等之间加一连线。

② **去线**：去掉所有双亲与右孩子之间的连线。

③ **调整**：按树的层次进行调整，将原来根结点的右孩子、右孩子的右孩子等变成森林中树的根，其他结点的右孩子、右孩子的右孩子等变成兄弟。

【示例 4-23】将如图 4-28 所示为二叉树 BT_6 转换为树或森林的全过程。

第 1 步：加线，如图 4-28（b）所示。

第 2 步：去线，如图 4-28（c）所示。

第 3 步：调整，如图 4-28（d）所示。

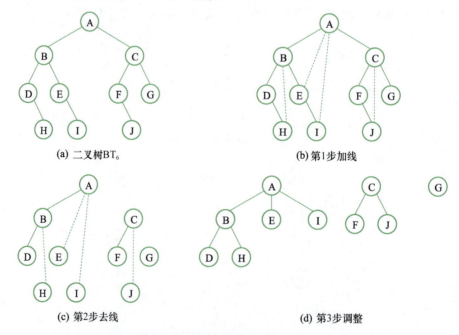

(a) 二叉树BT_6　　　　　　　　　　(b) 第1步加线

(c) 第2步去线　　　　　　　　　　(d) 第3步调整

图 4-28 二叉树 BT_6 转换为树或森林的过程

4.6.2 树的存储结构

1. 双亲链表表示法

该表示法用向量表示结点，并用一个整型量 parent 指示其双亲的位置，称为指向其双亲的指针。

双亲链表向量表示的描述：

```
#define MaxTreeSize 100          //定义向量空间的容量
typedef char DataType;           //定义结点数据域类型
typedef struct
{//定义结点
    DataType data;               //定义结点数据域
    int parent;                  //双亲指针，指示双亲的位置
}PTreeNode;
typedef struct
{//定义链表
    PTreeNode nodes[MaxTreeSize];
    int n;                       //结点总数
}PTree;
PTree T;                         //T 是双亲链表
```

ⓘ **注意**：若 T.nodes[i].parent=j，则 T.nodes[i] 的双亲是 T.nodes[j]。

【示例 4-24】如图 4-29 所示的树 T_3 的双亲链表表示为如图 4-30 所示。

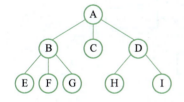

下标	0	1	2	3	4	5	6	7	8	MaxTreeSize-1
data	A	B	C	D	E	F	G	H	I	...	
parent	-1	0	0	0	1	1	1	3	3	...	

图 4-29 树 T_3 图 4-30 树 T_3 的双亲链表

✏️ **说明**：根结点 A 无双亲，所以 parent 值为-1，H 和 I 的 parent 值为 3，表示它们的双亲为下标为 3 的结点 D。双亲链表表示法适合求指定结点的双亲或祖先（包括根），求指定结点的孩子或其他后代时，可能要遍历整个数组。

2. 孩子链表表示法

该表示法为树中每个结点设置一个孩子链表，并将这些结点及相应的孩子链表的头指针存放在一个向量中。

孩子链表表示的描述：

```
#define MaxTreeSize 100 //定义向量空间的容量
typedef char DataType;   //定义结点数据域类型
```

```
typedef struct Cnode
{//孩子链表结点
    int child;//孩子结点在向量中对应的序号
    struct CNode *next;
}CNode;
typedef struct
{
    DataType data;          //存放树中结点数据
    CNode *firstchild;      //孩子链表的头指针
}PTNode;
typedef struct
{
    PTNode nodes[MaxTreeSize];
    int n,root;             //n 为结点总数，root 指出根在向量中的位置
}CTree;
CTree T;                    //T 为孩子链表表示
```

注意：当结点 T.nodes[i]为叶子时，其孩子链表为空，即

T.nodes[i].firstchild=NULL

【示例 4-25】如图 4-29 所示的树 T_3 的孩子链表表示如图 4-31 所示。

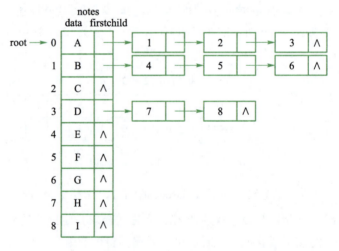

图 4-31　树 T_3 的孩子链表

说明：

结点 A 有 3 个孩子 B、C、D，它们在向量中的序号分别为 1、2、3，所以结点 A 的孩子链表中各结点的数据域分别存放 1、2、3，由指针 firstchild 指向其孩子链表。

孩子链表表示便于实现涉及孩子及其子孙的运算，但不便于实现与双亲有关的运算。

3. 孩子兄弟链表表示法

结点的结构：与二叉链表类似，在存储结点信息的同时，附加两个分别指向该结点最左孩子和右邻兄弟的指针域 leftmostchild 和 rightsibling，即可得树的孩子兄弟链表表示。

孩子兄弟链表表示的描述：

typedef char DataType; //定义结点数据域类型

typedef struct node
{//定义结点结构
　　　　DataType data;
　　　　struct node *leftmostchild,*rightsibling;
}CSTNode; //结点类型
CSTNode *T; //指向树的开始结点的指针

ⓘ **注意：**这种存储结构的最大优点是，它和二叉树的二叉链表表示完全一样。可利用二叉树的算法来实现对树的操作。

【示例 4-26】如图 4-29 所示的树 T_3 的孩子兄弟链表表示为如图 4-32 所示。

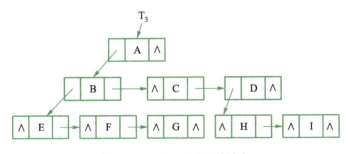

图 4-32　树 T_3 孩子兄弟链表

4.6.3　树的遍历

设树 T 的根结点是 R，根的子树从左到右依次为 T_1、T_2、$\cdots$、T_k。树的遍历分为先序遍历和后序遍历两种。

1. 树 T 的先序遍历规则

若树 T 非空，则：

① 访问根结点 R。

② 依次先序遍历根 R 的各子树 T_1、T_2、$\cdots$、T_k。

2. 树 T 的后序遍历规则

若树 T 非空，则：

① 依次后序遍历根 R 的各子树 T_1、T_2、$\cdots$、T_k。

② 访问根结点 R。

3. 森林 F 的遍历

设森林 F 由 m 棵树 T_1、T_2、$\cdots$、T_m 构成，依次先序或后序遍历各棵树便是先序或后序遍历森林 F。

说明：

① 先序遍历一棵树（森林）恰好等价于先序遍历该树（森林）对应的二叉树。

② 后序遍历一棵树（森林）恰好等价于中序遍历该树（森林）对应的二叉树。

【示例 4-27】图 4-26（a）的树 T_2 转换为如图 4-26（d）所示的二叉树。

树 T_2 的先序序列为 ABEFGCHDI。

● 转换得到的对应二叉树的先序序列为 ABEFGCHDI。

树 T_2 的后序序列为 EFGBHCIDA。

● 转换得到的对应二叉树的中序序列为 EFGBHCIDA。

● 转换得到的对应二叉树的后序序列为 GFEHIDCBA。

显然，先序遍历一棵树恰好等价于先序遍历该树对应的二叉树，后序遍历一棵树恰好等价于中序遍历该树对应的二叉树。

【课堂实践 4-7】

已知一个森林的前序遍历序列为 CBADHEGF，后序遍历序列为 ABCDEFGH，画出该森林所对应的二叉树，并画出该森林。

同步训练 4-6

一、单项选择题

1. 将树转换为二叉树后，二叉树根结点的（　　）。

  A．左子树一定为空　　　　　　　　B．右子树一定为空

  C．左、右子树都可能为空　　　　　D．左、右子树都可能不空

2. 如图 4-33 所示的树转换为二叉树后的结果是（　　）。

图 4-33　同步训练 4-6 单项第 2 题图

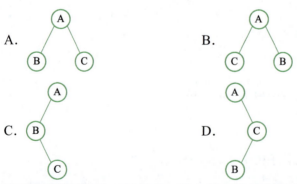

3. 将树或森林转换为二叉树时，原来的右兄弟将变成（　　）。

  A．左兄弟　　　　B．左孩子　　　　C．右孩子　　　　D．不确定

4. 将树或森林转换为二叉树时，原来无兄弟的结点将变成其父结点的（　　）。

  A．左兄弟　　　　B．左孩子　　　　C．右孩子　　　　D．不确定

5. 将由两棵及以上的树组成的森林转换为二叉树时，二叉树根结点的（ ）。

    A. 左子树一定不空   B. 右子树一定不空

    C. 左、右子树都一定不空   D. 左、右子树都可能不空

6. 将（ ）二叉树转换为树或森林时，一定只是一棵树。

    A. 只有左子树的   B. 只有右子树的

    C. 只有左子树或右子树的   D. 既有左子树又有右子树的

7. 将（ ）二叉树转换为树或森林时，一定是含有两棵及以上树的森林。

    A. 左子树不空的   B. 右子树不空的

    C. 左子树或右子树不空的   D. 任意的

8. 已知森林 $F=\{T_1, T_2, T_3, T_4, T_5\}$，各棵树 T_i（$i=1, 2, 3, 4, 5$）中所含结点的个数分别为 7、3、5、1、2，则与 F 对应的二叉树的右子树中的结点个数为（ ）。

    A. 2   B. 3   C. 8   D. 11

9. 设森林 T 中有 4 棵树，第 1 棵～第 4 棵树的结点个数分别是 n_1、n_2、n_3、n_4；那么当把森林 T 转换成一棵二叉树后，根结点的右子树上有（ ）个结点。

    A. n_1-1 B. n_1 C. $1+n_2+n_3$ D. $n_2+n_3+n_4$

10. 森林 T 中有 4 棵树，第 1 棵～第 4 棵树的结点个数分别是 n_1、n_2、n_3、n_4；那么当把森林 T 转换成一棵二叉树后，根结点的左子树上有（ ）个结点。

    A. n_1-1 B. n_1 C. $1+n_2+n_3$ D. $n_2+n_3+n_4$

11. 一棵树 T 采用双亲链表存储，parent 是双亲指针，则根结点的 parent 值为（ ）。

    A. −1   B. 0   C. 1   D. 不确定

12. 一棵树 T 采用孩子链表存储，如果某个结点是叶子，则其孩子链表（ ）。

    A. 有一个结点   B. 有两个结点   C. 为空   D. 不确定

13. 树使用孩子链表的存储结构的优点之一是（ ）比较方便。

    A. 判断两个指定结点是不是兄弟

    B. 找指定结点的双亲

    C. 判断指定结点在第几层

    D. 计算指定结点的度数

14. 若采用孩子兄弟链表作为树的存储结构，则树的后序遍历应采用二叉树的（ ）。

    A. 层次遍历算法   B. 前序遍历算法

    C. 中序遍历算法   D. 后序遍历算法

15. 先序遍历一棵树（或森林）恰好等价于（ ）该树（或森林）对应的二叉树。

    A. 先序遍历   B. 中序遍历   C. 后序遍历   D. 层序遍历

16. 后序遍历一棵树（或森林）恰好等价于（ ）该树（或森林）对应的二叉树。

    A. 先序遍历   B. 中序遍历   C. 后序遍历   D. 层序遍历

二、问题解答题

1. 画出如图 4-34 所示的各二叉树所对应的树或森林。

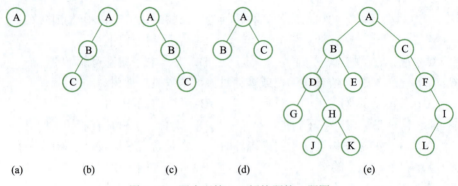

图 4-34 同步训练 4-6 解答题第 1 题图

2. 对如图 4-35 所示的森林：

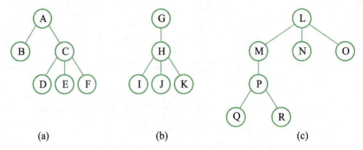

图 4-35 同步训练 4-6 解答题第 2 题图

（1）求各树的前序序列和后序序列。

（2）求森林的前序序列和后序序列。

（3）将各树转换为相应的二叉树。

（4）给出图 4-35（a）所示树的以双亲链表表示、孩子链表表示及孩子兄弟链表表示等 3 种存储结构，并指出哪些存储结构易于求指定结点的祖先，哪些易于求指定结点的后代。

3. 已知树 T 的先序遍历序列为 ABCDEFGHJKL，后序遍历序列为 CBEFDJKLHGA。请画出树 T。

4. 由森林转换得到的对应二叉树如图 4-36 所示，写出原森林中第 3 棵树的前序序列和后序序列。

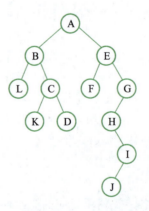

图 4-36 同步训练 4-6 解答题第 4 题图

4.7　哈夫曼树及哈夫曼编码

微课 4-11
哈夫曼树的
概念

PPT　4-11
哈夫曼树
的概念

PPT

4.7.1　哈夫曼树的有关概念

1．树的路径长度

从根结点到树中每一结点的路径长度之和称为树的路径长度。

说明：在结点数目相同的二叉树中，完全二叉树的路径长度最短。

2．树的带权路径长度

① **结点的权（Weight）**：赋予树中某结点的一个有某种意义的实数，称为该结点的权。

② **结点的带权路径长度**：结点到树根之间路径长度与该结点上权的乘积，称为结点的带权路径长度。

③ **树的带权路径长度（Weighted Path Length of Tree）**：树中所有叶结点的带权路径长度之和，称为树的带权路径长度，亦称为树的代价，记为 $\text{WPL} = \sum_{i=1}^{n} w_i l_i$。其中，$n$ 表示叶子结点的数目，w_i 和 l_i 表示叶结点 k_i 的权值和根到 k_i 之间的路径长度。

3．哈夫曼树

在权为 w_1、w_2、$\cdots$、w_n 的 n 个叶子所构成的所有二叉树中，带权路径长度最小（即代价最小）的二叉树称为**哈夫曼树（Huffman Tree）**或**最优二叉树**。

说明：

① 叶子上的权值均相同时，完全二叉树一定是最优二叉树，否则完全二叉树不一定是最优二叉树。

② 哈夫曼树中，权越大的叶子离根越近。

③ 哈夫曼树的形态不唯一，但 WPL 值相同且最小。

【示例 4-28】给定 5 个叶子结点 a、b、c、d 和 e，分别带权 7、6、12、15 和 10，可构造出许多棵二叉树，如图 4-37 所示为其中的两棵二叉树。

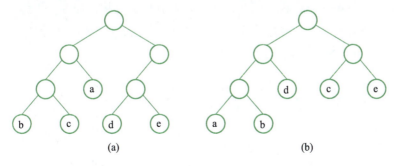

(a)　　　　　　　　　　　　(b)

图 4-37　两棵二叉树

它们的带权路径长度分别为：

① WPL=7×2+6×3+12×3+15×3+10×3=143。

② WPL=7×3+6×3+12×2+15×2+10×2=113。

实际上图 4-37（b）所示的二叉树是所有以 a、b、c、d、e 为叶子的二叉树中 WPL 最小的二叉树，它就是哈夫曼树。

微课 4-12
哈夫曼树的
构造

4.7.2　哈夫曼树的构造

哈夫曼首先给出了对于给定的叶子数目及其权值构造最优二叉树的方法，故称其为**哈夫曼算法**。

PPT　4-12
哈夫曼树
的构造

PPT

基本思想：

① 初始时，根据给定的 n 个权值 w_1、w_2、$\cdots$、w_n 构成具有 n 棵二叉树的森林 $F=\{T_1,T_2,\cdots,T_n\}$，其中每棵二叉树 T_i 中都只有一个权值为 w_i 的根结点，其左、右子树均为空。

② 在森林 F 中选出两棵根结点权值最小的树（当这样的树不只两棵时，可以从中任选两棵），将这两棵树合并为一棵新树。为了保证新树仍为二叉树，需要增加一个新结点作为新树的根，并将所选的两棵树的根分别作为新根的左、右孩子（谁左谁右均可），这两个孩子的权值之和作为新树根的权值，将新树放回森林。

动画演示
4-7　哈夫
曼树的构造

③ 对新的森林 F 重复②，直到森林 F 中只剩下一棵树为止。这棵树便是哈夫曼树。

【例 4-3】哈夫曼树的构造。

给定 5 个叶子结点 a、b、c、d 和 e，分别带权 7、6、12、15 和 10。用哈夫曼算法构造哈夫曼树的过程如下。

第 1 步：根据给定的 5 个权值 7、6、12、15 和 10 构成 5 棵二叉树的森林 $F=\{T_1,T_2,T_3,T_4,T_5\}$，如图 4-38（a）所示。

第 2 步：在森林 F 中选出两棵根结点权值最小的树，将这两棵树合并为一棵新树，并添加到森林中，得到新的森林，如图 4-38（b）所示。

第 3 步：重复第 2 步，进行第 2 次合并，得到新的森林，如图 4-38（c）所示。

第 4 步：重复第 2 步，进行第 3 次合并，得到新的森林，如图 4-38（d）所示。

第 5 步：重复第 2 步，进行第 4 次合并，由于森林 F 中只剩下一棵树，所以它就是哈夫曼树，如图 4-38（e）所示。

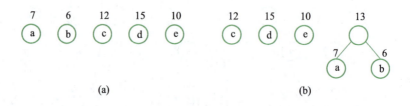

(a)　　　　　　　　　　　　(b)

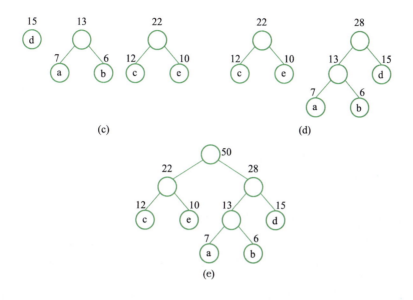

图 4-38　用哈夫曼算法构造哈夫曼树的过程

说明：

① 初始森林中的 *n* 棵二叉树，每棵树是一个孤立的结点，它们既是根，又是叶子。

② *n* 个叶子的哈夫曼树要经过 *n*-1 次合并，产生 *n*-1 个新结点，最终求得的哈夫曼树中共有 2*n*-1 个结点。

③ 哈夫曼树是严格的二叉树，没有 1 度的分支结点。

微课 4-13
构造哈夫曼
树的算法

4.7.3　构造哈夫曼树的算法

1. 哈夫曼树结点的结构

哈夫曼树的结点用一个大小为 2*n*-1 的向量来存储，每个结点包含权值域 weight、指示左、右孩子结点在向量中下标的整型量 lchild 和 rchild、指示双亲结点在向量中下标的整型量 parent。结点结构如图 4-39 所示。

PPT　4-13
构造哈夫曼
树的算法

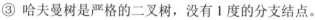

图 4-39　结点结构

2. 哈夫曼树的描述

```
#define n 100 //叶子数目
#define m 2*n-1//树中结点总数
typedef struct
{//定义结点类型
    double weight;//定义权值域
    int lchild,rchild,parent;   //定义左右孩子及双亲指针
```

}HTNode;

typedef HTNode HuffmanTree[m];/*定义 HuffmanTree 为新的类型标识符, 用该标识符定义的变量是具有 HTNode 类型的含有 m 个元素的向量*/

📖 注意:

① 因为 C 数组的下界为 0, 故用-1 表示空指针。树中某结点的 lchild、rchild 和 parent 不等于-1 时, 它们分别是该结点的左、右孩子和双亲结点在向量中的下标。

② 这里设置 parent 域有两个作用: 一是使查找某结点的双亲变得简单; 二是可通过判定 parent 的值是否为-1 来区分根与非根结点。

3. 构造哈夫曼树 T 的步骤

(1) 初始化

将 T[0…m-1]中 2n-1 个结点中的 3 个指针均置为空 (即置为-1), 权值置为 0。

(2) 输入

读入 n 个叶子的权值存于向量的前 n 个分量, 即 T[0…n-1]中。它们是初始森林中 n 个孤立的根结点上的权值。

(3) 合并

对森林中的树共进行 n-1 次合并, 所产生的新结点依次放入向量 T 的第 i 个分量中 ($n \leq i \leq m-1$)。每次合并分为以下 2 步。

① 在当前森林 T[0…i-1]的所有结点中, 选取权最小和次小的两个根结点 T[p1]和 T[p2]作为合并对象, 这里 $0 \leq p1$, $p2 \leq i-1$。

② 将根为 T[p1]和 T[p2]的两棵树作为左、右子树合并为一棵新树, 新树的根是新结点 T[i]。具体操作如下。

第 1 步: 将 T[p1]和 T[p2]的 parent 置为 i。

第 2 步: 将 T[i]的 lchild 和 rchild 分别置为 p1 和 p2。

第 3 步: 新结点 T[i]的权值置为 T[p1]和 T[p2]的权值之和。

✏️ 说明:

合并后 T[pl]和 T[p2]在当前森林中已不再是根, 因为它们的双亲指针均已指向 T[i], 所以下一次合并时不会被选中为合并对象。

4. 构造哈夫曼树 T 具体算法

(1) 初始化函数

```
void InitHuffmanTree(HuffmanTree T)
{//初始化
    int i;
    for(i=0;i<m;i++)
    {
        T[i].weight=0;
        T[i].lchild=-1;
        T[i].rchild=-1;
```

```
        T[i].parent=-1;
    }
}
```

（2）输入权值函数

```
void InputWeight(HuffmanTree T)
{//输入权值
    double w;
    int i;
    for(i=0;i<n;i++)
    {
        printf("\n 输入第%d 个权值:",i+1);
        scanf("%lf",&w);
        T[i].weight=w;
    }
}
```

（3）选择两个权最小的根结点函数

```
void SelectMin(HuffmanTree T,int i,int *p1,int *p2)
{//选择两个小的结点
    double min1=999999;          //定义并初始化最小权值
    double min2=999999;          //定义并初始化次小权值
    int j;
    for(j=0;j<=i;j++)
        if(T[j].parent==-1)
            if(T[j].weight<min1)
            {
                min2=min1;        //改变最小权、次小权及其位置
                min1=T[j].weight; //找出最小的权值
                *p2=*p1;
                *p1=j;
            }
            else if(T[j].weight<min2)
            {
                min2=T[j].weight; //改变次小权及其位置
                *p2=j;
            }
}
```

（4）建立哈夫曼树函数

```
void CreateHuffmanTree(HuffmanTree T)
```

```
{//构造哈夫曼树，T[m-1]为其根结点
    int i,p1,p2;
    InitHuffmanTree(T);                      //将 T 初始化
    InputWeight(T);                          //输入叶子权值至 weight 域
    for(i=n;i<m;i++)
    {//共 n-1 次合并，新结点存于 T[i]中
        SelectMin(T,i-1,&p1,&p2);            //选择权最小的根结点
        T[p1].parent=T[p2].parent=i;
        T[i].lchild=p1;                      //最小权根结点是新结点左孩子
        T[i].rchild=p2;                      //次小权根结点是新结点右孩子
        T[i].weight=T[p1].weight+T[p2].weight;
    }
}
```

4.7.4 哈夫曼编码

微课 4-14
哈夫曼编码
的构造

PPT 4-14
哈夫曼编码
的构造

PPT

1．编码和解码

数据压缩过程称为**编码**，即将文件中的每个字符均转换为一个唯一的二进制位串。数据解压过程称为**解码**，即将二进制位串转换为对应的字符。

2．等长、变长编码方案

给定的字符集 C，可能存在多种编码方案。

（1）等长编码方案

等长编码方案将给定字符集 C 中每个字符的码长定为 $\lceil \lg|C| \rceil$，|C|表示字符集的大小。

【示例 4-29】设待压缩的数据文件共有 100 000 个字符，这些字符均取自字符集 C=\{a,b,c,d,e,f\}，等长编码需要 3 位二进制数字来表示 6 个字符，因此，整个文件的编码长度为 300 000 位。

（2）变长编码方案

变长编码方案将频度高的字符编码设置较短，将频度低的字符编码设置较长。

【示例 4-30】设待压缩的数据文件共有 100 000 个字符，这些字符均取自字符集 C=\{a,b,c,d,e,f\}，其中每个字符在文件中出现的次数（简称频度）见表 4-1。

表 4-1 字 符 编 码

字符	a	b	c	d	e	f
频度（千次）	45	13	12	16	9	5
定长编码	000	001	010	011	100	101
变长编码	0	100	101	110	1110	1111

根据计算公式：

（45×1+13×3+12×3+16×3+9×4+5×4）×1000=224 000

整个文件被编码为 224 000 位，比定长编码方式节省了约 25％的存储空间。

(i) **注意**：变长编码可能使解码产生二义性。原因是某些字符的编码可能与其他字符的编码开始部分（称为前缀）相同。

【示例 4-31】设 E、T、W 分别编码为 00、01、0001，则解码时无法确定信息串 0001 是 ET 还是 W。

3．前缀码方案

对字符集进行编码时，要求字符集中任一字符的编码都不是其他字符的编码的前缀，这种编码称为**前缀（编）码**。

(i) **注意**：等长编码是前缀码。

4．最优前缀码

平均码长或文件总长最小的前缀编码称为**最优前缀码**。最优前缀码对文件的压缩效果亦最佳。

$$平均码长 = \sum_{i=1}^{n} p_i l_i$$

式中，p_i 为第 i 个字符的概率，l_i 为码长。

【示例 4-32】若将前表所示的文件作为统计的样本，则 a～f 这 6 个字符的概率分别为 0.45、0.13、0.12、0.16、0.09、0.05，对变长编码求得的平均码长为 2.24，优于定长编码（平均码长为 3）。

5．根据最优二叉树构造哈夫曼编码

利用哈夫曼树很容易求出给定字符集及其概率（或频度）分布的最优前缀码。哈夫曼编码正是一种应用广泛且非常有效的数据压缩技术。该技术一般可将数据文件压缩掉 20％～90％，其压缩效率取决于被压缩文件的特征。

（1）编码构造方法

① 用字符 c_i 作为叶子，概率 p_i 或频度 f_i 作为叶子 c_i 的权，构造一棵哈夫曼树，并将树中左分支和右分支分别标记为 0 和 1。

② 将从根到叶子的路径上的标号依次相连，作为该叶子所表示字符的编码。该编码即为最优前缀码（也称哈夫曼编码）。

【例 4-4】哈夫曼编码的构造。

设字符集 C={a,b,c,d,e,f}，其中每个字符在文件中出现的频度分别为 45、13、12、16、9、5（千次），求一个哈夫曼编码。

先构造哈夫曼树并将树中左分支和右分支分别标记为 0 和 1，如图 4-40 所示。

再将从根到叶子的路径上的标号依次相连，得到如下哈夫曼编码。

a——0；b——100；c——101；d——110；e——1110；f——1111。

（2）哈夫曼编码为最优前缀码

由哈夫曼树求得的编码为最优前缀码，原因如下。

① 每个叶子字符 c_i 的码长恰为从根到该叶子的路径长度 l_i，平均码长（或文件总长）又是二叉树的 WPL。而哈夫曼树是 WPL 最小的二叉树，因此编码的平均码长（或文件

总长）亦最小。

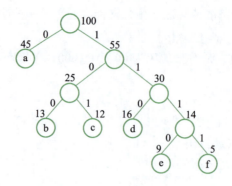

图 4-40　哈夫曼树及编码

微课 4-15
构造哈夫曼
编码的算法

② 树中没有一片叶子是另一片叶子的祖先，每片叶子对应的编码就不可能是其他叶子编码的前缀，即上述编码是二进制的前缀码。

（3）求哈夫曼编码的算法

① 思想方法。

给定字符集的哈夫曼树生成后，求哈夫曼编码的具体实现过程是：依次以叶子 $T[i]$（$0 \leqslant i \leqslant n-1$）为出发点，向上回溯至根为止。上溯时走左分支则生成代码 0，走右分支则生成代码 1。

PPT　4-15
构造哈夫曼
编码的算法

PPT

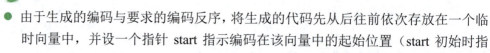注意：

- 由于生成的编码与要求的编码反序，将生成的代码先从后往前依次存放在一个临时向量中，并设一个指针 start 指示编码在该向量中的起始位置（start 初始时指示向量的结束位置）。
- 当某字符编码完成时，从临时向量的 start 处将编码复制到该字符相应的位串 bits 中即可。
- 因为字符集大小为 n，故变长编码的长度不会超过 n，加上一个结束符'\0'，bits 的大小应为 $n+1$。

② 字符集编码的描述。

```
typedef struct
{
    char ch;//存储字符
    char bits[n+1];//存放编码位串
}CodeNode;
typedef CodeNode HuffmanCode[n];
```

③ 具体算法。

```
void CharSetHuffmanEncoding(HuffmanTree T,HuffmanCode H)
{//根据哈夫曼树 T 求哈夫曼编码表 H
```

```
int c,p,i;//c 和 p 分别指示 T 中孩子和双亲的位置
char cd[n+1]; //临时存放编码
int start;//指示编码在 cd 中的起始位置
cd[n]='\0';//编码结束符
for(i=0;i<n;i++)
{ //依次求叶子 T[i]的编码
    H[i].ch=getchar();//读入叶子 T[i]对应的字符
    start=n;//编码起始位置的初值
    c=i;//从叶子 T[i]开始上溯
    while((p=T[c].parent)>=0)
    {/*直至上溯到 T[c]是树根为止，若 T[c]是 T[p]的左孩子，则生成代码 0,
否则生成代码 1*/
        cd[--start]=(T[p].lchild==c)?'0':'1';
        c=p; //继续上溯
    }
    strcpy(H[i].bits,&cd[start]); //复制编码位串
}
}
```

6. 文件的编码和解码

有了字符集的哈夫曼编码表之后，对数据文件的编码过程是：依次读入文件中的字符 c，在哈夫曼编码表 H 中找到此字符，若 H[i].ch=c，则将字符 c 转换为 H[i].bits 中存放的编码串。

对压缩后的数据文件进行解码则必须借助于哈夫曼树 T，其过程是：依次读入文件的二进制码，从哈夫曼树的根结点（即 T[m-1]）出发，若当前读入 0，则走向左孩子，否则走向右孩子。一旦到达某一叶子 T[i]时便译出相应的字符 H[i].ch，然后重新从根出发继续译码，直至文件结束。

【课堂实践 4-8】

假设通信电文使用的字符集为{a,b,c,d,e,f,g,h}，各字符在电文中出现的频度分别为 7、26、2、28、13、10、3、11，请为这 8 个字符设计哈夫曼编码。要求：所构造的哈夫曼树中左孩子结点的权值不大于右孩子结点的权值且按左分支为0和右分支为1的规则，分别写出与每个字符对应的编码。

【例 4-5】某公司有一份机密文件，是由英文字母（包括大小写）、英文逗号、英文句点、空格和回车换行等符号组成的文件名为 Jimi.txt 的文本文件。公司为保证文件不被泄密，要求技术人员将文件中的每个字符都用一个二进制位串进行加密，需要时能进行解密，但必须保证加密后的文件不要过大，且对加密的文件进行解密后与原文件必须完全一致。如果你是技术人员，你将如何按要求为公司的文件进行加密和解密呢？

分析：

此问题可通过设计一个哈夫曼编码、译码系统来解决。对文本文件中的字符用二进

制位串进行哈夫曼编码，形成加密文件；反过来，可将加密文件进行译码还原成文本文件。

① 首先从文本文件中读入各字符，统计不同字符在文件中出现的次数（空格、换行、标点等也按字符处理），作为该字符的权值。

② 然后根据字符及其权值构造哈夫曼树，并给出每个字符的哈夫曼编码。

③ 再将文本文件利用所给的哈夫曼树编码，存储成由二进制位串组成的加密文件。

④ 最后对加密文件进行解密，将加密文件还原成原来的文本文件。

根据以上分析可以知道解决该问题的关键是字符统计、哈夫曼树的构造、编码和解码。而对于哈夫曼树的构造和编码在本单元中已经介绍，可以稍加修改直接使用。具体数据结构的描述和功能函数如下。

（1）数据结构描述

#define n 2*26+4 　　/*文件含字符的最大个数（大小写字母+2 个标点符号+空格+回车换行）*/

#define m 2*n-1　　//哈夫曼树中结点总数最大值

#define Max 10000 //文件含字符的最大个数

int n1,m1,size[n];/*n1 表示文件实际含字符个数，m1 表示哈夫曼树中实际结点总数，数组 size 用于存放各字符出现的次数（权值）*/

char CharSet[n];　　　　//用于存放文件中所使用的不同字符

char Str[Max+1],BM[Max*n+1];　/*数组 Str 用于存放原文件字符串，BM 用于存放加密后的二进制串*/

char Str1[Max+1];　//数组 Str1 用于存放解密字符串

typedef struct

{//定义结点类型

　　　int weight;　　　//定义权值域

　　　int lchild,rchild,parent;　　//定义左、右孩子及双亲指针

}HTNode;

typedef HTNode HuffmanTree[m];/*定义 HuffmanTree 为新的类型标识符，用该标识符定义的变量是具有 HTNode 类型的含有 m 个元素的向量*/

typedef struct

{

　　　char ch;　　　　　　　　　//存储字符

　　　char bits[n+1];　　　　　　//存放编码位串

}CodeNode;

typedef CodeNode HuffmanCode[n];

（2）功能函数

① 哈夫曼树 *T* 初始化函数：void InitHuffmanTree(HuffmanTree T)。

② 写入权值函数：void WriteWeight(HuffmanTree T)。

③ 选择两个权最小的根结点函数：void SelectMin(HuffmanTree T, int i, int *p1,int

*p2)。

④ 构造哈夫曼树函数：void CreateHuffmanTree(HuffmanTree T)。

⑤ 根据哈夫曼树 *T* 求哈夫曼编码表 *H*：void CharSetHuffmanEncoding(HuffmanTree T,HuffmanCode H)。

⑥ 读文本文件统计实际不同字符及个数 n1 函数：int ReadFile()。

⑦ 对文本文件进行加密，写加密文件：int WriteFile(HuffmanCode H)。

⑧ 统计数组 Str（文件）中各类字符出现的次数，存放在数组 size 中函数：void Count()。

⑨ 对加密文件进行解密，写解密文件：int DecryptFile(HuffmanTree T,HuffmanCode H)，对加密后的文件进行解密则必须借助于哈夫曼树 T，其过程是：依次读入加密文件的二进制位串，从哈夫曼树的根结点（即 T[m-1]）出发，若当前读入 0，则走向左孩子，否则走向右孩子。一旦到达某一叶子 T[i]时便译出相应的字符 H[i].ch，然后重新从根出发继续译码，直至文件结束。

具体代码：

```
void InitHuffmanTree(HuffmanTree T)
    {//哈夫曼树 T 初始化
        int i;
        for(i=0;i<m1;i++)
        {
            T[i].weight=0;
            T[i].lchild=-1;
            T[i].rchild=-1;
            T[i].parent=-1;
        }
    }
    void WriteWeight(HuffmanTree T)
    {//写入权值函数
        int i,j,k=0;
        for(i=0;i<n1;i++)
            for(j=k;j<n;j++)
                if(size[j])
                {//将文件中未出现的字符去掉，仅写出现字符的权值
                    T[i].weight=size[j];
                    k=j+1;
                    break;
                }
    }
```

```
void SelectMin(HuffmanTree T,int i,int *p1,int *p2)
{//选择两个权最小的根结点函数
    int min1=999999;//定义并初始化最小权值
    int min2=999999;//定义并初始化次小权值
    int j;
    for(j=0;j<=i;j++)
        if(T[j].parent==-1)
            if(T[j].weight<min1)
            {
                min2=min1;//改变最小权、次小权及其位置
                min1=T[j].weight;//找出最小的权值
                *p2=*p1;
                *p1=j;
            }
            else if(T[j].weight<min2)
            {
                min2=T[j].weight;//改变次小权及其位置
                *p2=j;
            }
}
void CreateHuffmanTree(HuffmanTree T)
{//构造哈夫曼树函数，T[m1-1]为其根结点
    int i,p1,p2;
    InitHuffmanTree(T);//将 T 初始化
    WriteWeight(T);//输入叶子权值至 weight 域
    m1=2*n1-1;
    for(i=n1;i<m1;i++)
    {//共 n1-1 次合并,新结点存于 T[i]中
        SelectMin(T,i-1,&p1,&p2);//选择权最小的根结点
        T[p1].parent=T[p2].parent=i;
        T[i].lchild=p1;//最小权根结点是新结点左孩子
        T[i].rchild=p2;//次小权根结点是新结点右孩子
        T[i].weight=T[p1].weight+T[p2].weight;
    }
}
void CharSetHuffmanEncoding(HuffmanTree T,HuffmanCode H)
```

```
{//根据哈夫曼树 T 求哈夫曼编码表 H
    int c,p,i;//c 和 p 分别指示 T 中孩子和双亲的位置
    char cd[n+1];//临时存放编码
    int start;//指示编码在 cd 中的起始位置
    cd[n1]='\0';//编码结束符
    for(i=0;i<n1;i++)
    {//依次求叶子 T[i]的编码
        H[i].ch=CharSet[i];//给叶子 T[i]赋对应的字符
        start=n1;//编码起始位置的初值
        c=i;//从叶子 T[i]开始上溯
        while((p=T[c].parent)>=0)
        {/*直至上溯到 T[c]是树根为止，若 T[c]是 T[p]的左孩子，则生成代码
0，否则生成代码 1*/
            cd[--start]=(T[p].lchild==c)?'0':'1';
            c=p;//继续上溯
        }
        strcpy(H[i].bits,&cd[start]);
    }
}
int ReadFile()
{//读文本文件统计实际不同字符及个数 n1，调用成功返回 1，否则返回 0
    FILE *fp;
    char ch,temp;
    int i=0,j=0,k=0;
    if((fp=fopen("Jimi.txt","r"))==NULL)
    {
        printf("不能打开该文件。\n");
        return 0;
    }
    while((ch=fgetc(fp))!=EOF)
    {
        if(i==0)
            CharSet[j++]=ch;
        Str[i++]=ch;
        for(k=0;k<j;k++)
            if(ch==CharSet[k])
```

```
                                break;
                        if(k==j)
                                CharSet[j++]=ch;
                }
        fclose(fp);
        Str[i]='\0';
        CharSet[j]='\0';
        for(i=0;i<n;i++)//统计不同字符的个数放在 n1 中
                if(CharSet[i])
                        n1++;
        m1=2*n1-1;
        for(i=0;i<n1-1;i++)
        {//对 CharSet 中的字符按升序排序，以便与权值相对应
                k=i;
                for(j=i+1;j<=n1-1;j++)
                        if(CharSet[j]<CharSet[k])
                                k=j;
                if(k!=i)
                {
                        temp=CharSet[k];
                        CharSet[k]=CharSet[i];
                        CharSet[i]=temp;
                }
        }
        return 1;
}
int WriteFile(HuffmanCode H)
{//对文本文件进行加密，写解密文件，调用成功返回 1，否则返回 0
        FILE *fp;
        int i,j,k,s=0;
        for(i=0;Str[i];i++)
                for(j=0;j<n;j++)
                        if(Str[i]==H[j].ch)
                        {
                                for(k=0;H[j].bits[k];k++)
                                        BM[s++]=H[j].bits[k];
```

```
            }
        BM[s]='\0';
        if((fp=fopen("Jiami.txt","w"))==NULL)
        {
            printf("不能打开该文件。\n");
            return 0;
        }
        fprintf(fp,"%s",BM);
        fclose(fp);
        return 1;
}
int DecryptFile(HuffmanTree T,HuffmanCode H)
{//对加密文件进行解密，写解密文件，调用成功返回 1，否则返回 0
        FILE *fp;
        char ch;
        int i=0,s=0;
        if((fp=fopen("Jiami.txt","r"))==NULL)
        {
            printf("不能打开该文件。\n");
            return 0;
        }
        i=2*n1-2;
        while((ch=fgetc(fp))!=EOF)
        {
            if(ch=='0')
                i=T[i].lchild;
            if(ch=='1')
                i=T[i].rchild;
            if(i<n1)
            {
                Str1[s++]=H[i].ch;
                i=2*n1-2;
            }
        }
        fclose(fp);
        if((fp=fopen("Jiemi.txt","w"))==NULL)
```

```
            {
                printf("不能打开该文件。\n");
                return 0;
            }
            fprintf(fp,"%s",Str1);
            fclose(fp);
            return 1;
        }
        void Count()
        {//统计数组 Str（文件）中各类字符出现的次数，存放在数组 size 中
            int i;
            for(i=0;Str[i];i++)
            {
                if(Str[i]==10)
                    size[0]++;        //size[0]统计回车换行的次数
                if(Str[i]==32)
                    size[1]++;        //size[1]统计空格的次数
                if(Str[i]==44)
                    size[2]++;        //size[2]统计逗号的次数
                if(Str[i]==46)
                    size[3]++;        //size[3]统计句点的次数
                if(Str[i]>=65&&Str[i]<=90)
                    size[Str[i]-65+4]++;   //size[4]～size[29]分别统计字符 A~Z 的次数
                if(Str[i]>=97&&Str[i]<=122)
                    size[Str[i]-97+30]++;//size[30]～size[55]分别统计字符 a~z 的次数
            }
        }
        void MenuShow()
        {//菜单显示
            printf("\n*********************************");
            printf("\n\t 文本文件的加密和解密");
            printf("\n---------------------------------");
            printf("\n\t1.显示原文本文件");
            printf("\n\t2.文本文件加密");
            printf("\n\t3.显示字符编码");
            printf("\n\t4.显示加密文件");
```

```
        printf("\n\t5.文本文件解密");
        printf("\n\t6.显示解密文件");
        printf("\n\t7.退出系统");
        printf("\n********************************\n");
}
int main()
{
        char ch;int i;
        HuffmanTree T;
        HuffmanCode H;
        while(1)
        {
            system("cls");
            MenuShow();
            printf("\t 请按顺序操作:");
            ch=getchar();flushall();
            switch(ch)
            {
            case '1':if(ReadFile()) puts(Str);//读 Juemi.txt 文件放到数组 Str 中
                    else puts("读文件时出错！");
                    printf("按任意键继续!");getch();flushall();break;
            case '2':Count();//统计数组 Str 中各字母的个数放在 size 数组中
                    CreateHuffmanTree(T);
                    CharSetHuffmanEncoding(T,H);
                    if(WriteFile(H)) puts("文件加密完成！");
                    else puts("文件加密失败！");
                    printf("按任意键继续!");getch();flushall();break;
            case '3':printf("字符\t\t 频度\t\t 编码\n");
                    for(i=0;i<n1;i++)
                        printf("%c\t\t%d\t\t%s\n",H[i].ch,T[i].weight,H[i].bits);
                    printf("按任意键继续!");getch();flushall();break;
            case '4':printf("加密文件为：\n");puts(BM);
                    printf("按任意键继续!");getch();flushall();break;
            case '5':if(DecryptFile(T,H)) puts("文件解密完成！");
                        else puts("文件解密失败！");
                    printf("按任意键继续!");getch();flushall();break;
```

单元 4
拓展训练

单元 4
课堂实践
参考答案

同步训练
4-1 参考
答案

```
                case '6':printf("解密文件为：\n");puts(Str1);
                        printf("按任意键继续!");getch();flushall();break;
                case '7':printf("欢迎再次使用，再见!\n");exit(0);
                }
            }
        return 0;
    }
```

同步训练
4-2　参考
答案

同步训练 4-7

同步训练
4-3　参考
答案

一、单项选择题

1. 用 5 个权值为{3,2,4,5,1}的叶子结点构造的哈夫曼树的带权路径长度是（　　　）。

   A. 31　　　　　　　　B. 33　　　　　　　　C. 35　　　　　　　　D. 37

2. 对给定的 n 个叶子结点及权值，采用哈夫曼构造方法可以构造出（　　　）哈夫曼树。

   A. 多棵　　　　　　B. 唯一一棵　　　C. 两棵　　　　　　D. 可能 0 棵

同步训练
4-4　参考
答案

3. 以下说法中错误的是（　　　）。

   A. 一般在哈夫曼树中，权值越大的叶子离根结点越近

   B. 哈夫曼树中没有度数为 1 的分支结点

   C. 若初始森林中共有 n 棵二叉树，最终求得的哈夫曼树共有 $2n$-1 个结点

   D. 若初始森林中共有 n 棵二叉树，进行 $2n$-1 次合并后才能剩下一棵最终的哈夫曼树

同步训练
4-5　参考
答案

4. 以下说法中错误的是（　　　）。

   A. 哈夫曼树是带权路径长度最短的树，路径上权值较大的结点离根较近

   B. 若一个二叉树的树叶是某子树的中序遍历序列中的第一个结点，则它必是该子树的后序遍历序列中的第一个结点

   C. 已知二叉树的前序遍历和后序遍历序列并不能唯一确定这棵树，因为不知道树的根结点是哪一个

   D. 在前序遍历二叉树的序列中，任何结点的子树的所有结点都是直接跟在该结点之后

同步训练
4-6　参考
答案

5. 下列编码中属前缀码的是（　　　）。

   A. {1,01,000,001}　　　　　　　　B. {1,01,011,010}

   C. {0,10,110,11}　　　　　　　　　D. {0,1,00,11}

二、问题解答题

1. 求权值为 6、13、18、30、7、16 的 6 个结点构造的哈夫曼树的带权路径长度。

2. 在什么样的情况下，等长编码是最优的前缀码？

3. 下述编码中，哪一组不是前缀码？

{00,01,10,11},{0,1,00,11},{0,10,110,111}

同步训练
4-7　参考
答案

4．假设用于通信的电文由字符集{a,b,c,d,e,f,g,h}中的字母构成，这 8 个字母在电文中出现的频度分别为{7,19,2,6,32,3,21,10}。

（1）为这 8 个字母设计哈夫曼编码。

（2）若用 3 位二进制数（0～7）对这 8 个字母进行等长编码，则哈夫曼编码的平均码长是等长编码的百分之几?它使电文总长平均压缩多少?

5．假设通信电文使用的字符集为{a,b,c,d,e,f}，各字符在电文中出现的频度分别为 34、5、12、23、8、18，试为这 6 个字符设计哈夫曼编码。要求：树中左孩子结点的权值小于右孩子结点的权值，左分支标记为 0，右分支标记为 1。

单元 4
拓展训练
参考答案

图

学习目标

【知识目标】

- 了解图的有关概念。
- 掌握图的邻接矩阵和邻接表的存储表示方法。
- 掌握图的遍历，深度优先搜索遍历和广度优先搜索遍历的算法。
- 掌握最小生成树的求解过程和算法。

【能力目标】

- 具有恰当地选择图作为数据的逻辑结构的能力。
- 具有应用图解决实际问题的能力。

微课 5-1
图的基本
概念

5.1　图的基本概念

基本概念

图（Graph）是一种复杂的非线性结构。在图结构中，对结点的前驱和后继的个数没有任何限制，结点之间的关系是任意的，图中任意两个结点之间都可能有关系。图结构在计算机科学、人工智能、工程、数学、物理等领域中有着广泛的应用。

1. 图的二元组定义

图 G 由两个集合 V 和 E 组成，记为 $G=(V,E)$

PPT　5-1
图的基本
概念

其中，V 是有限的非空集合，V 中的元素称为**顶点（Vertex）**或结点，E 是 V 中顶点偶对 (v_i,v_j) 的集合，E 中的元素称为**边（Edge）**。

说明：图 G 的顶点集和边集也可记为 $V(G)$ 和 $E(G)$。$E(G)$ 可以是空集，若为空，则图 G 只有顶点没有边，图中的边 (v_i,v_j) 描述了两个顶点之间是相关的。

【示例 5-1】在图 5-1 所示的图 G_1 中：

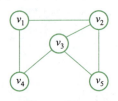

图 5-1　图 G_1

$G_1=(V,E)$，顶点集合 $V=\{v_1,v_2,v_3,v_4,v_5\}$，边集合 $E=\{(v_1,v_2),(v_1,v_4),(v_2,v_3),(v_2,v_5),(v_3,v_4),(v_3,v_5)\}$。

2. 无向图和有向图

（1）无向图（Undirected Graph）

若图 G 中的每条边都是没有方向的，则称 G 为无向图。

无向图中边的表示：无向图中的边均是顶点的无序对，无序对通常用圆括号表示，无序对 (v_i,v_j) 和 (v_j,v_i) 表示图中的同一条边。图 5-1 所示的图 G_1 是一个无向图。

（2）有向图（Directed Graph）

若图 G 中的每条边都是有方向的，则称 G 为有向图。

有向图中边的表示：有向图中的边是由顶点的有序对组成，有序对通常用尖括号表示，有序对 $<v_i,v_j>$ 和 $<v_j,v_i>$ 表示的是图中不同的边。有向边 $<v_i,v_j>$ 也称为弧，边的始点 v_i 称为弧尾，终点 v_j 称为弧头。

说明：

① 若 (v_1,v_2) 或 $<v_1,v_2>$ 是 $E(G)$ 中的一条边，则要求 $v_1 \neq v_2$。

② 不允许一条边在图中重复出现。

③ 不允许在同一个图中既有有向边又有无向边。

【示例 5-2】图 5-2 所示的图 G_2 是一个有向图，$G_2=(V_2,E_2)$，$V_2=\{v_1,v_2,v_3,v_4\}$，$E_2=\{<v_1,v_2>,<v_1,v_3>,<v_3,v_4>,<v_4,v_1>\}$

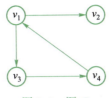

图 5-2　图 G_2

（3）完全图（Complete Graph）

① 无向完全图。

若 G 是具有 n 个顶点 e 条边的无向图，则顶点数与边数的关系为 $0 \leqslant e \leqslant n(n-1)/2$。把恰有 $n(n-1)/2$ 条边的无向图称为无向完全图。

② 有向完全图。

若 G 是具有 n 个顶点 e 条边的有向图，则顶点数与边数的关系为 $0 \leqslant e \leqslant n(n-1)$。把恰有 $n(n-1)$ 条边的有向图称为有向完全图。

说明：完全图具有最多的边数。任意一对顶点间均有边相连。

（4）稀疏图（Sparse Graph）和稠密图（Dense Graph）

如果一个图的边数很少，则称该图为稀疏图，否则称为稠密图。例如，含有 n 个顶点的图 G，G 的边数 $e<n\lg n$，可认为图 G 为稀疏图。

3．图的边和顶点的关系

（1）无向边和顶点关系

若 (v_i,v_j) 是一条无向边，则称顶点 v_i 和 v_j 互为邻接顶点，或称 v_i 和 v_j 相邻接；并称 (v_i,v_j) 依附或关联于顶点 v_i 和 v_j，或称 (v_i,v_j) 与顶点 v_i 和 v_j 相关联。

（2）有向边和顶点关系

若 $<v_i,v_j>$ 是一条有向边，则称顶点 v_i 邻接到顶点 v_j，顶点 v_j 邻接于顶点 v_i；并称边 $<v_i,v_j>$ 关联于 v_i 和 v_j，或称 $<v_i,v_j>$ 与顶点 v_i 和 v_j 相关联。

（3）顶点的度

① 无向图中顶点 v 的度：无向图中顶点 v 的度是关联于该顶点的边的数目，记为 $D(v)$。

② 有向图顶点 v 的入度：有向图中，以顶点 v 为终点的边的数目称为 v 的入度，记为 $\mathrm{ID}(v)$。

③ 有向图顶点 v 的出度：有向图中，以顶点 v 为始点的边的数目，称为 v 的出度，记为 $\mathrm{OD}(v)$

④ 有向图顶点 v 的度：有向图中，顶点 v 的度定义为该顶点的入度与出度之和，即 $D(v)=\mathrm{ID}(v)+\mathrm{OD}(v)$。

⑤ 无论有向图还是无向图，顶点数 n、边数 e 和度数之间有如下关系：

$$e = \frac{1}{2}\sum_{i=1}^{n} D(v_i)$$

【示例 5-3】在图 5-1 所示的无向图 G_1 中有：$D(v_1)=2$，$D(v_2)=3$，$D(v_3)=3$，$D(v_4)=2$，$D(v_5)=2$。

在图 5-2 所示的有向图 G_2 中有：$ID(v_1)=1$，$OD(v_1)=2$，$D(v_1)=3$；$ID(v_2)=1$，$OD(v_2)=0$，$D(v_2)=1$；$ID(v_3)=1$，$OD(v_3)=1$，$D(v_3)=2$；$ID(v_4)=1$，$OD(v_4)=1$，$D(v_4)=2$。

4．子图（SubGraph）

设 $G=(V,E)$ 是一个图，若 V' 是 V 的子集，E' 是 E 的子集，且 E' 中的边所关联的顶点均在 V' 中，则 $G'=(V',E')$ 也是一个图，并称其为 G 的子图。

【示例 5-4】图 G_1 和 G_2 的子图如图 5-3 所示。

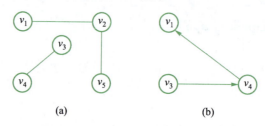

图 5-3　图 G_1 和图 G_2 的子图

5．路径

（1）无向图的路径

在无向图 G 中，若存在一个顶点序列 v_p、v_{i1}、v_{i2}、$\cdots$、v_{im}、v_q，使得 (v_p,v_{i1})、(v_{i1},v_{i2})、$\cdots$、(v_{im},v_q) 均属于 $E(G)$，则称该序列为顶点 v_p 到 v_q 的一条路径。

（2）有向图的路径

在有向图 G 中，若存在一个顶点序列 v_p、v_{i1}、v_{i2}、$\cdots$、v_{im}、v_q，使得有向边 $\langle v_p,v_{i1}\rangle$、$\langle v_{i1},v_{i2}\rangle$、$\cdots$、$\langle v_{im},v_q\rangle$ 均属于 $E(G)$，则称该序列为顶点 v_p 到 v_q 的一条路径。

（3）路径长度

路径长度定义为该路径上边的数目。

（4）简单路径

若一条路径除两端顶点可以相同外，其余顶点均不相同，则称此路径为一条简单路径。

（5）回路

起点和终点相同的路径称为回路。

（6）简单回路或简单环

起点和终点相同的简单路径称为简单回路或简单环。

（7）有根图和图的根

在一个有向图中，若存在一个顶点 v，从该顶点有路径可以到达图中其他所有顶点，则称此有向图为有根图，v 称为图的根。

6．连通图和连通分量

（1）顶点间的连通性

在无向图 G 中，若从顶点 v_i 到顶点 v_j 有路径，则称 v_i 和 v_j 是连通的。

（2）连通图（Connected Graph）

若在无向图 G 中，任意两个不同的顶点 v_i 和 v_j 都连通（即有路径），则称图 G 为连通图。

（3）连通分量（Connected Component）

无向图 G 的极大连通子图称为 G 的**连通分量**。

【示例 5-5】图 5-4（a）所示的无向图 G_3 有两个连通分量，如图 5-4（b）所示。

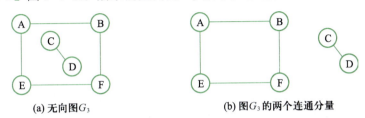

(a) 无向图 G_3　　　　　　　　(b) 图 G_3 的两个连通分量

图 5-4　图 G_3 及其连通分量

说明：

① 任何连通图的连通分量只有一个，即是其自身。

② 非连通的无向图有多个连通分量。

7. 强连通图和强连通分量

（1）强连通图（Strongly Connected Graph）

有向图 G 中，若对于 $V(G)$ 中任意两个不同的顶点 v_i 和 v_j，都存在从 v_i 到 v_j 以及从 v_j 到 v_i 的路径，则称 G 为强连通图。

（2）强连通分量（Strongly Connected Component）

有向图的极大强连通子图称为 G 的强连通分量。

【示例 5-6】有向图 G_2 的两个强连通分量如图 5-5 所示。

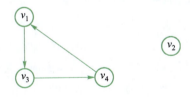

图 5-5　图 G_2 的两个强连通分量

说明：

① 强连通图只有一个强连通分量，即是其自身。

② 非强连通的有向图有多个强连通分量。

8. 网络（Network）

若将图的每条边都赋上一个权，则称这种带权图为网络。

说明：权是表示两个顶点之间的距离、耗费等具有某种意义的数。

【示例 5-7】图 5-6 所示的图 G_4 是一个无向网络。

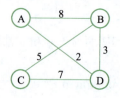

图 5-6 无向网络 G_4

同步训练 5-1

单项选择题

1. n 个顶点的无向完全图中含有无向边的数目恰为（　　）。

   A. $n-1$ B. n C. $n(n-1)/2$ D. $n(n-1)$

2. n 个顶点的有向完全图中含有有向边的数目恰为（　　）。

   A. $n-1$ B. n C. $n(n-1)/2$ D. $n(n-1)$

3. 若(v_i, v_j)是无向图的一条边，则称（　　）。

   A. v_i 邻接于 v_j B. v_j 邻接于 v_i

   C. v_i 与 v_j 相邻接   D. v_i 与 v_j 不邻接

4. 若$<v_i, v_j>$是有向图的一条边，则称（　　）。

   A. v_i 邻接于 v_j B. v_j 邻接于 v_i

   C. v_i 与 v_j 相邻接   D. v_i 与 v_j 不邻接

5. 无向图中一个顶点的度是（　　）。

   A. 通过该顶点的简单路径数

   B. 与该顶点相邻接的顶点数

   C. 通过该顶点的简单路径顶点数

   D. 与该顶点连通的顶点数

6. 有向图中一个顶点的度是（　　）。

   A. 该顶点的入度   B. 该顶点的出度

   C. 该顶点入度与出度的和   D. 该顶点入度与出度的积

7. 有向图中顶点 v 的入度为 $\mathrm{ID}(v)$，出度为 $\mathrm{OD}(v)$，则它们的关系是（　　）。

   A. $\mathrm{ID}(v)=\mathrm{OD}(v)$ B. $\mathrm{ID}(v)>\mathrm{OD}(v)$

   C. $\mathrm{ID}(v)<\mathrm{OD}(v)$ D. 没关系

8. 设有向图中所有顶点的入度之和为 ID，出度之和为 OD，则它们的关系是（　　）。

   A. ID=OD   B. ID>OD   C. ID<OD   D. 没关系

9. 设一个图的顶点数为 n、边数为 e，顶点 v_i 的度数为 $\mathrm{D}(v_i)$，如果有如下关系 $e=\dfrac{1}{2}\sum_{i=1}^{n}\mathrm{D}(v_i)$，则该图是（　　）。

   A. 无向图   B. 有向图

   C. 无向图或有向图   D. 无向图和有向图

10. 设 $G=(V,E)$ 是一个图，V' 是 V 的子集，E' 是 E 的子集，如果（　　），则 $G'=(V',E')$ 为 G 的子图。

    A. E' 中的边所关联的顶点均在 V' 中

    B. G' 也是一个图

    C. E' 中的边所关联的顶点均在 V' 中或 G' 也是一个图

    D. E' 中的边所关联的顶点均在 V' 中且 G' 也是一个图

11. 在无向图中，若从顶点 a 到顶点 b 存在（　　），则称 a 与 b 之间是连通的。

    A. 一条边　　　　B. 一条路径　　　　C. 一条回路　　　　D. 一条简单路径

12. 连通图是指图中任意两个顶点之间（　　）。

    A. 都连通的无向图　　　　　　　　B. 都不连通的无向图

    C. 都连通的有向图　　　　　　　　D. 都不连通的有向图

13. 一个具有 n 个顶点的无向连通图至少有（　　）条边。

    A. $n-1$　　　　B. n　　　　C. $n(n-1)/2$　　　　D. $n(n-1)$

14. n 个顶点的连通图中含有（　　）个连通分量。

    A. 1　　　　B. 2　　　　C. $n-1$　　　　D. n

15. n 个顶点的非连通图中至少含有（　　）个连通分量。

    A. 1　　　　B. 2　　　　C. $n-1$　　　　D. n

16. n 个顶点的非连通图中至多含有（　　）个连通分量。

    A. 1　　　　B. 2　　　　C. $n-1$　　　　D. n

17. n 个顶点的强连通图中至少含有（　　）条有向边。

    A. $n-1$　　　　B. n　　　　C. $n(n-1)/2$　　　　D. $n(n-1)$

18. n 个顶点的强连通图中含有（　　）个强连通分量。

    A. 1　　　　B. 2　　　　C. $n-1$　　　　D. n

19. n 个顶点的非强连通图中至少含有（　　）个强连通分量。

    A. 1　　　　B. 2　　　　C. $n-1$　　　　D. n

20. n 个顶点的非强连通图中至多含有（　　）个强连通分量。

    A. 1　　　　B. 2　　　　C. $n-1$　　　　D. n

5.2　图的存储结构

图的存储表示方法很多，这里介绍两种最常用的方法。至于具体选择哪一种方法，主要取决于具体的应用和要施加的操作。

为了适合用 C 语言描述，以下假定顶点序号从 0 开始，即 n 个顶点图 G 顶点集是 $V(G)=\{v_0,v_1,\cdots,v_{n-1}\}$。

5.2.1　图的邻接矩阵表示

1. 图的邻接矩阵

设 $G=(V,E)$ 是具有 n 个顶点的图，则 G 的**邻接矩阵**（**Adjacency Matrix**）是元素具

有如下性质的 n 阶方阵：

$$A[i,j]=\begin{cases} 1 & (v_i,v_j)\text{或}<v_i,v_j>\text{是}E(G)\text{中的边}\\ 0 & (v_i,v_j)\text{或}<v_i,v_j>\text{不是}E(G)\text{中的边}\end{cases}$$

2. 图的邻接矩阵表示

① 用邻接矩阵表示顶点间的邻接关系。

② 用一个顺序表（称为顶点表）来存储顶点信息。

【示例 5-8】图 5-7 所示的无向图 G_5 的邻接矩阵如下：

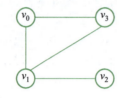 

$$A=\begin{pmatrix} 0 & 1 & 0 & 1\\ 1 & 0 & 1 & 1\\ 0 & 1 & 0 & 0\\ 1 & 1 & 0 & 0\end{pmatrix}$$

图 5-7　无向图 G_5 的邻接矩阵

【示例 5-9】图 5-8 所示的有向图 G_6 的邻接矩阵如下：

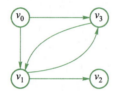

$$A=\begin{pmatrix} 0 & 1 & 0 & 1\\ 0 & 0 & 1 & 1\\ 0 & 0 & 0 & 0\\ 0 & 1 & 0 & 0\end{pmatrix}$$

图 5-8　有向图 G_6 的邻接矩阵

3. 网络的邻接矩阵

若 G 是网络，则邻接矩阵可定义为：

$$A[i,j]=\begin{cases} w_{ij} & (v_i,v_j)\text{或}<v_i,v_j>\text{是}E(G)\text{中的边}\\ 0\text{或}\infty & (v_i,v_j)\text{或}<v_i,v_j>\text{不是}E(G)\text{中的边}\end{cases}$$

其中，w_{ij} 表示边上的权值，∞ 表示一个计算机允许的、大于所有边上权值的数。

【示例 5-10】无向网络 G_7 的邻接矩阵如图 5-9 所示。

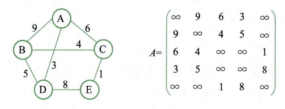

图 5-9　无向网络 G_7 的邻接矩阵

4. 邻接矩阵的特点

图的邻接矩阵不仅能表示顶点之间的邻接关系，还能表示图的其他特性。

① 对称性：无向图的邻接矩阵一定是对称矩阵，而有向图的邻接矩阵不一定对称，

邻接矩阵主对角线元素全为 0。

② 顶点的个数：邻接矩阵的阶数表示该图顶点的个数，邻接矩阵含元素的个数与顶点数有关，与边数无关。

③ 边的个数：无向图邻接矩阵中非 0 元素个数的一半或上三角矩阵非 0 元素的个数或下三角矩阵非 0 元素的个数是该无向图边的个数；有向图邻接矩阵中非 0 元素的个数是该有向图边的个数。

④ 顶点的度：无向图邻接矩阵的第 i 行（或第 i 列）非 0 元素的个数是第 i 个顶点的度；有向图邻接矩阵中第 i 行非 0 元素的个数为第 i 个顶点的出度，第 i 列非 0 元素的个数为第 i 个顶点的入度，第 i 行与第 i 列非 0 元素个数之和是第 i 个顶点的度。

⑤ 两顶点的邻接性：无向图邻接矩阵中第 i 行第 j 列（或第 j 行第 i 列）元素非 0 表示对应的第 i 个顶点与第 j 个顶点相邻接，为 0 表示对应的两个顶点不邻接；有向图邻接矩阵中第 i 行第 j 列元素非 0 表示对应的第 i 个顶点邻接到第 j 个顶点。

微课 5-3
建立图的邻
接矩阵算法

【课堂实践 5-1】

分别写出图 5-1 所示的无向图 G_1 和图 5-2 所示的有向图 G_2 的邻接矩阵。

5. 图（网络）的邻接矩阵存储结构的描述

```
#define VertexNum 20              //最大顶点数
#define MaxWeight 99              //最大权值
typedef char VertexType;         //顶点类型定义
typedef int EdgeType;            //权值类型定义
typedef struct
{
    VertexType vexs[VertexNum];           //顶点表
    EdgeType edges[VertexNum][VertexNum]; //邻接矩阵，可看作边表
    int n,e;                              //图中当前的顶点数和边数
}MGraph;
```

PPT 5-3
建立图的邻
接矩阵算法

PPT

6. 建立无向网络的算法

```
void CreateMGraph(MGraph *G)
{//建立无向网（图）的邻接矩阵
    int i,j,k;
    EdgeType w;
    printf("读入顶点数和边数：");
    scanf("%d%d",&G->n,&G->e);    //输入顶点数边数
    getchar();
    printf("读入顶点信息，建立顶点表:");
    for(i=0;i<G->n;i++)           //读入顶点信息，建立顶点表
        G->vexs[i]=getchar();
    getchar();
```

```
for(i=0;i<G->n;i++)
    for(j=0;j<G->n;j++)
            G->edges[i][j]= MaxWeight;  //邻接矩阵初始化
for(k=0;k<G->e;k++)
{//读入 e 条边，建立邻接矩阵
    scanf("%d%d%d",&i,&j,&w);                    //输入权 w
    G->edges[i][j]=w;
    G->edges[j][i]=w;
}
}
```

对此算法进行适当修改便可得到建立无向图或有向图邻接矩阵的算法。

微课 5-4
图的邻接表
表示

5.2.2　图的邻接表表示

1．图的邻接表

对于图 G 中的每个顶点 v_i，把所有邻接于 v_i 的顶点 v_j 链成一个带头结点的单链表，这个单链表称为顶点 v_i 的**邻接表**（**Adjacency List**）。

2．邻接表的结点结构

PPT　5-4
图的邻接表
表示

PPT

（1）结点结构

邻接表中每个结点均有以下两个域。

① 邻接点域 adjvex：用于存放与 v_i 相邻接的顶点 v_j 的序号 j。

② 指针域 next：用于指向下一个结点。

注意：若要表示边上的信息（如权值），则在邻接表结点中还应增加一个数据域。

（2）头结点结构

顶点 v_i 邻接表的头结点包含以下两个域。

① 顶点域 vertex：用于存放顶点 v_i 的信息。

② 指针域 firstedge：作为 v_i 邻接表的头指针。

3．无向图的邻接表

对于无向图，顶点 v_i 的邻接表中每个结点都对应与 v_i 相邻接的一条边。因此，将邻接表的表头向量称为顶点表，将无向图的邻接表称为边表。

【示例 5-11】图 5-7 所示的无向图 G_5 的邻接表如图 5-10 所示。

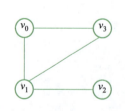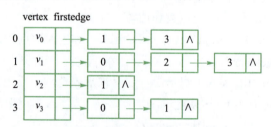

图 5-10　无向图 G_5 的邻接表

4．有向图的邻接表

对于有向图，顶点 v_i 的邻接表中每个结点都对应以 v_i 为始点射出的一条边。因此，将有向图的邻接表称为出边表。

【示例 5-12】图 5-8 所示的有向图 G_6 的邻接表如图 5-11 所示。

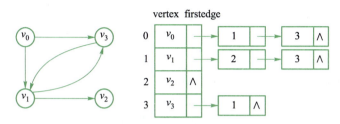

图 5-11　有向图 G_6 的邻接表

5．有向图的逆邻接表

在有向图中，顶点 v_i 的逆邻接表中每个结点都对应以 v_i 为终点射入的一条边。因此，将有向图的逆邻接表称为入边表。

【示例 5-13】图 5-8 所示的有向图 G_6 的逆邻接表如图 5-12 所示。

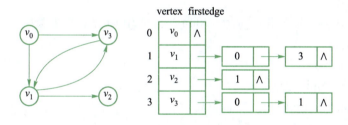

图 5-12　有向图 G_6 的逆邻接表

6．图的邻接表表示

① 用邻接表（边表）表示顶点间的邻接关系。

② 用一个顺序表（顶点表）来存储顶点信息。

7．邻接表的特点

图的邻接表不仅能表示顶点之间的邻接关系，还能表示图的其他特性。

① 存储唯一性：邻接表的存储表示不唯一，边表结点的次序不同得到不同的存储。

② 顶点的个数：顶点表含元素的个数表示该图顶点的个数。

③ 边的个数：无向图每个顶点边表结点个数的和的一半表示该无向图边的个数；有向图每个顶点边表结点个数的和表示该有向图边的个数。

④ 顶点的度：无向图顶点 v 边表结点的个数表示顶点 v 度。有向图顶点 v_i 边表结点的个数表示顶点 v_i 的出度，其他顶点边表中值为 i 的结点个数的和表示顶点 v_i 的入度。

⑤ 两顶点的邻接性：无向图第 i 个（第 j 个）顶点的边表有值为 j（i）的结点表示顶点 v_i 与顶点 v_j 相邻接；有向图第 i 个顶点的边表有值为 j 的结点表示顶点 v_i 邻接到顶点 v_j。

微课 5-5
建立图的邻
接表算法

PPT　5-5
建立图的邻
接表算法

【课堂实践 5-2】

画出图 5-1 所示的无向图 G_1 和图 5-2 所示的有向图 G_2 的邻接表。

8. 图的邻接表存储结构的描述

```c
#define VertexNum 20          //最大顶点数
typedef char VertexType;      //顶点类型定义
typedef struct node
{//边表结点定义
    int adjvex;               //邻接点域
    struct node *next;        //指针域
    //若要表示边上的权，则应增加一个数据域
}EdgeNode;
typedef struct vnode
{//顶点表结点定义
    VertexType vertex;        //顶点域
    EdgeNode *firstedge;      //边表头指针
}VertexNode;
typedef VertexNode AdjList[VertexNum];     //AdjList 是邻接表类型
typedef struct
{//邻接表定义
    AdjList adjlist;//邻接表
    int n,e;//图中当前顶点数和边数
}ALGraph;
```

9. 建立无向图的邻接表算法

```c
int CreateALGraph(ALGraph *G)
{//建立无向图的邻接表，调用成功返回 1，否则返回 0
    int i,j,k;
    EdgeNode *s;
    scanf("%d%d",&G->n,&G->e);              //读入顶点数和边数
    getchar();
    for(i=0;i<G->n;i++)
    {//建立顶点表
        G->adjlist[i].vertex=getchar();     //读入顶点信息
        G->adjlist[i].firstedge=NULL;       //边表置为空表
    }
    for(k=0;k<G->e;k++)
    {//建立边表
        scanf("%d%d",&i,&j);                //读入边（vi，vj）顶点对序号
```

```
        s=(EdgeNode *)malloc(sizeof(EdgeNode));//生成边表结点
        if(s==NULL)
        {
            puts("空间申请失败");return 0;
        }
        s->adjvex=j; //邻接点序号为j
        s->next=G->adjlist[i].firstedge;
        G->adjlist[i].firstedge=s;//将新结点*s插入顶点vi的边表头部
        s=(EdgeNode *)malloc(sizeof(EdgeNode));
        if(s==NULL)
        {
            puts("空间申请失败"); return 0;
        }
        s->adjvex=i;    //邻接点序号为i
        s->next=G->adjlist[j].firstedge;
        G->adjlist[j].firstedge=s;//将新结点*s插入顶点vj的边表头部
    }
    return 1;
}
```

对该算法进行适当的修改便可得到建立有向图邻接表的算法。

同步训练 5-2

一、单项选择题

1. 在含 n 个顶点和 e 条边的无向图邻接矩阵中，0 元素的个数为（   ）。
   A. e　　　　　B. $2e$　　　　　C. n^2-e　　　　　D. n^2-2e

2. 在含 n 个顶点和 e 条边的有向图邻接矩阵中，0 元素的个数为（   ）。
   A. e　　　　　B. $2e$　　　　　C. n^2-e　　　　　D. n^2-2e

3. 在含 n 个顶点和 e 条边的无向图邻接矩阵中，非 0 元素的个数为（   ）。
   A. e　　　　　B. $2e$　　　　　C. n^2-e　　　　　D. n^2-2e

4. 在含 n 个顶点和 e 条边的有向图邻接矩阵中，非 0 元素的个数为（   ）。
   A. e　　　　　B. $2e$　　　　　C. n^2-e　　　　　D. n^2-2e

5. 含 n 个顶点和 e 条边的图其邻接矩阵是一个（   ）阶矩阵。
   A. e　　　　　B. $2e$　　　　　C. n　　　　　D. $2n$

6. 无向图邻接矩阵中，（   ）表示该图的边数。
   A. 非 0 元素的个数　　　　　　B. 非 0 元素个数的一半
   C. 0 元素的个数　　　　　　　D. 0 元素个数的一半

7. 无向图邻接矩阵中，（   ）不能表示该图的边数。
   A. 非 0 元素的个数　　　　　　B. 非 0 元素个数的一半

C. 上三角矩阵非 0 元素的个数　　　　D. 下三角矩阵非 0 元素的个数

8. 有向图邻接矩阵中,(　　)表示该图的边数。

A. 非 0 元素的个数　　　　　　　　　B. 非 0 元素个数的一半

C. 0 元素的个数　　　　　　　　　　D. 0 元素个数的一半

9. 无向图邻接矩阵中,(　　)表示该图中第 i 个顶点的度。

A. 第 i 行 0 元素的个数

B. 第 i 列 0 元素的个数

C. 第 i 行或第 i 列非 0 元素的个数

D. 第 i 行与第 i 列非 0 元素个数之和

10. 有向图邻接矩阵中,(　　)表示该图中第 i 个顶点的入度。

A. 第 i 行非 0 元素的个数

B. 第 i 列非 0 元素的个数

C. 第 i 行或第 i 列非 0 元素的个数

D. 第 i 行与第 i 列非 0 元素个数之和

11. 有向图邻接矩阵中,(　　)表示该图中第 i 个顶点的出度。

A. 第 i 行非 0 元素的个数

B. 第 i 列非 0 元素的个数

C. 第 i 行或第 i 列非 0 元素的个数

D. 第 i 行与第 i 列非 0 元素个数之和

12. 有向图邻接矩阵中,(　　)表示该图中第 i 个顶点的度。

A. 第 i 行非 0 元素的个数

B. 第 i 列非 0 元素的个数

C. 第 i 行或第 i 列非 0 元素的个数

D. 第 i 行与第 i 列非 0 元素个数之和

13. 在无向图邻接矩阵中,(　　)表示第 i 个顶点与第 j 个顶点相邻接。

A. 第 i 行第 j 列元素为 0　　　　　B. 第 i 行第 j 列元素非 0

C. 第 j 行第 i 列元素为 0　　　　　D. 第 j 行第 i 列元素非 0

14. 在有向图邻接矩阵中,(　　)表示第 i 个顶点邻接到第 j 个顶点。

A. 第 i 行第 j 列元素为 0　　　　　B. 第 i 行第 j 列元素非 0

C. 第 j 行第 i 列元素为 0　　　　　D. 第 j 行第 i 列元素非 0

15. 在有向图邻接矩阵中,(　　)表示第 i 个顶点邻接于第 j 个顶点。

A. 第 i 行第 j 列元素为 0　　　　　B. 第 i 行第 j 列元素非 0

C. 第 j 行第 i 列元素为 0　　　　　D. 第 j 行第 i 列元素非 0

16. 带权有向图邻接矩阵中,(　　)表示该图中第 i 个顶点的入度。

A. 第 i 行非 ∞ 元素之和　　　　　　B. 第 i 列非 ∞ 元素之和

C. 第 i 行非 ∞ 元素个数　　　　　　D. 第 i 列非 ∞ 元素个数

17. 带权有向图邻接矩阵中,(　　)表示该图中第 i 个顶点的出度。

A. 第 i 行非 ∞ 元素之和　　　　　　B. 第 i 列非 ∞ 元素之和

C. 第 i 行非 ∞ 元素个数   D. 第 i 列非 ∞ 元素个数

18. 无向图邻接表中，（   ）表示该图的边数。

    A. 顶点表元素的个数   B. 顶点表元素个数的一半

    C. 边表结点个数之和   D. 边表结点个数之和的一半

19. 有向图邻接表中，（   ）表示该图的边数。

    A. 顶点表元素的个数   B. 顶点表元素个数的一半

    C. 边表结点个数之和   D. 边表结点个数之和的一半

20. 无向图邻接表中，（   ）表示该图中第 i 个顶点的度。

    A. 顶点表中第 i 个顶点边表结点的个数

    B. 顶点表中第 i 个顶点边表结点个数的一半

    C. 其他顶点边表中值为 i 的结点个数的和

    D. 顶点表中第 i 个顶点边表结点的个数与其他顶点边表中值为 i 的结点个数
       的和之和

21. 有向图邻接表中，（   ）表示该图中第 i 个顶点的入度。

    A. 顶点表中第 i 个顶点边表结点的个数

    B. 顶点表中第 i 个顶点边表结点个数的一半

    C. 其他顶点边表中值为 i 的结点个数的和

    D. 顶点表中第 i 个顶点边表结点的个数与其他顶点边表中值为 i 的结点个数
       的和之和

22. 有向图邻接表中，（   ）表示该图中第 i 个顶点的出度。

    A. 顶点表中第 i 个顶点边表结点的个数

    B. 顶点表中第 i 个顶点边表结点个数的一半

    C. 其他顶点边表中值为 i 的结点个数的和

    D. 顶点表中第 i 个顶点边表结点的个数与其他顶点边表中值为 i 的结点个数
       的和之和

23. 有向图邻接表中，（   ）表示该图中第 i 个顶点的度。

    A. 顶点表中第 i 个顶点边表结点的个数

    B. 顶点表中第 i 个顶点边表结点个数的一半

    C. 其他顶点边表中值为 i 的结点个数的和

    D. 顶点表中第 i 个顶点边表结点的个数与其他顶点边表中值为 i 的结点个数
       的和之和

24. 在有向图邻接表中，（   ）表示第 i 个顶点邻接到第 j 个顶点。

    A. 第 i 个顶点的边表无值为 j 的结点

    B. 第 i 个顶点的边表有值为 j 的结点

    C. 第 j 个顶点的边表无值为 i 的结点

    D. 第 j 个顶点的边表有值为 i 的结点

25. 在有向图邻接表中，（   ）表示第 i 个顶点邻接于第 j 个顶点。

    A. 第 i 个顶点的边表无值为 j 的结点

B. 第 i 个顶点的边表有值为 j 的结点

C. 第 j 个顶点的边表无值为 i 的结点

D. 第 j 个顶点的边表有值为 i 的结点

26. 假设有向图含 n 个顶点及 e 条弧，则表示该图的邻接表中边表结点的总数为（ ）。

A. n 　　　　　B. e 　　　　　C. $2e$ 　　　　　D. $n+e$

二、问题解答题

1. 已知图 $G=(V,E)$，其中，$V=\{a,b,c,d,e\}$，$E=\{(a,b),(a,e),(b,c),(b,d),(c,d),(c,e),(d,e)\}$。

（1）画出图 G。

（2）写出图 G 的邻接矩阵。

（3）画出图 G 的邻接表。

2. 已知有向图 $G=(V,E)$，其中，$V=\{a,b,c,d,e\}$，$E=\{<a,e>,<b,a>,<c,b>,<c,d>,<d,e>,<e,c>\}$。

（1）画出图 G。

（2）写出图 G 的邻接矩阵。

（3）画出图 G 的邻接表。

（4）画出图 G 的逆邻接表。

3. 已知一个无向图 $G=(V,E)$，其中 $V=\{A,B,C,D,E,F\}$，邻接矩阵表示如下所示。

$$\begin{pmatrix} 0 & 1 & 0 & 1 & 0 & 0 \\ 1 & 0 & 1 & 1 & 1 & 0 \\ 0 & 1 & 0 & 0 & 0 & 1 \\ 1 & 1 & 0 & 0 & 1 & 0 \\ 0 & 1 & 0 & 1 & 0 & 1 \\ 0 & 0 & 1 & 0 & 1 & 0 \end{pmatrix}$$

请回答下列问题：

（1）画出对应的图 G。

（2）画出图 G 的邻接表存储结构。

4. 图的邻接矩阵表示描述如下：

```
#define VertexNum 20              //最大顶点数
typedef char VertexType;          //顶点类型定义
typedef struct
{
    VertexType vexs[VertexNum];        //顶点表
    int edges[VertexNum][VertexNum];   //邻接矩阵，可看作边表
    int n,e;                           //图中当前的顶点数和边数
}MGraph;
```

阅读下列算法，并回答问题：

（1）对于下列图 G 的邻接矩阵，写出函数调用 fun(&G,3) 的返回值；

$$\begin{pmatrix} 0 & 1 & 1 & 1 & 1 \\ 0 & 0 & 1 & 0 & 0 \\ 0 & 0 & 0 & 1 & 0 \\ 1 & 1 & 0 & 0 & 0 \\ 0 & 0 & 1 & 1 & 0 \end{pmatrix}$$

（2）简述函数 fun 的功能。

（3）写出函数 fun 的时间复杂度。

```
int fun(MGraph *G, int i)
{
    int d=0,j;
    for(j=0;j<G->n;j++)
    {
        if (G->edges[i][j]) d++;
        if (G->edges[j][i]) d++;
    }
    return d;
}
```

5. 已知有向图 G 的邻接表表示。下列算法计算有向图 G 中顶点 vi 的入度。请在空缺处填入合适的内容，使其成为一个完整的算法。

```
int FindDegree(ALGraph *G,int i)//ALGraph 为图的邻接表类型
{
    int degree,j;
    EdgeNode *p;
    degree=____（1）____;
    for(j=0;j<G->n;j++)
    {
        p=G->adjlist[j].firstedge;
        while (____（2）____)
        {
            if(____（3）____)
            {
                degree++;
                break;
            }
            p=p->next;
        }
    }
    return degree;
```

```
}
```

6. 已知有向图的邻接表表示的形式说明如下。

```
#define MaxNum 50        //图的最大顶点数
typedef struct node
{//边表结点结构描述
    int adjvex;          //邻接点域
    struct node *next;   //链指针域
}EdgeNode;
typedef struct
{//顶点表结点结构描述
    char vertex;//顶点域
    EdgeNode *firstedge;//边表头指针
}VertexNode;
typedef struct
{//邻接表结构描述
    VertexNode adjlist[MaxNum];//邻接表
    int n,e;//图中当前的顶点数和边数
}ALGraph;
```

下列函数 fun 是从有向图 G 中删除所有以 v_i 为弧头的有向边。请在空缺处填入合适的内容，使其成为一个完整的算法。

```
void fun(ALGraph *G,int i)
{
    int j;
    EdgeNode *p,*q;
    for(j=0;j<G->n;j=++)
    {
        p=G->adjlist[j].firstedge;
        while(___(1)___)
        {
            q=p;
            p=p->next;
        }
        if(p!=NULL)
        {
            if(p!=G->adjlist[j].firstedge)
                q->next=p->next;
            else
                ___(2)___;
```

```
        free(p);
        G->e=____（3）____;
        }
    }
}
```

三、算法设计题

1. 按函数原型 void CreateMUGraph(MGraph *G)编写建立无向图邻接矩阵的算法。
2. 按函数原型 void CreateMDGraph(MGraph *G)编写建立有向图邻接矩阵的算法。
3. 图的邻接矩阵表示描述如下：

```
#define VertexNum 20    //最大顶点数
typedef char VertexType;//顶点类型定义
typedef struct
{
    VertexType vexs[VertexNum];          //顶点表
    int edges[VertexNum][VertexNum];     //邻接矩阵，可看作边表
    int n,e;          //图中当前的顶点数和边数
}MGraph;
```

按函数原型 int MUGDegree(MGraph *G,int i)编写算法，求无向图 G 中第 i 顶点的度。

5.3　图的遍历

微课 5-6
图的深度优
先遍历过程

从图的某个顶点出发，沿着某条搜索路径对图中每个顶点各做一次且仅做一次访问，这一过程称为图的遍历，图的遍历是图的其他算法的基础。

图的遍历主要包括深度优先遍历和广度优先遍历两种方法。由于图中任一顶点都可能和其他顶点相邻接，所以在遍历图时，访问了某顶点之后，有可能顺着某条回路又回到了该顶点，为了避免重复访问同一个顶点，必须记住每个已访问的顶点，为此，可设一向量 visited[0…n-1]，该向量的每个元素的初值均为 0，如果访问了顶点 V_i，就将 visited[i] 置为 1，这样便可通过 visited[i] 的值来标志顶点 V_i 是否被访问过。以下假定遍历过程中访问顶点的操作是简单地输出顶点信息。

PPT　5-6
图的深度优
先遍历过程

5.3.1　图的深度优先遍历

假设给定图 G 的初态是所有顶点均未曾访问过。在 G 中任选一顶点 v 为初始出发点（源点）。

1. 遍历规则

首先访问出发点 v，并将其标记为已访问；然后依次从 v 出发搜索 v 的每个邻接点 w，若 w 未曾访问过，则以 w 为新的出发点继续进行深度优先遍历，直至图中所有与源点 v 有路径相通的顶点（亦称为从源点可达的顶点）均已被访问为止。若此时图中仍有未访

问的顶点，则另选一个尚未访问的顶点作为新的源点重复上述过程，直至图中所有顶点均已被访问为止。

说明：图的深度优先遍历类似于树的先序遍历。采用的搜索方法的特点是尽可能先对纵深方向进行搜索。这种搜索方法称为**深度优先搜索**（**Depth-First Search**），用此方法遍历图得到的遍历序列称为深度优先遍历序列。

2. 深度优先搜索的过程

设 x 是当前被访问顶点，在对 x 做过访问标记后，选择一条从 x 出发未检测过的边 (x,y)。若发现顶点 y 已访问，则重新选择另一条从 x 出发未检测过的边，否则沿边 (x,y) 到达未曾访问过的 y，对 y 访问并将其标记为已访问过；然后从 y 开始搜索，直到搜索完从 y 出发的所有路径，即访问完所有从 y 出发可达的顶点之后，才回溯到顶点 x，并且再选择一条从 x 出发的未检测过的边。上述过程直至从 x 出发的所有边都已检测过为止。此时，若 x 不是源点，则回溯到在 x 之前被访问过的顶点；否则图中所有和源点有路径相通的顶点（即从源点可达的所有顶点）都已被访问过，若图 G 是连通图，则遍历过程结束，否则继续选择一个尚未被访问的顶点作为新源点，进行新的搜索过程。

【例 5-1】图的深度优先遍历。

以图 5-13 所示的有向图 G_8 的顶点 v_0 为源点，进行深度优先遍历的过程如下。

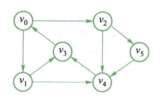

图 5-13 有向图 G_8

动画演示 5-1 图的深度优先遍历

第 1 步：访问源点 v_0，并将其标记为已访问；

第 2 步：在从 v_0 出发的边 $<v_0,v_1>$，$<v_0,v_2>$ 中选择一条未检测过的边，如 $<v_0,v_1>$，由于 v_1 未被访问过，所以访问 v_1，并将其标记为已访问。

第 3 步：在从 v_1 出发的边 $<v_1,v_3>$，$<v_1,v_4>$ 中选择一条未检测过的边，如 $<v_1,v_3>$，由于 v_3 未被访问过，所以访问 v_3，并将其标记为已访问。

第 4 步：在从 v_3 出发的边 $<v_3,v_0>$ 中选择一条未检测过的边 $<v_3,v_0>$，由于 v_0 已被访问过，再无从 v_3 出发未检测过的边，所以从 v_3 回溯到 v_1。

第 5 步：选择另一条从 v_1 出发未检测过的边 $<v_1,v_4>$，由于 v_4 未被访问过，所以访问 v_4，并将其标记为已访问。

第 6 步：在从 v_4 出发的边 $<v_4,v_3>$ 中选择一条未检测过的边 $<v_4,v_3>$，由于 v_3 已被访问过，再无从 v_4 出发未检测过的边，所以从 v_4 回溯到 v_1；由于已无从 v_1 出发未检测过的边，所以从 v_1 回溯到 v_0。

第 7 步：选择另一条从 v_0 出发未检测过的边 $<v_0,v_2>$，由于 v_2 未被访问过，所以访问 v_2，并将其标记为已访问。

第 8 步：在从 v_2 出发的边 $<v_2,v_4>$，$<v_2,v_5>$ 中选择一条未检测过的边，如 $<v_2,v_4>$，由

于 v_4 已被访问过，所以选择另一条未检测过的边 $<v_2,v_5>$，由于 v_5 未被访问过，所以访问 v_5，并将其标记为已访问。

第 9 步：在从 v_5 出发的边 $<v_5,v_4>$ 中选择一条未检测过的边 $<v_5,v_4>$，由于 v_4 已被访问过，再无从 v_5 出发未检测过的边，所以从 v_5 回溯到 v_2；由于再无从 v_2 出发未检测过的边，所以从 v_2 回溯到 v_0；由于再无从 v_0 出发未检测过的边，所以深度优先遍历过程结束，得到的深度优先遍历序列为 v_0、v_1、v_3、v_4、v_2、v_5。

从上述遍历过程可以看出，由深度优先遍历得到的遍历序列不唯一。

微课 5-7
图的深度优
先遍历算法

3．深度优先遍历的递归算法（DFS 算法）

（1）邻接矩阵表示的深度优先遍历算法

```
int visited[VertexNum];                    //定义标志向量

void DFSM(MGraph *G,int i)
{//以 vi 为出发点进行搜索，设邻接矩阵是 0,1 矩阵
    int j;
    printf("%4c",G->vexs[i]);              //访问顶点 vi
    visited[i]=1;
    for(j=0;j<G->n;j++)                    //依次搜索 vi 的邻接点
        if((G->edges[i][j]==1)&&(!visited[j]))
            DFSM(G,j);                     //(vi,vj)∈E，且 vj 未访问过
}

void DFSTraverse(MGraph *G)
{//深度优先遍历以邻接矩阵表示 G
    int i;
    for(i=0;i<G->n;i++)
        visited[i]=0;                      //标志向量初始化
    for(i=0;i<G->n;i++)
        if(!visited[i])                    //vi 未访问过
            DFSM(G,i);                     //以 vi 为源点开始 DFSM 搜索
}
```

PPT 5-7
图的深度优
先遍历算法

（2）邻接表表示的深度优先搜索算法

```
int visited[VertexNum];                    //定义标志向量

void DFS(ALGraph *G,int i)
{//以 vi 为出发点进行深度优先搜索
    EdgeNode *p;
    printf("%4c",G->adjlist[i].vertex);    //访问顶点 vi
    visited[i]=1;                          //标记 vi 已访问
    p=G->adjlist[i].firstedge;             //取 vi 边表的头指针
    while(p)
    {//依次搜索 vi 的邻接点 vj，这里 j=p->adjvex
```

```
            if(!visited[p->adjvex])          //若 vi 尚未被访问
                DFS(G,p->adjvex);            //则以 vj 为出发点向纵深搜索
            p=p->next;                       //找 vi 的下一邻接点
        }
    }
    void DFSTraverse(ALGraph *G)
    {//深度优先遍历以邻接表表示 G
        int i;
        for(i=0;i<G->n;i++)
            visited[i]=0;                    //标志向量初始化
        for(i=0;i<G->n;i++)
            if(!visited[i])                  //vi 未访问过
                DFS(G,i);                    //以 vi 为源点开始 DFS 搜索
    }
```

【课堂实践 5-3】

已知含 6 个顶点(v_0、v_1、v_2、v_3、v_4、v_5)的无向图的邻接矩阵如下，求从顶点 v_0 出发进行深度优先遍历得到的顶点访问序列。

$$
\begin{bmatrix}
0 & 1 & 1 & 0 & 0 & 0 \\
1 & 0 & 1 & 1 & 0 & 0 \\
1 & 1 & 0 & 0 & 0 & 1 \\
0 & 1 & 0 & 0 & 0 & 0 \\
0 & 0 & 0 & 0 & 0 & 1 \\
0 & 0 & 1 & 0 & 1 & 0
\end{bmatrix}
$$

5.3.2 图的广度优先遍历

微课 5-8
图的广度优先遍历过程

PPT 5-8
图的广度优先遍历过程

PPT

设图 G 的初态是所有顶点均未访问过。在 G 中任选一顶点 v 为源点，则广度优先遍历可以定义如下。

1. 遍历规则

首先访问出发点 v，接着依次访问 v 的所有邻接顶点 w_1、w_2、…、w_t，然后再依次访问与 w_1、w_2、…、w_t 邻接的所有未曾访问过的顶点。依此类推，直至图中所有和源点 v 有路径相通的顶点都已访问到为止。此时从 v 开始的搜索过程结束。若 G 是连通图，则遍历完成；否则，在图 G 中另选一个尚未访问的顶点作为新源点继续上述的搜索过程，直至 G 中所有顶点均已被访问为止。

说明：广度优先遍历类似于树的按层次遍历。采用的搜索方法的特点是尽可能先对横向进行搜索，故称其为**广度优先搜索**（**Breadth-FirstSearch**），用此方法遍历图得到的遍历序列称为广度优先遍历序列。

2. 广度优先搜索的过程

在广度优先搜索过程中，设 x 和 y 是两个相继要被访问而未访问过的顶点。它们的

邻接顶点分别记为 x_1、x_2、$\cdots$、x_s 和 y_1、y_2、$\cdots$、y_t。

为确保先访问顶点的邻接点亦先被访问，在搜索过程中使用 FIFO 队列来保存已访问过的顶点。当访问 x 和 y 时，这两个顶点相继入队。此后，当 x 和 y 相继出队时，分别从 x 和 y 出发搜索其邻接点 x_1、x_2、$\cdots$、x_s 和 y_1、y_2、$\cdots$、y_t，对其中未访者进行访问并将其入队。这种方法是将每个已访问的顶点入队，故保证了每个顶点至多只有一次入队。

动画演示
5-2 图的
广度优先
遍历

【例 5-2】 图的广度优先遍历。

以图 5-13 的有向图 G_8 的顶点 v_0 为源点，进行广度优先遍历的过程如下：

第 1 步：访问源点 v_0，将其标记为已访问并入队列。

第 2 步：将 v_0 出队，搜索 v_0 的邻接顶点 v_1，v_2，依次对未访问过的顶点 v_1，v_2 进行访问，将它们标记为已访问并入队列。

第 3 步：将 v_1 出队，搜索 v_1 的邻接顶点 v_3，v_4，依次对未访问过的顶点 v_3，v_4 进行访问，将它们标记为已访问并入队列。

第 4 步：将 v_2 出队，搜索 v_2 的邻接顶点 v_4，v_5，对未访问过的顶点 v_5 进行访问，将其标记为已访问并入队列。

第 5 步：将 v_3 出队，搜索 v_3 的邻接顶点 v_0，v_0 已标记为已访问，再将 v_4 出队，搜索 v_4 的邻接顶点 v_3，v_3 已标记为已访问，再将 v_5 出队，搜索 v_5 的邻接顶点 v_4，v_4 已标记为已访问，此时队列为空，并已无未被访问过的顶点，所以广度优先遍历过程结束，得到的广度优先遍历序列为：v_0，v_1，v_2，v_3，v_4，v_5。

从上述遍历过程可以看出，由广度优先遍历得到的遍历序列不唯一。

微课 5-9
图的广度优
先遍历算法

3. 广度优先遍历的递归算法（BFS 算法）

（1）邻接矩阵表示的广度优先遍历算法

PPT 5-9
图的广度优
先遍历算法

```c
int visited[VertexNum];              //定义标志向量
void BFSM(MGraph *G,int k)
{//以 vk 为源点对用邻接矩阵表示的图 G 进行广度优先搜索
    int i,j;
    CirQueue Q;
    InitQueue(&Q);
    printf("%4c",G->vexs[k]);        //访问源点 vk
    visited[k]=1;
    EnQueue(&Q,k);
    while(!QueueEmpty(&Q))
    {
        DeQueue(&Q,&i);              //vi 出队
        for(j=0;j<G->n;j++)          //依次搜索 vi 的邻接点 vj
            if(G->edges[i][j]==1&&!visited[j])
            {//vj 未访问
                printf("%4c",G->vexs[j]);//访问 vj
```

```
                            visited[j]=1;
                            EnQueue(&Q,j);//访问过的 vj 入队
                        }
                    }
            }
    void BFSTraverse(MGraph *G)
    {//广度优先遍历以邻接矩阵表示 G
        int i;
        for(i=0;i<G->n;i++)
            visited[i]=0;              //标志向量初始化
        for(i=0;i<G->n;i++)
            if(!visited[i])            //vi 未访问过
                BFSM(G,i);            //以 vi 为源点开始 DFSM 搜索
    }
```

（2）邻接表表示的广度优先遍历算法

```
    int visited[VertexNum];          //定义标志向量
    void BFS(ALGraph*G,int k)
    {// 以 vk 为源点对用邻接表表示的图 G 进行广度优先搜索
        int i;
        CirQueue Q;                  //须将队列定义中 DataType 改为 int
        EdgeNode *p;
        InitQueue(&Q);               //队列初始化
        printf("%4c",G->adjlist[k].vertex);//访问源点 vk
        visited[k]=1;
        EnQueue(&Q,k);               //vk 已访问，将其入队（实际上是将其序号入队）。
        while(!QueueEmpty(&Q))
        {//队非空则执行
            DeQueue(&Q, &i);        //相当于 vi 出队
            p=G->adjlist[i].firstedge;//取 vi 的边表头指针
            while(p)
            {//依次搜索 vi 的邻接点 vj（令 p->adjvex=j）
                if(!visited[p->adjvex])
                {//若 vj 未访问过
                    printf("%4c",G->adjlist[p->adjvex].vertex);//访问 vj
                    visited[p->adjvex]=1;
                    EnQueue(&Q,p->adjvex);//访问过的 vj 入队

                }
                p=p->next;//找 vi 的下一邻接点
```

```
        }
    }
}
```

【课堂实践 5-4】

已知有向图的邻接表如图 5-14 所示，写出从顶点 A 出发，对该图进行广度优先搜索遍历的顶点序列。

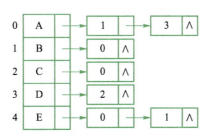

图 5-14 有向图的邻接表图

同步训练 5-3

一、单项选择题

1. 如图 5-15 所示，从顶点 1 出发进行深度优先遍历可得到的序列为（ ）。

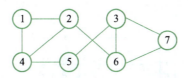

图 5-15 同步训练 5-3 第 1 题图

    A. 1425637   B. 1426375   C. 1246753   D. 1245637

2. 已知一个有向图如图 5-16 所示，则从顶点 a 出发进行深度优先偏历，不可能得到的序列为（ ）。

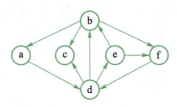

图 5-16 同步训练 5-3 第 2 题

    A. adcebf   B. adcefb   C. adebcf   D. adefcb

3. 以 A 为起始结点对图 5-17 进行深度优先遍历，正确的遍历序列为（ ）。

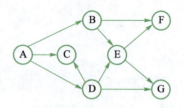

图 5-17　同步训练 5-3 第 3 题图

A. ABCDEFG　　B. ABEDCGF　　C. ABCDGEF　　　D. ABEFGCD

4. 已知含 6 个顶点(v_0，v_1，v_2，v_3，v_4，v_5)的无向图的邻接矩阵如下，则从顶点 v_0 出发进行深度优先遍历可能得到的顶点访问序列为（　　　）。

$$\begin{pmatrix} 0 & 1 & 1 & 0 & 0 & 0 \\ 1 & 0 & 1 & 1 & 0 & 0 \\ 1 & 1 & 0 & 0 & 0 & 1 \\ 0 & 1 & 0 & 0 & 0 & 0 \\ 0 & 0 & 0 & 0 & 0 & 1 \\ 0 & 0 & 1 & 0 & 1 & 0 \end{pmatrix}$$

A. (v_0，v_1，v_2，v_5，v_4，v_3)　　　　B. (v_0，v_1，v_2，v_3，v_5，v_4)

C. (v_0，v_2，v_1，v_5，v_4，v_3)　　　　D. (v_0，v_2，v_1，v_3，v_5，v_4)

5. 已知一有向图的邻接表存储结构如图 5-18 所示。从顶点 v_1 出发进行深度优先遍历，不可能得到的顶点序列为（　　　）。

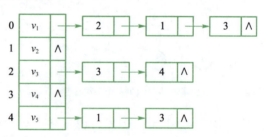

图 5-18　同步训练 5-3 第 5 题图

A. v_1,v_2,v_3,v_4,v_5　　　　　　　　B. v_1,v_2,v_4,v_3,v_5

C. v_1,v_3,v_5,v_2,v_4　　　　　　　　D. v_1,v_4,v_2,v_3,v_5

6. 在图 5-19 中，从顶点 1 出发进行广度优先遍历可得到的序列为（　　　）。

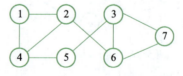

图 5-19　同步训练 5-3 第 6 题图

A. 1425637　　　B. 1426375　　　C. 1246753　　　D. 1245637

7. 已知一个有向图如图 5-20 所示，则从顶点 a 出发进行广度优先偏历，不可能得到的序列为（　　　）。

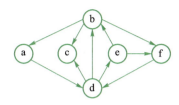

图 5-20　同步训练 5-3 第 7 题图

A．adcebf　　　　　B．adbfce　　　　　C．adebcf　　　　　D．adbcef

8．以 A 为起始结点对图 5-21 进行广度优先遍历，正确的遍历序列为（　　　）。

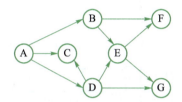

图 5-21　同步训练 5-3 第 8 题图

A．ABCDEFG　　　　　　　　　　B．ABEDCGF
C．ABCDGEF　　　　　　　　　　D．ABEFGCD

9．已知含 6 个顶点(v_0，v_1，v_2，v_3，v_4，v_5)的无向图的邻接矩阵如下，则从顶点 v_0 出发进行广度优先遍历可能得到的顶点访问序列为（　　　）。

$$\begin{pmatrix} 0 & 1 & 1 & 0 & 0 & 0 \\ 1 & 0 & 1 & 1 & 0 & 0 \\ 1 & 1 & 0 & 0 & 0 & 1 \\ 0 & 1 & 0 & 0 & 0 & 0 \\ 0 & 0 & 0 & 0 & 0 & 1 \\ 0 & 0 & 1 & 0 & 1 & 0 \end{pmatrix}$$

A．(v_0，v_1，v_2，v_5，v_4，v_3)　　　　B．(v_0，v_1，v_2，v_3，v_5，v_4)
C．(v_0，v_2，v_1，v_5，v_4，v_3)　　　　D．(v_0，v_2，v_1，v_3，v_5，v_4)

10．已知一有向图的邻接表存储结构如图 5-22 所示。从顶点 v_1 出发进行广度优先遍历，不可能得到的顶点序列为（　　　）。

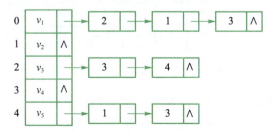

图 5-22　同步训练 5-3 第 10 题图

A. v_1,v_2,v_3,v_4,v_5 B. v_1,v_2,v_4,v_3,v_5

C. v_1,v_3,v_5,v_2,v_4 D. v_1,v_4,v_2,v_3,v_5

二、问题解答题

1. 已知一个无向图的顶点集为{a, b, c, d, e}，其邻接矩阵如下所示。

$$\begin{pmatrix} 0 & 1 & 0 & 0 & 1 \\ 1 & 0 & 0 & 1 & 0 \\ 0 & 0 & 0 & 1 & 1 \\ 0 & 1 & 1 & 0 & 1 \\ 1 & 0 & 1 & 1 & 0 \end{pmatrix}$$

（1）画出该图的图形。

（2）根据邻接矩阵从顶点 a 出发进行深度优先遍历和广度优先遍历，写出所有可能的遍历序列。

2. 已知有向图的邻接表如图 5-23 所示，请回答下列问题：

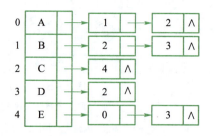

图 5-23　同步训练 5-3 解答题第 2 题图

（1）给出该图的邻接矩阵。

（2）从结点 A 出发，写出该图的深度优先遍历序列。

3. 已知有向图的邻接表如图 5-24 所示。

（1）写出从顶点 A 出发，对该图进行广度优先搜索遍历的顶点序列。

（2）画出该有向图的逆邻接表。

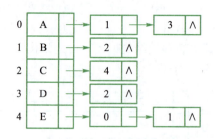

图 5-24　同步训练 5-3 解答题第 3 题图

4. 已知有向图如图 5-25 所示，其顶点按 abcdef 顺序存放在邻接表的顶点表中，请画出该图的邻接表，使得按此邻接表进行深度优先遍历时得到的顶点序列为 acbefd，进行广度优先遍历时得到的顶点序列为 acbdfe。

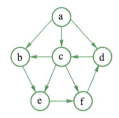

图 5-25　同步训练 5-3 解答题第 4 题图

5．设有向图邻接表定义如下。

typedef struct

{

　　VertexNode adjlist[VertexNum];

　　int n,e;//图的当前顶点数和弧数

}ALGraph;//邻接表类型

阅读下列算法，并回答问题：

int visited[VertexNum];

void DFS(ALGraph *G,int i)

{

　　EdgeNode *p;

　　visited[i] =1;

　　if(G-> adjlist[i].firstedge= =NULL)

　　　　printf("% c",G-> adjlist[i].vertex);

　　else

　　{

　　　　p= G->adjlist[i].firstedge;

　　　　while (p!=NULL)

　　　　{

　　　　　　if (!visited[p-> adjvex])

　　　　　　　　DFS(G,p->adjvex);

　　　　　　p= p->next;

　　　　}

　　}

}

void fun(ALGraph *G)

{

　　int i;

　　for(i= 0; i<G->n;i ++)

　　　　visited[i]= 0;

　　for (i=0;i <G->n;i++)

```
        if (!visited[i])
            DFS(G,i);
}
```

（1）已知某有向图存储在如图 5-26 所示的邻接表 G 中，写出执行 fun(&G)的输出。

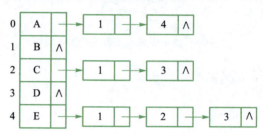

图 5-26　同步训练 5-3 解答题第 5 题图

（2）简述算法 fun 的功能。

5.4　最小生成树

5.4.1　最小生成树的概念

对于一个无回路的连通图 G，选择任意顶点作为根，则图 G 构成一棵树，因此，一个无回路的连通图也称为树。

1. 生成树

如果连通图 G 的一个子图是一棵包含 G 的所有顶点的树，则该子图称为 G 的生成树（Spanning Tree）。

【示例 5-14】如图 5-27（a）所示的图 G_9 的两棵生成树如图 5-27（b）和 5-27（c）所示。

● 图 5-27（b）是从 v_0 出发按深度优先搜索得到的生成树。
● 图 5-27（c）是从 v_4 出发按深度优先搜索得到的生成树。

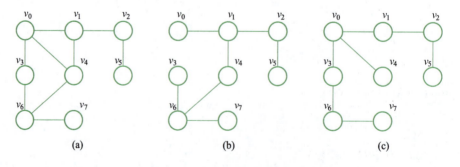

图 5-27　图 G_9 及其两棵生成树

说明：

① 生成树是连通图的包含图中所有顶点的极小连通子图。

② n 个顶点连通图的生成树共有 $n-1$ 条边。

③ 图的生成树不唯一。

2．深度优先生成树和广度优先生成树

设图 $G=(V, E)$ 是一个具有 n 个顶点的连通图。则从 G 的任一顶点（源点）出发，作一次深度（或广度）优先搜索，搜索到的 n 个顶点和搜索过程中从一个已访问过的顶点 v_i 搜索到一个未曾访问过的邻接点 v_j，所经过的边 (v_i,v_j) 组成的极小连通子图就是生成树（源点是生成树的根）。

由深度优先搜索得到的生成树称为深度优先生成树，简称为 DFS 生成树；由广度优先搜索得到的生成树称为广度优先生成树，简称为 BFS 生成树。

3．最小生成树

对于连通的带权图（连通网）$G=(V,E)$，其生成树也是带权的，生成树 $T=(V,TE)$ 各边的权值总和称为该树的权，记作：$$W(T) = \sum_{(u,v)\in TE} w(u,v)$$

其中，$w(u,v)$ 表示边 (u,v) 上的权。

权值最小的生成树称为 G 的**最小生成树**（**Minimum Spanning Tree**），最小生成树简记为 MST。

5.4.2　求最小生成树算法

以下是两个有代表性的求最小生成树的算法。

微课 5-10
普里姆算法
思路及步骤

1．普里姆（Prim）算法

（1）算法思路

设 $G=(V,E)$ 是连通网，G 的最小生成树为 $T=(V,TE)$，每次选取一端在 U 中，另一端在 $V-U$ 中且权值最小的边，将其加入 TE，另一端的顶点加入 U，当 TE 含有 $n-1$ 条边或 $U=V$ 时，TE 便是最小生成树的边集。

PPT　5-10
普里姆算法
思路及步骤

（2）数据描述

使用邻接矩阵的存储结构存储图 G。为了实现普里姆算法需要附设一个辅助数组 Edge[VertexNum]，用于记录 U 中顶点到 $V-U$ 顶点具有较小权值的边，该数组的每个元素包含 3 个域：ch1、ch2 和 weight，分别表示边 (ch1,ch2) 的两个顶点和该边上的权值。具体定义如下。

```
#define VertexNum 20 //最大顶点数
typedef char VertexType;//顶点类型定义
typedef int EdgeType;//权值类型定义
struct edge
{//用于算法中存储一条边及权值
    VertexType ch1;//顶点 1
    VertexType ch2;//顶点 2
```

EdgeType weight;//权值
}Edge[VertexNum];

其他描述见图（网络）的邻接矩阵存储结构的描述。

（3）算法步骤

① 初始化：$U=\{u_0\}$，TE=Φ，u_0是图 G 中任选的一个顶点（起始顶点），转向②。

② 求最小权值的边：在所有 $u \in U$，$v \in V-U$ 中，找一条权值最小的边(u',v')，将边(u',v')加入边集 TE，顶点 v' 加入顶点集 U，转向③。

③ 如果 TE 含有 $n-1$ 条边，则算法结束，否则转向②。

初始时，按邻接矩阵将顶点 $u_0=G\text{->}vexs[k]$，$k=0$，与 U 中的每一个顶点形成的边（权值为最大权值 MaxWeight 的表示未形成边）放入数组 Edge 中，通过将 Edge[0].weight 置为 0 来表示将顶点 u_0 加入 U 中。

使用函数 int MinWeight(int n)在数组 Edge 中查找权值最小的边 Edge[k]，返回下标 k。

将该边加入 TE（代码中用输出该边来表示），同样通过置 Edge[k].weight=0 将顶点 $G\text{->}vexs[k]$加入 U。

然后调整 U 中顶点到 $V-U$ 中顶点具有较小权值的边，如果新加入的顶点到其他顶点边上的权值比原来 U 中顶点到该顶点的权值小，就将其调整为新加入顶点到该顶点的边。

微课 5-11
普里姆算法
执行过程

【例 5-3】普里姆算法求最小生成树。

对图 5-28 的连通网 G_{10}，使用普里姆算法求最小生成树 T 的执行过程，如图 5-29 所示。其中，用实线表示属于 TE 的边，实线边的两个顶点均属于 U，虚线表示不属于 TE 的边，虚线边的两个顶点一端属于 U，另一端属于 $V-U$。

PPT 5-11
普里姆算法
执行过程

PPT

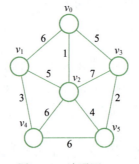

图 5-28　连通网 G_{10}

动画演示
5-3 普里
姆算法求最
小生成树

将顶点 v_0 到各顶点的边及权值放入数组 Edge 中，并将 v_0 加入 U 中。此时，$U=\{v_0\}$，TE=Φ，　Edge[0]=$(v_0,v_0,0)$，　Edge[1]=$(v_0,v_1,6)$，　Edge[2]=$(v_0,v_2,1)$，　Edge[3]=$(v_0,v_3,5)$，Edge[4]=(v_0,v_4,∞)，Edge[5]=(v_0,v_5,∞)，如图 5-29（a）所示。

在 Edge 中查找最小权值的边得到 Edge[2]，$k=2$，即边$(v_0,v_2,1)$，将该边加入 TE，顶点 $G\text{->}vexs[k]$加入 U，此时 $U=\{v_0,v_2\}$，TE=$\{(v_0,v_2,1)\}$，Edge[2]=$(v_0,v_2,0)$，其他元素未变，如图 5-29（b）所示。

新顶点 v_2 加入 U 后，调整数组 Edge。由于顶点 v_2 到顶点 v_1 的权值为 5，比顶点 v_0 到顶点 v_1 的权值小，所以将 Edge[1]=$(v_0,v_1,6)$调整为 Edge[1]=$(v_2,v_1,5)$，同样将

Edge[4]=(v_0,v_4,∞)，Edge[5]=(v_0,v_5,∞)分别调整为 Edge[4]=($v_2,v_4,6$)，Edge[5]=($v_2,v_5,4$)，而顶点 v_2 到顶点 v_3 的权值为 7，不比顶点 v_0 到顶点 v_3 的权值小，所以不需调整 Edge[3]=($v_0,v_3,5$)，调整后的情况为 Edge[0]=($v_0,v_0,0$)，Edge[1]=($v_2,v_1,5$)，Edge[2]=($v_0,v_2,0$)，Edge[3]=($v_0,v_3,5$)，Edge[4]=($v_2,v_4,6$)，Edge[5]=($v_2,v_5,4$)，如图 5-29（c）所示。

再在 Edge 中查找最小权值的边得到 Edge[5]，$k=5$，即边（$v_2,v_5,4$），将该边加入 TE，顶点 G->vexs[k]加入 U，此时 U={v_0,v_2,v_5}，TE={（$v_0,v_2,1$），（$v_2,v_5,4$）}，Edge[5]=($v_2,v_5,0$)，其他元素未变，如图 5-29（d）所示。

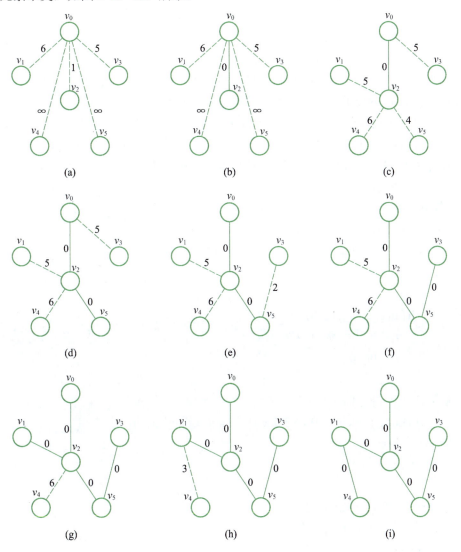

图 5-29　普里姆算法的执行过程

新顶点 v_5 加入 U 后，调整数组 Edge。由于顶点 v_5 到顶点 v_3 的权值为 2，比顶点 v_0 到顶点 v_3 的权值小，所以将 Edge[3]=($v_0,v_3,5$)调整为 Edge[3]=($v_5,v_3,2$)，其他均无需调整，调整后的情况为：Edge[0]=($v_0,v_0,0$)，Edge[1]=($v_2,v_1,5$)，Edge[2]=($v_0,v_2,0$)，Edge[3]=($v_5,v_3,2$)，

Edge[4]=(v_2,v_4,6)，Edge[5]=(v_2,v_5,0)，如图 5-29（e）所示。

再在 Edge 中查找最小权值的边得到 Edge[3]，k=3，即边(v_5,v_3,2)，将该边加入 TE，顶 点 G->vexs[k] 加 入 U，此 时 U={v_0,v_2,v_5,v_3}， TE={(v_0,v_2,1),(v_2,v_5,4),(v_5,v_3,2)}，Edge[3]=(v_5,v_3,0)，其他元素未变，如图 5-29（f）所示。

新顶点 v_3 加入 U 后，不需调整数组 Edge。

再在 Edge 中查找最小权值的边得到 Edge[1]，k=1，即边(v_2,v_1,5)，将该边加入 TE，顶点 G->vexs[k]加入 U，此时 U={v_0,v_2,v_5,v_3,v_1}，TE={(v_0,v_2,1),(v_2,v_5,4),(v_5,v_3,2),(v_2,v_1,5)}，Edge[1]=(v_2,v_1,0)，其他元素未变，如图 5-29（g）所示。

新顶点 v_1 加入 U 后，调整数组 Edge。由于顶点 v_1 到顶点 v_4 的权值为 3，比顶点 v_2 到顶点 v_4 的权值小，所以将 Edge[4]=(v_2,v_4,6)调整为 Edge[4]=(v_1,v_4,3)，其他均不需调整，调整后的情况为 Edge[0]=(v_0,v_0,0)，Edge[1]=(v_2,v_1,0)，Edge[2]=(v_0,v_2,0)，Edge[3]=(v_5,v_3,0)，Edge[4]=(v_1,v_4,3)，Edge[5]=(v_2,v_5,0)，如图 5-29（h）所示。

再在 Edge 中查找最小权值的边得到 Edge[4]，k=4，即边(v_1,v_4,3)，将该边加入 TE，顶点 G->vexs[k]加入 U，此时 U={v_0,v_2,v_5,v_3,v_1,v_4}，TE={(v_0,v_2,1),(v_2,v_5,4),(v_5,v_3,2),(v_2,v_1,5),(v_1,v_4,3)}，由于 TE 已经含有 n-1 条边，所以算法结束。TE 就是图 G 最小生成树的边集，如图 5-29（i）所示。

具体算法如下。

微课 5-12
普里姆算法

PPT　5-12
普里姆算法

PPT

```
int MinWeight(int n)
{//求 U 中顶点邻接到 V-U 中顶点最小权值边的下标
    int j,k;
    for(j=0;j<n;j++)
        if(Edge[j].weight>0)
        {//先认定第一条边的权值最小
            k=j;break;
        }
    for(j=1;j<n;j++)
        if(Edge[j].weight>0&&Edge[j].weight<Edge[k].weight)
            k=j;
    return k;
}
void PrimMST (MGraph *G)
{//普里姆算法求最小生成树
    int k=0,i,j;
    for(i=0;i<G->n;i++)
    {//按邻接矩阵将顶点 G->vexs[k]与各顶点组成的边及权值存入辅助数组 Edge
        Edge[i].ch1=G->vexs[k];
        Edge[i].ch2=G->vexs[i];
```

```
        Edge[i].weight=G->edges[k][i];
    }
    Edge[k].weight=0;//将顶点 G->vexs[k]加入 U
    for(i=1;i<G->n;i++)
    {//求最小生成树的 G->n-1 条边
        k=MinWeight(G->n);
        printf("(%c,%c)--%d\n",Edge[k].ch1,Edge[k].ch2,Edge[k].weight);
        Edge[k].weight=0;//将顶点 G->vexs[k]加入 U
        for(j=0;j<G->n;j++)
            if(G->edges[k][j]<Edge[j].weight)
            {//调整 U 中顶点与 V-U 中顶点具有较小权值的边
                Edge[j].weight=G->edges[k][j];
                Edge[j].ch1=G->vexs[k];
                Edge[j].ch2=G->vexs[j];
            }
    }
}
```

算法分析：

使用邻接矩阵的存储结构，普里姆算法的时间复杂度为 $O(n^2)$，即普里姆算法的时间复杂度取决于顶点数 n，而与边数 e 无关，所以普里姆算法适合于对边数较多的稠密图求最小生成树。

2. 克鲁斯卡尔（Kruskal）算法

普里姆算法是通过逐步向 U 中加入新顶点，向 TE 中加入最小权值的边的方法实现的，但由于最终总要将所有顶点全部加入为止，所以可以考虑初始时就包括全部顶点，而只需往 TE 中加入最小权值的边，由此得到克鲁斯卡尔求最小生成树的算法。

（1）算法思路

设 $G=(V,E)$ 是连通网，G 的最小生成树为 $T=(V,TE)$，每次选取顶点在不同连通分量且权值最小的边，将该边加入 TE，并将所在的两个连通分量合并，直到只剩一个连通分量时，TE 便是最小生成树的边集。

（2）数据描述

使用邻接矩阵的存储结构存储图 G。为实现克鲁斯卡尔算法需要附设两个辅助数组 Edge[VertexNum*VertexNum]用于存放 G 的所有边（数组 Edge 的数据需在建立连通网时输入）和 CCNum[VertexNum]用于存放对应顶点所在连通分量的编号。数组 Edge 的描述同普里姆算法相同，可在建立图 G 的邻接矩阵时写入数据。

（3）算法步骤

① 初始化：T 的初始状态是只有 n 个顶点而无边的非连通图 $T=(V,\Phi)$，每个顶点均在不同的连通分量上，转向②。

② 排序：对边数组 Edge 的元素按权值递增的顺序，转向③。

微课 5-13
克鲁斯卡尔
算法思路及
步骤

PPT 5-13
克鲁斯卡尔
算法思路及
步骤

PPT

③ 选择边：在排好序的边数组 Edge 中依次选择边(u,v)，若顶点 u、v 不在同一个连通分量上，将边(u,v)加入 TE，则舍去此边，转向④。

④ 如果所有顶点都在同一连通分量上，则算法结束，否则转向③。

初始时，标志数组 CCNum 每个元素的初值依次为 $0,1,2,\cdots,n-1$，表示对应的顶点在不同的连通分量上。

通过函数 void SortEdge(MGraph *G)采用冒泡排序方法，对边数组 Edge 的元素进行排序。

在排好序的边数组 Edge 中依次选择的边(u,v)，需要确定顶点 u、v 对应顶点表元素的下标，由函数 int LocateVex(MGraph *G,VertexType ch)来实现。分别用 p_1、p_2 表示顶点 u、v 所在连通分量编号，只有 $p_1!=p_2$，将边(u,v)加入 TE，然后将这两个连通分量合并为一个连通分量，即将数组 CCNum 所有值为 p_2 的元素均改为 p_1。

微课 5-14
克鲁斯卡尔
算法执行
过程

【例 5-4】克鲁斯卡尔算法求最小生成树。

对图 5-28 所示的连通网 G_{10}，使用克鲁斯卡尔算法求最小生成树 T 的执行过程如图 5-30 所示。其中，用实线表示属于 TE 的边，实线边的两个顶点均属于 U，虚线表示不属于 TE 的边，虚线边的两个顶点一端属于 U，另一端属于 $V-U$。

假设边数组 Edge 的排序结果为：Edge[0]=$(v_0,v_2,1)$，Edge[1]=$(v_3,v_5,2)$，Edge[2]=$(v_1,v_4,3)$，Edge[3]=$(v_2,v_5,4)$，Edge[4]=$(v_0,v_3,5)$，Edge[5]=$(v_1,v_2,5)$，Edge[6]=$(v_0,v_1,6)$，Edge[7]=$(v_2,v_4,6)$，Edge[8]=$(v_4,v_5,6)$，Edge[9]=$(v_2,v_3,7)$。

初始时，V=$\{v_0,v_1,v_2,v_3,v_4,v_5\}$，TE=$\Phi$，标志数组 CCNum 每个元素的初值依次为：0、1、2、3、4、5，即顶点 v_0,v_1,v_2,v_3,v_4,v_5 所在的连通分量编号依次为 0、1、2、3、4、5，亦即各顶点均不在同一个连通分量上，初始情况如图 5-30（a）所示。

PPT 5-14
克鲁斯卡尔
算法执行
过程

PPT

选取边 Edge[0]=$(v_0,v_2,1)$，求得顶点 v_0、v_2 在顶点表 G->vexs 中的下标分别为 0、2，分别用 p_1=CCNum[0]=0 和 p_2=CCNum[2]=2 标记顶点 v_0、v_2 所在的连通分量编号，由于 $p_1!=p_2$，所以将边 Edge[0]=$(v_0,v_2,1)$加入 TE，并将连通分量编号为 p_2 的所有元素 CCNum[2] 的值改为 p_1，即将顶点 v_0,v_2 合并为同一个连通分量，其编号为 $p_1=0$，此时，CCNum[0]=0，CCNum[1]=1，CCNum[2]=0，CCNum[3]=3，CCNum[4]=4，CCNum[5]=5，如图 5-30（b）所示。

动画演示
5-4 克鲁
斯卡尔算法
求最小生
成树

选取边 Edge[1]=$(v_3,v_5,2)$，求得顶点 v_3、v_5 在顶点表 G->vexs 中的下标分别为 3、5，分别用 p_1=CCNum[3]=3 和 p_2=CCNum[5]=5 标记顶点 v_3、v_5 所在的连通分量编号，由于 $p_1!=p_2$，所以将边 Edge[1]=$(v_3,v_5,2)$加入 TE，并将连通分量编号为 p_2 的所有元素 CCNum[5] 的值改为 p_1，即将顶点 v_3、v_5 合并为同一个连通分量，其编号为 $p_1=3$，此时，CCNum[0]=0，CCNum[1]=1，CCNum[2]=0，CCNum[3]=3，CCNum[4]=4，CCNum[5]=3，如图 5-30（c）所示。

同样方法，取边 Edge[2]=$(v_1,v_4,3)$加入 TE 后，CCNum[0]=0，CCNum[1]=1，CCNum[2]=0，CCNum[3]=3，CCNum[4]=1，CCNum[5]=3，如图 5-30（d）所示。

取边 Edge[3]=$(v_2,v_5,4)$加入 TE 后，CCNum[0]=0，CCNum[1]=1，CCNum[2]=0，CCNum[3]=0，CCNum[4]=1，CCNum[5]=0，如图 5-30（e）所示。

选取边 Edge[4]=$(v_0,v_3,5)$，求得顶点 v_0、v_3 在顶点表 G->vexs 中的下标分别为 0、3，

而 CCNum[0]=CCNum[3]=0，所以舍去此边。再选取边 Edge[5]=(v_1,v_2,5),可将其加入 TE，此后标志数组 CCNum 各元素的值均为 1，说明所有顶点均在同一个连通分量上，算法结束，此时 TE 便是连通网 G 最小生成树的边集，如图 5-30（f）所示。

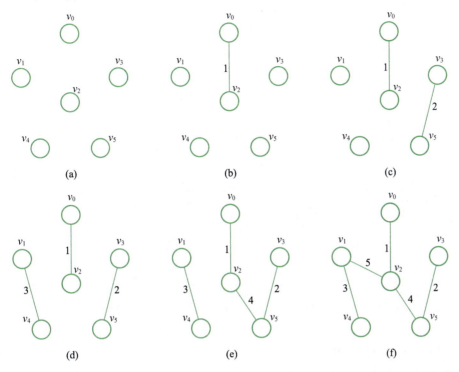

图 5-30　克鲁斯卡尔算法的执行过程

具体算法如下。

```
void SortEdge(MGraph *G)
{//对 Edge 中各元素按权值从小到大排序
    int i,j,temp;
    char ch;
    for(i=0;i<G->e;i++)
    {
        for(j=i+1;j<G->e-1;j++)
        {
            if(Edge[i].weight>Edge[j].weight)
            {
                temp=Edge[i].weight;
                Edge[i].weight=Edge[j].weight;
                Edge[j].weight=temp;
                ch=Edge[i].ch1;
```

```
                    Edge[i].ch1=Edge[j].ch1;
                    Edge[j].ch1=ch;
                    ch=Edge[i].ch2;
                    Edge[i].ch2=Edge[j].ch2;
                    Edge[j].ch2=ch;
                }
            }
        }
    }
int LocateVex(MGraph *G,VertexType ch)
{//确定顶点 ch 在图 G->vexs 中的位置
    int i,k;
    for(i=0;i<G->n;i++)
    {
        if(G->vexs[i]==ch)
            k=i;
    }
    return k;
}
void KruskalMST(MGraph *G)
{//克鲁斯卡尔算法求最小生成树
    int p1,p2,i,j;
    int CCNum[VertexNum];//标记连通分量号
    for(i=0;i<G->n;i++)
        CCNum[i]=i;//初始时共有 n 个连通分量，分量号分别为 0、1、2、…、n−1
    SortEdge(G);//将边数组元素按权值从小到大排序
    for(i=0;i<G->e;i++)
    {
        p1=CCNum[LocateVex(G,Edge[i].ch1)];//p1 表示 ch1 所在连通分量号
        p2=CCNum[LocateVex(G,Edge[i].ch2)];//p2 表示 ch2 所在连通分量号
        if(p1!=p2)
        {//顶点 ch1 与顶点 ch2 只要不在同一个连通分量，将该边加入 TE
            printf("(%c,%c)--%d\n",Edge[i].ch1,Edge[i].ch2,Edge[i].weight);
            for(j=0;j<G->n;j++)
            {//将两个连通分量合并为一个连通分量 p1
                if(CCNum[j]==p2)
                    CCNum[j]=p1;
            }
```

```
        }
    }
}
```

微课 5-15
克鲁斯卡尔
算法

算法分析：

克鲁斯卡尔算法的时间复杂度为 $O(e\lg e)$，即克鲁斯卡尔算法的时间复杂度取决于边数 e，所以克鲁斯卡尔算法适合于对边数较少的稀疏图求最小生成树。

【课堂实践 5-5】

分别用普里姆算法和克鲁斯卡尔算法求如图 5-9 所示的无向网络 G_7 的最小生成树。

PPT 5-15
克鲁斯卡尔
算法

PPT

同步训练 5-4

一、单项选择题

1. 在一个带权连通图 G 中，权值最小的边一定包含在 G 的（   ）。

   A．最小生成树中　　　　　　　　B．深度优先生成树中

   C．广度优先生成树中　　　　　　D．深度优先生成森林中

2. 在一个含有 n 个顶点 e 条边的带权连通图 G 中，其最小生成树（   ）。

   A．一定含有 n 条边　　　　　　　B．一定含有 $n-1$ 条边

   C．一定含有 e 条边　　　　　　　D．一定含有 $e-1$ 条边

3. 任何一个带权连通图的最小生成树（   ）。

   A．只有一棵　　　　　　　　　　B．一棵或多棵

   C．一定有多棵　　　　　　　　　D．可能不存在

4. 连通网的最小生成树是其所有生成树中（   ）。

   A．顶点集最小的生成树　　　　　B．顶点权值之和最小的生成树

   C．边集最小的生成树　　　　　　D．边的权值之和最小的生成树

5. 如图 5-31 所示带权无向图的最小生成树的权为（   ）。

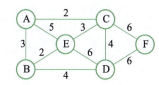

图 5-31　同步训练 5-4 第 5 题图

   A．14　　　　　　B．15　　　　　　C．17　　　　　　D．18

6. 普里姆算法求最小生成树适合于（   ）。

   A．无向图　　　　B．有向图　　　　C．稠密图　　　　D．稀疏图

7. 克鲁斯卡尔算法求最小生成树适合于（   ）。

   A．无向图　　　　B．有向图　　　　C．稠密图　　　　D．稀疏图

二、问题解答题

1. 已知无向图 G 的邻接表如图 5-32 所示。

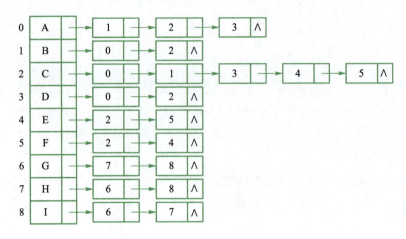

图 5-32　同步训练 5-5 解答题第 1 题图

（1）画出该无向图。

（2）画出该图的广度优先生成森林。

2．已知带权图 G 如图 5-33 所示，分别用普里姆算法和克鲁斯卡尔算法求图 G 的最小生成树。

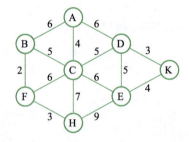

图 5-33　同步训练 5-5 解答题第 2 题图

5.5　最短路径

最短路径问题是图论研究的一个经典问题，在网络通信、电子导航、城市规划、交通网络等许多领域都有着广泛的应用。

5.5.1　最短路径问题

1．带权图的最短路径

从一个顶点到另一个顶点的路径所经过边的权值之和称为该路径的权值，从一个顶点到另一个顶点路径权值最小的路径，称为最短路径。

2．源点和终点

路径的开始顶点称为源点（Source），路径的最后一个顶点称为终点（Destination）。

3．最短路径问题

【示例 5-15】某交通网络由若干个城市和多条道路组成，从一个城市到另一个城市可能有多条道路，现有如下问题需要解决。

① 在指定城市到其他各城市之间均找出一条最短道路。

② 找出其他各城市到指定城市之间的一条最短道路。

③ 找出指定两个城市之间的一条最短道路。

④ 找出任何两个城市之间的一条最短道路。

交通网络可以用带权图表示：图中顶点表示城市，边表示两个城市之间的道路，边上的权值表示道路的长度。这样，交通网络所提出的 4 个问题就是带权图中求最短路径的问题。

（1）单源最短路径问题

在已知带权图 $G=(V, E)$ 中，找出从某个源点 $s \in V$ 到 V 中其余各顶点的最短路径。

（2）单目标最短路径问题

找出图中每一顶点 v 到某指定顶点 u 的最短路径。

对无向图来说，该问题就是源点为 u 的单源最短路径问题；而对有向图来说，把图中的每条边反向后，该问题就是源点为 u 的单源最短路径问题。

（3）单顶点对间最短路径问题

对图中某对顶点 u 和 v，找出从 u 到 v 的一条最短路径。

该问题是源点为 u 的单源最短路径问题的子问题。

（4）所有顶点对间最短路径问题

对图中每对顶点 u 和 v，找出从 u 到 v 的一条最短路径。

该问题可看作是将每个顶点作为源点的单顶点对间最短路径问题，即多个单源最短路径问题的子问题。当然，也有专门用于解决此问题 Floyd-Warshall 算法。

因此，后 3 个问题可由第 1 个问题来解决，下面介绍单源最短路径问题的解决方法。

荷兰计算机科学家迪杰斯特拉（Dijkstra）提出一种按路径长度递增的顺序产生各顶点最短路径的算法。该算法要求图中边上的权值必须是非负实数。

微课 5-16
迪杰斯特拉
算法思路及
步骤

5.5.2　迪杰斯特拉算法

设 $G=(V, E)$ 是含有 n 个顶点的带权图，s 为源点，另设顶点集 S 和 $T=V-S$，S 用于存放已找到最短路径的顶点，T 用于存放当前还未找到最短路径的顶点。

1．基本思路

不断从 T 中选取从源点 s 到具有最短路径的顶点 w，将其加入 S 中，重复上述过程，直到 T 中的顶点全部加入 S 或无通路为止。

PPT　5-16
迪杰斯特拉
算法思路及
步骤

2．数据描述

为实现迪杰斯特拉（Dijkstra）算法，需设置一个辅助向量 D 和 P，D 用来存放从源点 s 到 V 中每个顶点当前的最小权值（不妨称为估计），D 的每个分量 D[i]（$0 \leqslant i < n$）表示当前从源点 s 到顶点 v_i 的估计；P 的分量 P[i] 用来存放从源点 s 到顶点 v_i 最短路径的前驱顶点。

注意：当有顶点加入 S 后，从源点 s 到 T 中各顶点的估计可能发生变化，因此需要修正 D 各元素的估计，称为重新估计。

3. 算法步骤

① 初始化：初始时 S 只包含源点 s；T 包含其他所有顶点；D[0]为从源点 s 到 s 的估计设为 0，D[i]为从源点 s 到顶点 v_i 的估计为：若从源点 s 到顶点 v_i 有边或弧，则 D[i]为边(s,v_i)或弧$<s,v_i>$上的权值，否则为∞；P[i]（$1\leq i<n$）均为源点 s。转向②。

② 求最短路径权值：取从源点 s 到 T 中所有顶点的最小估计 Min{D[i]|$v_i\in T$}，设为 D[j]，将对应的顶点 v_j 从 T 中去除加入 S。转向③。

③ 重新估计：顶点 v_j 加入 S 后，对 T 中的每个顶点 v_k，从源点 s 到顶点 v_k 的估计 D[k]或者是原来的 D[k]；或者是经过 S 的路径(s,v_j,v_k)，此时 D[k]=D[j]+边(v_j,v_k)或弧$<v_j,v_k>$上的权值，这时 v_j 是 v_k 的前驱，用 v_j 修正 P[k]。转向④。

④ 若 T 为空，算法结束，此时，S 中的顶点序列便是按最短路径递增顺序产生的顶点序列，向量 D 中各元素的值就是从源点 s 到 V 中各顶点最短路径的权值，向量 P 记录了从源点 s 到 V 中各顶点最短路径，否则转向②。

【例 5-5】迪杰斯特拉算法求单源最短路径。

用迪杰斯特拉算法求图 5-34 所示的有向网 G_{11} 的以顶点 0 为源点的单源最短路径法执行过程如下。

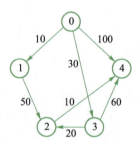

图 5-34　有向网 G_{11}

① 初始化：设源点为顶点 0，则 S={0},T=V-S={1,2,3,4}，D={0,10,∞,30,100}，P[i]={0}（$1\leq i<5$）。

② 求最短路径权值：求得源点 0 到 T={1,2,3,4}中顶点的最小估计为 D[1]=10，将对应顶点 1 加入 S，则 S={0,1}，T={2,3,4}。

③ 重新估计：顶点 1 加入 S 后，由于 D[1]+50=60<D[2]=∞，所以取 D[2]=60，同时将 1 赋给 P[2]，其他顶点的估计未发生变化，因此，修正后 D={0,10,60,30, 100}，P[1]={0}，P[2]={1}，P[3]={0}，P[4]={0}。

④ 求最短路径权值：求得源点 0 到 T={2,3,4}中顶点的最小估计为 D[3]=30，将对应顶点 3 加入 S，则 S={0,1,3}，T={2,4}。

⑤ 重新估计：顶点 3 加入 S 后，由于 D[3]+20=50<D[2]=60，所以取 D[2]=50，同时将 3 赋给 P[2]，而由于 D[3]+60=90<D[4]=100，所以取 D[4]=90，同时将 3 赋给 P[4]，因此，修正后 D={0,10,50,30,90}，P[1]={0},P[2]={3},P[3]={0},P[4]={3}。

⑥ 求最短路径权值：求得源点 0 到 T={2,4}中顶点的最小估计为 D[2]=50，将对应顶点 2 加入 S，则 S={0,1,3,2}，T={4}。

⑦ 重新估计：顶点 2 加入 S 后，由于 D[2]+10=60<D[4]=90，所以取 D[4]=60，同时将 2 赋给 P[4]，因此，修正后 D={0,10,50,30,60}，P[1]={0}，P[2]={3}，P[3]={0}，P[4]={2}。

⑧ 求最短路径权值：求得源点 0 到 T={4}中顶点的最小估计为 D[4]=60，将对应顶点 4 加入 S，则 S={0,1,3,2,4}，T=Φ。由于 T 为空集，所以，算法结束。

此时，S={0,1,3,2,4}，D={0,10,50,30,60}，S 中的顶点序列就是按最短路径权值递增顺序产生的顶点序列，向量 D={0,10,50,30,60}中各元素的值就是源点 0 到各顶点 V={0,1,2,3,4}最短路径的权值，向量 P 记录了从源点 0 到 V 中各顶点最短路径，由 P[1]={0}、P[2]={3}、P[3]={0}、P[4]={2}可以得到源点 0 到顶点 1、2、3、4 的最短路径依次为(0,1)、(0,3,2)、(0,3)、(0,3,2,4)。

将上述过程的求最短路径权值和重新估计合在一起，上述过程及结果可用表5-1表示。

微课 5-17
迪杰斯特拉
算法执行
过程

表 5-1　求最短路径权值和重新估计的过程和结果

	顶点序列 S	顶点集 T	各顶点估计					各顶点前驱			
			D[0]	D[1]	D[2]	D[3]	D[4]	P[1]	P[2]	P[3]	P[4]
初始	0	1,2,3,4	0	10	∞	30	100	0	0	0	0
第1次	0,1	2,3,4	0	10	60	30	100	0	1	0	0
第2次	0,1,3	2,4	0	10	50	30	90	0	3	0	3
第3次	0,1,3,2	4	0	10	50	30	60	0	3	0	2
第4次	0,1,3,2,4		0	10	50	30	60	0	3	0	2

最短路径及权值（按权值递增顺序）	终点	最短路径	权值
	1	(0,1)	10
	3	(0,3)	30
	2	(0,3,2)	50
	4	(0,3,2,4)	60

PPT　5-17
迪杰斯特拉
算法执行
过程

【课堂实践 5-6】

用迪杰斯特拉算法求如图 5-9 所示的无向网络 G_7 以顶点 A 为源点到各顶点的最短路径。

同步训练 5-5

一、单项选择题

1. 在图 G 中求两个结点之间的最短路径可以采用的算法是（　　）。

　　A．迪杰斯特拉（Dijkstra）算法

　　B．克鲁斯卡尔（Kruskal）算法

　　C．普里姆（Prim）算法

　　D．广度优先遍历（BFS）算法

2. 最短路径问题是针对（　　　）提出的问题。

   A．无向图或有向图   B．无向网或有向网

   C．无向网   D．有向网

3. 单源最短路径问题是指（　　　）。

   A．对带权图 G 中某对顶点 u 和 v，找出从 u 到 v 的一条最短路径

   B．对带权图 G 中每对顶点 u 和 v，找出从 u 到 v 的一条最短路径

   C．找出从某个源点 s 到带权图 G 中其余各顶点的最短路径

   D．找出带权图 G 中每一顶点 v 到某指定顶点 u 的最短路径

4. 单目标最短路径问题是指（　　　）。

   A．对带权图 G 中某对顶点 u 和 v，找出从 u 到 v 的一条最短路径

   B．对带权图 G 中每对顶点 u 和 v，找出从 u 到 v 的一条最短路径

   C．找出从某个源点 s 到带权图 G 中其余各顶点的最短路径

   D．找出带权图 G 中每一顶点 v 到某指定顶点 u 的最短路径

5. 单顶点对间最短路径问题是指（　　　）。

   A．对带权图 G 中某对顶点 u 和 v，找出从 u 到 v 的一条最短路径

   B．对带权图 G 中每对顶点 u 和 v，找出从 u 到 v 的一条最短路径

   C．找出从某个源点 s 到带权图 G 中其余各顶点的最短路径

   D．找出带权图 G 中每一顶点 v 到某指定顶点 u 的最短路径

6. 所有顶点对间最短路径问题是指（　　）。

   A．对带权图 G 中某对顶点 u 和 v，找出从 u 到 v 的一条最短路径

   B．对带权图 G 中每对顶点 u 和 v，找出从 u 到 v 的一条最短路径

   C．找出从某个源点 s 到带权图 G 中其余各顶点的最短路径

   D．找出带权图 G 中每一顶点 v 到某指定顶点 u 的最短路径

7. 已知一个有向网如图 5-35 所示，从顶点 1 到顶点 4 的最短路径权值为（　　　）。

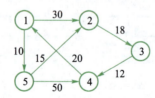

图 5-35　同步训练 5-5　第 7 题图

   A．20   B．50   C．55   D．60

8. 已知无向图如图 5-36 所示，其中顶点 A 到顶点 F 的最短路径权值是（　　　）。

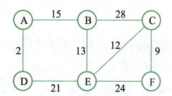

图 5-36　同步训练 5-5　第 8 题图

   A．47   B．44   C．52   D．48

二、问题解答题

1. 用迪杰斯特拉算法求图 5-37 所示无向网从顶点 A 到其余各顶点的最短路径。

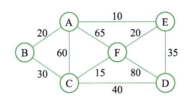

图 5-37 同步训练 5-5 解答题第 1 题图

2. 利用迪杰斯特拉算法求图 5-38 所示有向网从顶点 A 到其他各顶点间的最短路径。

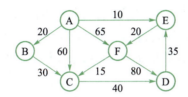

图 5-38 同步训练 5-5 解答题第 2 题图

5.6 拓扑排序

5.6.1 拓扑排序定义

对一个有向无环图（**Directed Acyclic Graph，DAG**）G 进行拓扑排序，是指将 G 中所有顶点排成一个线性序列，使得对图中任意一对顶点 u 和 v，若$<u,v>\in E(G)$，则 u 在线性序列中出现在 v 之前。通常将这样的线性序列称为满足拓扑次序的序列，简称**拓扑序列（Topological Order）**。

说明：

① 若将图中顶点按拓扑次序排成一行，则图中所有的有向边均是从左指向右的。

② 一个 DAG 的拓扑序列一般不只有一个，可能有多个。

【示例 5-16】对图 5-39（a）所示图 G_{12} 进行拓扑排序，至少可得到如下的两个（实际上远不止两个）拓扑序列：$C_0C_1C_2C_4C_3C_5C_7C_8C_6$ 和 $C_0C_7C_8C_1C_4C_2C_3C_6C_5$。

③ 一个有向图经常用来说明事件之间的先后关系（如课程的先修后续关系）。通常将事件表示为顶点，而事件间的依赖关系表示为有向边。若事件 u 必须先于事件 v 完成且 u 完成后直接导致 v 的发生，则在顶点 u 和 v 有一条边$<u,v>$，可将 u 称为 v 的直接前驱，v 称为 u 的直接后继。一个 DAG 的拓扑序列通常表示某种方案切实可行。

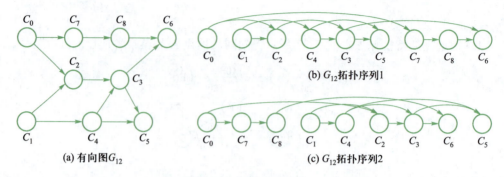

图 5-39　有向图 G_{12} 及其拓扑序列

【示例 5-17】表 5-2 给出了软件专业必修课程的先修后续关系，该表可用图 5-39（a）所示的有向图 G_{12} 表示，图中顶点表示课程代号，有向边 $<C_i,C_j>$ 表示课程 C_i 是课程 C_j 的先修课程。该图的一个拓扑序列如图 5-39（b）所示。一般情况下，一个 DAG 可能有多个拓扑序列。对于该专业的培养方案只有按某个拓扑序列进行课程设置，该方案才是可行的方案。

表 5-2　软件专业的必修课示例

课程代号	课程名称	先修课程
C_0	高等数学	无
C_1	程序设计基础	无
C_2	离散数学	C_0，C_1
C_3	数据结构	C_2，C_4
C_4	程序设计语言	C_1
C_5	编译技术	C_3，C_4
C_6	操作系统	C_3，C_8
C_7	普通物理	C_0
C_8	计算机原理	C_7

④ 可以利用拓扑序列判断一个有向图是否存在有向环，如果该有向图存在拓扑序列，则该有向图不存在有向环，否则一定存在有向环。

对于一个有向图的拓扑序列仔细分析，会发现这样一个事实：在一个拓扑序列里，每个顶点必定出现在它的所有后继顶点之前。因此有两种方法对有向图进行拓扑排序。

5.6.2　拓扑排序的方法

1. 无前驱顶点优先

① 在有向图中选一个没有前驱的顶点并输出。

② 从图中删除该顶点并删除与该顶点有关的所有边。

③ 重复上述两步，直至全部顶点均已输出，或者图中不存在无前驱的顶点为止。后一种情况则说明有向图中存在环。

该方法的每一步总是输出当前无前驱（即入度为零）的顶点，其伪代码的算法描述为：

NonPreFirstTopSort(G)
{//优先输出无前驱的顶点
　　while(G 中有入度为 0 的顶点)
　　{
　　　　从 G 中选择一个入度为 0 的顶点 v 且输出之;
　　　　从 G 中删去 v 及其所有出边;
　　}
　　if(输出的顶点数目<|V(G)|)//若此条件不成立，则表示所有顶点均已输出，排序成功
　　　　printf("G 中存在有向环，排序失败！");
}

ⓘ **注意**：无前驱的顶点优先的拓扑排序算法在具体存储结构下，为便于考察每个顶点的入度，可保存各顶点当前的入度。为避免每次选入度为 0 的顶点时扫描整个存储空间，可设一个栈或队列暂存所有入度为零的顶点。

　　在开始排序前，扫描对应的存储空间，将入度为 0 的顶点均入队（栈）。以后每次选入度为 0 的顶点时，只需做出队（栈）操作即可。

【示例 5-18】用无前驱顶点优先的方法求图 5-39（a）所示的有向图 G_{12} 的一个拓扑序列。

　　求解过程如下。

　　① 图中无前驱的顶点只有 C_0、C_1，任选其中的一个，如 C_0，输出并删去 C_0 及从 C_0 出发的边，得到如图 5-40（a）所示的子图。

　　② 在如图 5-40（a）所示的子图中，任选一个无前驱的顶点，如 C_1，输出并删去 C_1 及从 C_1 出发的边，得到如图 5-40（b）所示的子图。

　　③ 在如图 5-40（b）所示的子图中，任选一个无前驱的顶点，如 C_2，输出并删去 C_2 及从 C_2 出发的边，得到如图 5-40（c）所示的子图。

　　④ 在如图 5-40（c）所示的子图中，任选一个无前驱的顶点，如 C_4，输出并删去 C_4 及从 C_4 出发的边，得到如图 5-40（d）所示的子图。

　　⑤ 在如图 5-40（d）所示的子图中，任选一个无前驱的顶点，如 C_3，输出并删去 C_3 及从 C_3 出发的边，得到如图 5-40（e）所示的子图。

　　⑥ 在如图 5-40（e）所示的子图中，任选一个无前驱的顶点，如 C_5，输出并删去 C_5 及从 C_5 出发的边，得到如图 5-40（f）所示的子图。

　　⑦ 在如图 5-40（f）所示的子图中，任选一个无前驱的顶点 C_7，输出并删去 C_7 及从 C_7 出发的边，得到如图 5-40（g）所示的子图。

　　⑧ 在如图 5-40（g）所示的子图中，任选一个无前驱的顶点 C_8，输出并删去 C_8 及从 C_8 出发的边，得到如图 5-40（h）所示的子图。

　　⑨ 在如图 5-40（h）所示的子图中，任选一个无前驱的顶点 C_6，输出并删去 C_6。此时，全部顶点均已输出，得到拓扑排序序列为 $C_0C_1C_2C_4C_3C_5C_7C_8C_6$。

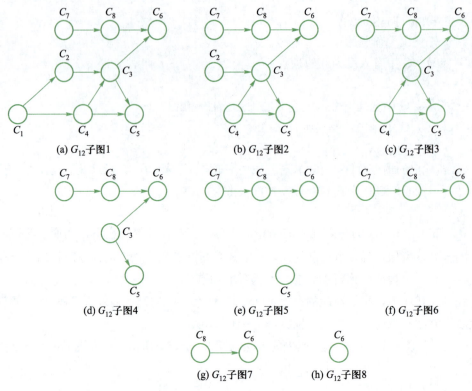

图 5-40 有向图 G_{12} 求拓扑序列过程

2. 无后继的顶点优先

① 在有向图中选一个没有后继的顶点并输出。

② 从图中删除该顶点并删除与该顶点有关的所有边。

③ 重复上述两步，直至全部顶点均已输出，或者图中不存在无后继的顶点为止。后一种情况则说明有向图中存在环。

该方法的每一步均是输出当前无后继（即出度为 0）的顶点，其伪代码的算法描述如下。

NonSuccFirstTopSort(G)

{//优先输出无后继的顶点

    while(G 中有出度为 0 的顶点)

    {

        从 G 中选一出度为 0 的顶点 v 且输出 v;

        从 G 中删去 v 及 v 的所有入边;

    }

    if(输出的顶点数目<|V(G)|)

        printf("G 中存在有向环，排序失败!");

}

对于一个 DAG，按此方法输出的序列是逆拓扑次序。因此设置一个栈（或向量）T

来保存输出的顶点序列，即可得到拓扑序列。若 T 是栈，则每当输出顶点时，只需做入栈操作，排序完成时将栈中顶点依次出栈即可得拓扑序列。若 T 是向量，则将输出的顶点从 T[n-1]开始依次从后往前存放，即可保证 T 中存储的顶点是拓扑序列。

同步训练 5-6

一、单项选择题

1. 在有向无环图 G 的拓扑序列中，对图 G 中任意一对顶点 u 和 v，若<u,v>∈$E(G)$，则（   ）。

    A．u 一定出现在 v 之前   B．u 一定出现在 v 之后

    C．u 不一定出现在 v 之前   D．u 不一定出现在 v 之后

2. 一个有向无环图 G 的拓扑序列（   ）。

    A．只有一个   B．有且只有一个

    C．可能有多个   D．有且可能有多个

3. 一个有向图 G 的拓扑序列（   ）。

    A．只有一个   B．有且只有一个

    C．可能没有、可能有多个   D．有且可能有多个

4. 如果一个有向图 G 有拓扑序列，则该图一定（   ）。

    A．有环   B．无环

    C．有唯一拓扑序列   D．有多个拓扑序列

5. 为便于判别有向图中是否存在回路，可借助于（   ）。

    A．广度优先搜索算法   B．最小生成树算法

    C．最短路径算法   D．拓扑排序算法

6. 如图 5-41 所示的有向无环图可以得到的不同拓扑序列的个数为（   ）。

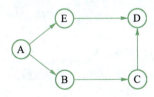

图 5-41　同步训练 5-6 第 6 题图

    A．1   B．2   C．3   D．4

7. 如图 5-42 所示的有向无环图可以得到的拓扑序列的个数是（   ）。

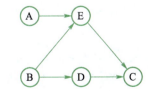

图 5-42　同步训练 5-6 第 7 题图

    A．3   B．4   C．5   D．6

8. 如图 5-43 所示的有向图的一个拓扑序列是（　　　）。

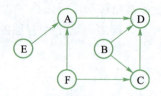

图 5-43　同步训练 5-6 第 8 题图

　　A．EFABCD　　　　　B．FCBEAD　　　　C．FEABCD　　　　D．EAFCBD

9. 如图 5-44 所示的有向图的拓扑序列是（　　　）。

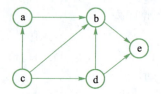

图 5-44　同步训练 5-6 第 9 题图

　　A．cdbae　　　　　B．cadbe　　　　　C．cdeab　　　　　D．cabde

10. 对如图 5-45 所示的有向图给出了 4 种可能的拓扑序列，其中错误的是（　　　）。

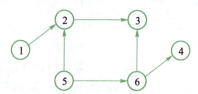

图 5-45　同步训练 5-6 第 10 题图

　　A．152634　　　　B．156234　　　　C．516342　　　　D．512643

11. 已知有向图 $G=(V,E)$，其中 $V=\{V_1,V_2,V_3,V_4\}$，$E=\{<V_1,V_2>,<V_1,V_3>,<V_2,V_3>,$ $<V_2,V_4>,<V_3,V_4>\}$，图 G 的拓扑序列是（　　　）。

　　A．$V_1V_2V_3V_4$　　　　B．$V_1V_3V_2V_4$　　　　C．$V_1V_3V_4V_2$　　　　D．$V_1V_2V_4V_3$

二、问题解答题

1. 如图 5-46 所示的有向无环图可以排出多少种不同的拓扑序列？

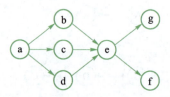

图 5-46　同步训练 5-6 解答题第 1 题图

2. 已知有向图 G 的定义如下：

$G=(V,E),V=\{a,b,c,d,e\},E=\{<a,b>,<a,c>,<b,c>,<b,d>,<c,d>,<e,c>,<e,d>\}$

写出 G 的全部拓扑序列。

3. 请回答下列问题：

（1）简述英文缩写 DAG 的中文含义。

（2）请给出如图 5-47 所示 DAG 图的全部拓扑排序。

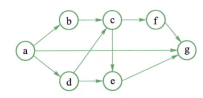

图 5-47 同步训练 5-6 解答题第 3 题图

4. 已知一个图的顶点集 V 和边集 E 分别为：$V=\{1,2,3,4,5,6,7\}$；

$E=\{<2,1>,<3,2>,<3,6>,<4,3>,<4,5>,<4,6>,<5,1>,<5,7>,<6,1>,<6,2>,<6,5>\}$。

请给出该图的全部拓扑排序。

单元 5 拓展训练

单元 5 课堂实践 参考答案

同步训练 5-1 参考答案

同步训练 5-2 参考答案

同步训练 5-3 参考答案

同步训练 5-4 参考答案

同步训练 5-5 参考答案

单元 5 拓展训练 参考答案

同步训练 5-6 参考答案

排　序

学习目标

【知识目标】

- 了解排序的基本概念。
- 掌握直接插入排序和希尔排序的基本思想和算法实现，能针对给定的输入实例写出直接插入排序和希尔排序的排序过程。
- 掌握冒泡排序和快速排序的基本思想和算法实现，能针对给定的输入实例写出冒泡排序和快速排序的排序过程。
- 掌握直接选择排序和堆排序的基本思想和算法实现，能针对给定的输入实例写出直接选择排序和堆排序的排序过程。
- 掌握归并排序的基本思想，能针对给定的输入实例写出归并排序的排序过程。
- 掌握箱排序和基数排序的基本思想，能针对给定的输入实例写出基数排序的排序过程。

【能力目标】

- 具有分析排序算法优缺点的能力。
- 具有根据问题的特点和要求选择合适的排序方法解决实际问题的能力。

微课 6-1
排序的基本
概念

6.1　排序的基本概念

基本概念

PPT　6-1
排序的基本
概念

PPT

1．排序

将数据元素（或记录）的任意序列，通过某种方法重新排列成一个按关键字有序（递增或递减）序列的过程称为**排序**。

2．排序的两种基本操作

在对一组记录进行排序时，通常需要通过以下两个基本操作来实现排序。
① 比较两个关键字值的大小。
② 移动记录或交换记录。

3．排序的稳定性

某种排序方法，如果对任意一组含相同关键字的记录，按此方法排序后，相同关键字记录的相对位置保持不变，则称此**排序方法是稳定的**，否则称为是不稳定的。

对于不稳定的排序算法，只要举出一个实例，即可说明它的不稳定性；而对于稳定的排序算法，必须对算法进行分析从而得到稳定的特性。

ⓘ **注意**：排序算法是否稳定是由具体算法决定的，不稳定的算法对某组特定关键字序列的排序结果可能是稳定的，但这并不表明该算法稳定。

4．内排序和外排序

● **内排序**：整个排序过程都在内存进行的排序方法称为内排序。
● **外排序**：如果待排序的数据量较大，以致内存一次不能容纳全部记录，在排序过程中需要对外存进行访问的排序方法称为外排序。

5．排序方法的分类

将内部排序方法按排序策略划分，通常可以分为插入类排序、选择类排序、交换类排序、归并排序和分配排序 5 类。

6．评价排序算法好坏的标准

① 主要是算法执行时间和所需的辅助空间。
② 其次是算法本身的复杂程度。

7．就地排序

若排序算法所需的辅助空间不依赖于问题的规模 n，即辅助空间是 $O(1)$，则称此排序方法为**就地排序**（In Place Sort）。

8．约定

本单元中的排序均是**按关键字递增排序**，且以顺序表作为文件的存储结构。

9．顺序表类型描述

```
#define n 100                    //待排序记录的个数
```

```
typedef int KeyType;              //关键字类型定义
typedef char OtherdataType;       //非关键字字段类型定义
typedef struct
{
    KeyType key;                  //关键字域
    OtherdataType data;           //其他数据域
} RecType;
typedef RecType SeqList[n+1];     //顺序表类型
```

同步训练 6-1

单项选择题

1．排序是将数据元素（或记录）的任意序列重新排列成一个按关键字（　　）有序序列的过程。

    A．递增　　　　　B．递减　　　　　C．递增或递减　　D．无序

2．排序的目的是为了以后对已排序的数据元素进行（　　）操作。

    A．打印输出　　　B．分类　　　　　C．合并　　　　　D．查找

3．如果经某种排序方法不改变关键字相同记录的相对位置，则认为该排序方法是（　　）。

    A．高效的　　　　B．低效的　　　　C．稳定的　　　　D．不稳定的

4．整个排序过程都在内存中进行的排序方法，称为（　　）方法。

    A．内排序　　　　B．外排序　　　　C．稳定　　　　　D．不稳定

5．排序过程中需要对外存进行访问的排序方法，称为（　　）方法。

    A．内排序　　　　B．外排序　　　　C．稳定　　　　　D．不稳定

6．影响排序效率的两个因素是对关键字进行（　　）。

    A．比较和访问记录　　　　　　　B．比较和移动记录

    C．查找和访问记录　　　　　　　D．查找和移动记录

7．就地排序是指（　　）的排序方法。

    A．排序算法的时间复杂度为 $O(1)$

    B．排序算法的时间复杂度为 $O(n)$

    C．排序算法的辅助空间复杂度为 $O(1)$

    D．排序算法的辅助空间复杂度为 $O(n)$

8．就地排序是指排序算法辅助空间的复杂度为（　　）的排序方法。

    A．$O(1)$　　　　　B．$O(\lg n)$　　　　C．$O(n\lg n)$　　　D．$O(n)$

6.2　插入排序

插入类排序主要有直接插入排序、折半插入排序、表插入排序、希尔插入排序，这

微课 6-2
直接插入
排序

PPT　6-2
直接插入
排序

PPT

里仅介绍直接插入排序和希尔排序。

6.2.1　直接插入排序

1．基本思路

直接插入排序（Straight Insertion Sort）的基本思路是：假设待排序的记录存放在数组 R[1…n]中。初始时，R[1]自成 1 个有序区，无序区为 R[2…n]。依次将无序区记录插入到当前的有序区，使有序区逐渐扩大，无序区逐渐缩小，最后生成含全部记录的有序区。

2．排序方法

（1）初始状态

一个有序区为 R[1]，一个无序区为 R[2…n]。

（2）第 $i-1$ 趟排序前状态

将无序区第 1 个记录 R[i]（$i=2,3,\cdots,n$）插入到当前的有序区，使得插入后仍保持有序的操作称为第 $i-1$ 趟直接插入排序，直接插入排序共需要 $n-1$ 趟。第 $i-1$ 趟排序前记录的状态如下。

一个有序区为 R[1…$i-1$]，一个无序区为 $2 \leqslant i \leqslant n$，R[$i$…$n$]。

（3）排序方法

① 简单方法。

首先在当前有序区 R[1…$i-1$]中查找 R[i]的正确插入位置 k（$1 \leqslant k \leqslant i$）；然后将 R[$k$…$i-1$]中的记录均后移一个位置；腾出 k 位置上的空间插入 R[i]。

查找位置 k 的方法是：将 R[i]的关键字从右向左与有序区记录的关键字依次进行比较，当有某个记录的关键字小于 R[i]的关键字时，该记录的后一个位置就是要找的位置 k。

> **注意**：若 R[i]的关键字大于等于 R[$i-1$]的关键字，则 R[i]就插在原位置。

② 改进方法。

采用边比较边移动的方式，即比较操作和记录移动操作交替进行的方法。

具体做法：将待插入记录 R[i]的关键字从右向左依次与有序区中记录 R[j]（$j=i-1,i-2,\cdots,1$）的关键字进行比较。

● 若 R[j]的关键字大于 R[i]的关键字，则将 R[j]后移一个位置。

● 若 R[j]的关键字不大于 R[i]的关键字，则查找过程结束，$j+1$ 即为 R[i]的插入位置。

关键字比 R[i]关键字大的记录均已后移，所以 $j+1$ 的位置已经腾出，只要将 R[i]直接插入此位置即可完成一趟直接插入排序。

3．排序算法

（1）代码

void InsertSort(SeqList R)

{//直接插入排序

　　int i,j;

```
for(i=2;i<=n;i++) //依次插入 R[2],...,R[n]
if(R[i-1].key>R[i].key)
  {
      R[0]=R[i];j=i-1; //R[0]是哨兵，且是 R[i]的副本
      do
      {//边移动边查找
          R[j+1]=R[j];//将关键字大于 R[i].key 的记录后移
          j--;
      }while(R[j].key>R[0].key); //当 R[j].key≤R[i].key 时终止
      R[j+1]=R[0];//j+1 为 R[i]的正确位置
  }
}
```

（2）说明

① 算法中引进的附加记录 R[0]称监视哨或哨兵（Sentinel）。哨兵有以下两个作用。

- 进入查找（插入位置）循环之前，它保存了 R[*i*]的副本，使不至于因记录后移而丢失 R[*i*]的内容。
- 主要作用是：在查找循环中"监视"下标变量 *j* 是否越界，从而避免了在该循环内的每一次均要检测 *j* 是否越界（即省略了循环判定条件"*j*>=1"）。

② 由于直接插入排序需要移动记录，所以使用链式存储结构存储记录，算法的效率会更高。

（3）算法分析

① 时间性能。

对于具有 *n* 个记录的文件，要进行 *n*-1 趟排序。记录的比较次数与初始状态有关，各种状态下的数据情况及时间复杂度见表 6-1。

表 6-1 各种状态下的数据情况及时间复杂度

初始文件状态	正序（递增序）	反序（递减序）	无序（平均）
第 *i* 趟的关键字比较次数	1	$i+1$	$(i+2)/2$
关键字比较总次数	$n-1$	$(n+2)(n-1)/2$	$\approx n^2/4$
第 *i* 趟记录移动次数	0	$i+2$	$(i-2)/2$
记录移动总次数	0	$(n+4)(n-1)/2$	$\approx n^2/4$
时间复杂度	$O(n)$	$O(n^2)$	$O(n^2)$

注：记录移动次数含操作 R[0]=R[*i*]和 R[*j*+1]=R[0]。

从表 6-1 中可以看出，正序时直接插入排序效率最高，所以，直接插入排序适合于待排序记录"基本有序"或记录较少的情况。

② 空间性能。

算法所需的辅助空间是一个监视哨，辅助空间复杂度 $O(1)$。直接插入排序是就地排序。

③ 稳定性。

直接插入排序是**稳定**的排序方法。

思考：如果将算法中的条件 R[i-1].key>R[i].key 或 R[j].key>R[0].key 改为 R[i-1].key>=R[i].key 或 R[j].key>=R[0].key，算法是否稳定？

动画演示 6-1 直接 插入排序

【例 6-1】直接插入排序实例。

设待排序的文件有 8 个记录，其关键字分别为 49、38、65、97、76、13、27、<u>49</u>，存放在一个长度为 9 的数组 R 中。为了区别两个相同的关键字 49，后一个 49 的下方加了一下画线以示区别。

下列排序过程中，方括号内的记录表示有序（以下同）。采用直接插入排序方法对其进行排序过程的存储结构形式如下。

初始关键字	[49]	38	65	97	76	13	27	<u>49</u>
第 1 趟	[38	49]	65	97	76	13	27	<u>49</u>
第 2 趟	[38	49	65]	97	76	13	27	<u>49</u>
第 3 趟	[38	49	65	97]	76	13	27	<u>49</u>
第 4 趟	[38	49	65	76	97]	13	27	<u>49</u>
第 5 趟	[13	38	49	65	76	97]	27	<u>49</u>
第 6 趟	[13	27	38	49	65	76	97]	<u>49</u>
第 7 趟	[13	27	38	49	<u>49</u>	65	76	97]

【课堂实践 6-1】

已知关键字序列为(51,22,83,46,75,18,68,30)，写出对其进行直接插入排序各趟存储结构的状态。

6.2.2　希尔排序

微课 6-3 希尔排序

希尔排序（Shell Sort）又称"缩小增量排序"，由 Shell 于 1959 年提出，它也是一种插入排序的方法，但在时间上比直接插入排序方法有较大的改进，是第一个时间复杂度能到达小于 $O(n^2)$ 的排序算法。

1. 基本思路

先将整个待排序记录序列分割成若干子序列，对这些子序列分别进行直接插入排序，待整个序列中的记录"基本有序"时，再对全体记录进行一次直接插入排序。

2. 排序方法

（1）排序方法

① 选取一个正整数增量序列 $d_1>d_2>\cdots>d_k=1(d_1<n,1\leqslant k)$。

② 依次按增量 $d_i(1\leqslant i\leqslant k)$，把全部记录分成 d_i 个组，所有距离为 d_i 倍数的记录看成一组，然后在各组内进行直接插入排序，直到增量为 $d_k=1$，即把所有记录成为一个组

PPT 6-3 希尔排序

并进行直接插入排序完毕为止。

（2）增量选取

增量序列选取的原则：最后一个增量必须是 1；应尽量避免增量序列中的值（尤其是相邻的值）互为倍数的情况，若违反后一原则，效果肯定很差。

3．排序算法

（1）代码

```
void ShellSort(SeqList R,int d)
{//希尔排序中的一趟排序，d 为当前增量
    int i,j;
    for(i=d+1;i<=n;i++) //将 R[d+1…n]分别插入各组当前的有序区
        if(R[i-d].key>R[i].key)
        {
            R[0]=R[i];j=i-d; //R[0]只是暂存单元，不是哨兵
            do
            {//查找 R[i]的插入位置
                R[j+d]=R[j]; //后移记录
                j=j-d; //查找前一记录
            }while(j>0&&R[j].key>R[0].key);
            R[j+d]=R[0]; //插入 R[i]到正确的位置上
        }
}
```

（2）说明

① 由于直接插入排序可以看成是增量为 1 的希尔排序，所以，实际上将直接插入排序算法中涉及 1 的地方换成 d 便得到希尔排序的算法。

② 到目前为止还没有人给出一种最好的增量序列，常用以下几组序列作为希尔排序的增量序列。

- Shell 序列：$n/2^k$（k 为正整数），即($[n/2],[n/4],[n/8],\cdots,1$)。
- Hibbard 序列：2^k-1（k 为不大于$[\lg(n+1)]$的正整数），即($\cdots,31,15,7,3,1$)。
- Knuth 序列：$(3^k-1)/2$（k 为不大于$[\log_3(2n+1)]$的正整数），即($\cdots,40,13,4,1$)。
- $n/3^k+1$（k 为正整数），即($[n/3]+1,[n/9]+1,[n/27]+1,\cdots,1$)。
- Sedgewick 序列：由 $9\times 2^i(2^i-1)+1(i\geqslant 0)$ 或者 $2^{i+2}(2^{i+2}-3)+1(i\geqslant 0)$ 中的项组成的序列($\cdots,109,41,19,5,1$)。

（3）算法分析

① 时间性能

希尔排序的分析是一个复杂的问题，因为它的时间是所取"增量"序列的函数，这涉及一些数学上尚未解决的难题。已经证明使用 Hibbard 增量的希尔排序的最坏时间复杂度为 $O(n^{3/2})$，而使用 Hibbard 增量序列的希尔排序平均时间复杂度的实验结果约为 $O(n^{5/4})$，使用 Sedgewick 增量序列的希尔排序平均时间复杂度的实验结果约为 $O(n^{7/6})$，

但至今都未得到证明。

② 空间性能。

辅助空间复杂度 $O(1)$。希尔排序是就地排序。

③ 稳定性。

动画演示
6-2 希尔
排序

希尔排序是**不稳定**的排序方法。

【例 6-2】 希尔排序实例。

假定有原始序列 (49,38,65,97,76,13,27,49,55,4),存放在一个长度为 11 的数组 R 中,增量序列的取值依次为 5、3、1,采用希尔排序的方法对其进行排序过程的存储结构形式如下。

初始关键字	49	38	65	97	76	13	27	<u>49</u>	55	4
第 1 趟	13	27	<u>49</u>	55	4	49	38	65	97	76
第 2 趟	13	4	<u>49</u>	38	27	49	55	65	97	76
第 3 趟	[4	13	27	38	<u>49</u>	49	55	65	76	97]

【课堂实践 6-2】

已知关键字序列为(81,94,11,96,12,35,17,95,28,58,41,75,15),写出对其进行希尔排序各趟存储结构的状态,增量序列为 5、3、1。

同步训练 6-2

一、单项选择题

1. 当 n 条记录已按关键字正序时,用直接插入排序算法进行排序,需要比较的次数为(   )。

    A. 0   B. $n-1$ C. $(n+2)(n-1)/2$ D. $(n+4)(n-1)/2$

2. 当 n 条记录已按关键字正序时,用直接插入排序算法进行排序,需要移动记录的次数为(   )。

    A. 0   B. $n-1$ C. $(n+2)(n-1)/2$ D. $(n+4)(n-1)/2$

3. 当 n 条记录已按关键字正序时,用直接插入排序算法进行排序的时间复杂度为(   )。

    A. $O(1)$ B. $O(\lg n)$ C. $O(n)$ D. $O(n^2)$

4. 当 n 条记录已按关键字反序时,用直接插入排序算法进行排序,需要比较的次数为(   )。

    A. 0   B. $n-1$ C. $(n+2)(n-1)/2$ D. $(n+4)(n-1)/2$

5. 当 n 条记录已按关键字反序时,用直接插入排序算法进行排序,需要移动记录的次数为(   )。

    A. 0   B. $n-1$ C. $(n+2)(n-1)/2$ D. $(n+4)(n-1)/2$

6. 当 n 条记录已按关键字反序时,用直接插入排序算法进行排序的时间复杂度为(   )。

    A. $O(1)$ B. $O(\lg n)$ C. $O(n)$ D. $O(n^2)$

7. n 条记录使用直接插入排序算法进行排序，初始时有序区和无序区记录个数分别是（　　）。

    A. 0 个和 n 个　　　B. 1 个和 n-1 个　　　C. n 个和 0 个　　D. n-1 个和 1 个

8. 直接插入排序是（　　）的排序方法。

    A. 稳定　　　　　　　　　　　　B. 不稳定

    C. 时而稳定时而不稳定　　　　　D. 前 3 个选项都不对

9. 直接插入排序是关键字比较次数与（　　）有关的排序方法。

    A. 关键字的类型　　　　　　　　B. 关键字的大小

    C. 记录初始状态　　　　　　　　D. 记录的多少

10. 希尔排序的增量序列必须是（　　）。

    A. 递增的　　　　B. 非递增的　　　　C. 递减的　　　　D. 非递减的

11. 希尔排序最后一趟排序的增量必须是（　　）。

    A. 1　　　　　　　　　　　　　　B. 比前 1 趟的增量小即可

    C. 比前 1 趟的增量大即可　　　　D. 任意

12. n 条记录使用增量为 d_1、d_2、…、d_k、1 的希尔排序进行排序，初始时有序区和无序区记录个数分别是（　　）。

    A. 0 个和 n 个　　　　　　　　　B. 1 个和 n-1 个

    C. d_1 个和 n-d_1 个　　　　　　D. n-d_1 个和 d_1 个

13. 希尔排序是（　　）的排序方法。

    A. 稳定　　　　　　　　　　　　B. 不稳定

    C. 时而稳定时而不稳定　　　　　D. 前 3 个选项都不对

14. 希尔排序是关键字比较次数与（　　）有关的排序方法。

    A. 关键字的类型　　　　　　　　B. 关键字的大小

    C. 记录初始状态　　　　　　　　D. 记录的多少

二、问题解答题

1. 对关键字序列(265,301,751,129,937,863,742,694,076,438)，写出执行直接插入排序各趟关键字序列的状态。

2. 对关键字序列(265,301,751,129,937,863,742,694,076,438)，写出执行增量分别为 5、3、1 的希尔排序各趟关键字序列的状态。

三、算法设计题

1. 编写采用简单方法查找插入位置 k 的直接插入排序算法。

2. 编写采用简单方法查找位置 k 的希尔排序算法。

6.3　交换排序

交换排序的基本思想是两两比较待排序记录的关键字，发现两个记录的次序相反时即进行交换，直到没有反序的记录为止。

应用交换排序基本思想的主要排序方法有冒泡排序和快速排序。

6.3.1 冒泡排序

1. 基本思路

冒泡排序（Bubble Sort）的基本思路是：假设待排序的记录存放在数组 R[1…n]中。初始时，所有记录都在无序区，即无序区为 R[1…n]。从右向左依次比较无序区的两个记录，将关键字小的记录交换到无序区的最左边，使其加入有序区，对新的无序区重复上述操作，直到所有记录都在有序区。

2. 排序方法

（1）初始状态

冒泡排序的初始状态为所有记录都在无序区，即有序区为空，R[1…n]为无序区。

（2）第 i 趟排序前状态

将无序区关键字最小的记录交换到无序区的最前面，使其加入有序区的操作称为第 i 趟冒泡排序，冒泡排序共需要 $n-1$ 趟。第 i 趟排序前记录的状态如下。

一个有序区为 R[1…$i-1$]，一个无序区为 R[i…n]，1≤i<n。

（3）排序方法

① 从右向左依次比较当前无序区 R[i…n] 的相邻的两个记录 R[$j-1$] 与 R[j]（$j=n,n-1,…,i+1$），若 R[j-1].key>R[j].key，则交换 R[j-1]和 R[j]。经过一趟排序后，关键字最小的记录被放在了 R[i]中，无序区缩小为 R[i+1…n]。

② 重复进行第①步，直到全部记录都在有序区。

3. 排序算法

（1）代码

```
void BubbleSort(SeqList R)
{
    int i,j;
    for(i=1;i<n;i++)//共比较 n-1 趟
    {
        for(j=n;j>i;j--)//第 i 趟比较
            if (R[j-1].key>R[j].key)
            {
                R[0]=R[j-1];
                R[j-1]=R[j];
                R[j]=R[0];
            }
    }
}
```

（2）算法分析

① 时间性能。

对于具有 n 个记录的文件，要进行 $n-1$ 趟排序。记录的比较次数与初始状态无关，各种状态下的数据情况及时间复杂度见表 6-2。

表 6-2　各种状态下的数据情况及时间复杂度

初始文件状态	正序（递增序）	反序（递减序）	无序（平均）
第 i 趟的关键字比较次数	$n-i$	$n-i$	$n-i$
关键字比较总次数	$n(n-1)/2$	$n(n-1)/2$	$n(n-1)/2$
第 i 趟记录交换次数	0	$n-i$	$\approx(n-i)/2$
记录交换总次数	0	$n(n-1)/2$	$\approx n(n-1)/4$
时间复杂度	$O(n^2)$	$O(n^2)$	$O(n^2)$

② 空间性能。

辅助空间复杂度 $O(1)$。冒泡排序是就地排序。

③ 稳定性。

冒泡排序是**稳定**的排序方法。

动画演示
6-3　冒泡
排序

【例 6-3】冒泡排序实例。

假定有原始序列（83,16,9,96,27,75,42,69,34）存放在一个长度为 10 的数组 R 中，采用冒泡排序的方法对其进行排序过程的存储结构形式如下。

初始关键字	83	16	9	96	27	75	42	69	34
第 1 趟	[9]	83	16	27	96	34	75	42	69
第 2 趟	[9	16]	83	27	34	96	42	75	69
第 3 趟	[9	16	27]	83	34	42	96	69	75
第 4 趟	[9	16	27	34]	83	42	69	96	75
第 5 趟	[9	16	27	34	42]	83	69	75	96
第 6 趟	[9	16	27	34	42	69]	83	75	96
第 7 趟	[9	16	27	34	42	69	75]	83	96
第 8 趟	[9	16	27	34	42	69	75	83	96]

6.3.2　快速排序

快速排序（Quick Sort）是由霍尔 C.R.A.Hoare 于 1962 年提出的一种划分交换排序。它采用了一种分治的策略，通常称其为**分治法（Divide and Conquer）**，就排序时间而言，快速排序被认为是一种最好的内部排序方法。

1. 基本思路

在当前无序区中任选一个记录称为基准，将当前无序区分成 3 部分。不比基准关键字大的记录都放在基准的左边，称为左区间。不比基准关键字小的记录都放在基准的右边，称为右区间。这样基准被放在了排序最终位置上，再对左、右子区间依次用同样的方法进行操作，直到所有记录都排在最终位置为止。

微课 6-5
快速排序 1

PPT 6-5
快速排序 1

PPT

2．排序方法

设当前待排序的无序区为 R[low…high]，利用分治法可将快速排序方法描述如下。

① 分解：也称为**划分**，在 R[low…high]中任选一个记录，通常选第 1 个记录 R[low]作为基准记录，查找其应该存放的位置 i，以此基准将当前无序区划分为左、右两个子区间 R[low…i-1]和 R[i+1…high]，并使左边子区间中所有记录的关键字均小于等于基准记录的关键字 R[i].key，右边的子区间中所有记录的关键字均大于等于 R[i].key，而基准记录 R[i]则位于排序最终位置上，无须参加后续的排序。

② 求解：通过递归调用，用同样的方法对左、右子区间 R[low…i-1]和 R[i+1…high]进行快速排序。

③ 组合：因为当"求解"步骤中的两个递归调用结束时，其左、右两个子区间已有序。对快速排序而言，"组合"步骤无须做什么，可看成是空操作。

3．排序算法

（1）代码

```
void QuickSort(SeqList R,int low,int high)
{//对 R[low…high]快速排序
    int i; //划分后基准记录的位置
    if(low<high)
    {//仅当区间长度大于 1 时才需排序
        i=Partition(R,low,high);//调用划分函数
        QuickSort(R,low,i-1); //对左区间快速排序
        QuickSort(R,i+1,high); //对右区间快速排序
    }
}
```

（2）说明

① 仅对区间长度大于 1 的子区间进行快速排序，而对仅有一个记录的子区间无须排序，该记录的当前位置就是其正确排序位置。

② Partition 为划分函数，调用一次划分函数即完成一趟快速排序，具体详见划分方法和划分算法。

4．划分方法

① 设置两个指针 i 和 j，它们的初值分别为区间的下界和上界，即 i=low，j=high；选取无序区的第 1 个记录 R[i]（即 R[low]）作为基准记录，并将它保存在 R[0]中。

② 从 j 指针开始自右向左扫描（j--），直到找到第 1 个关键字小于 R[0].key 的记录 R[j]或 i≥j 为止。如果 i<j，将 R[j]复制到 i 所指的位置 R[i]上，然后 i 加 1，使关键字小于基准关键字 R[0].key 的记录移到了基准的左边。

③ 再从 i 指针开始自左向右扫描（i++），直至找到第 1 个关键字大于 R[0].key 的记录 R[i]或 i≥j 为止。如果 i<j，将 R[i]复制到 j 所指的位置 R[j]上，然后 j 减 1，使关键字大于基准关键字 R[0].key 的记录移到了基准的右边。

④ 重复进行第②步和第③步，如此交替改变扫描方向，从两端各自往中间靠拢，

微课 6-6
快速排序 2

PPT 6-6
快速排序 2

PPT

直至 i=j 时，i（或 j）便是基准 R[0]最终的位置，将 R[0]复制到 R[i]（或 R[j]）上就完成了一趟划分。

5. 划分算法

```
int Partition(SeqList R,int i,int j)
{//对 R[i...j]做划分,并返回基准记录的位置
    R[0]=R[i]; //用区间的第 1 个记录作为基准
    while(i<j)
    {//从区间两端交替向中间扫描,直至 i=j 为止
        while(i<j&&R[j].key>= R[0].key)
            j--;//从右向左扫描,查找第 1 个关键字小于 R[0].key 的记录 R[j]
        if(i<j) //表示找到的 R[j]的关键字小于 R[0].key
            R[i++]=R[j];//相当于交换 R[i]和 R[j]，交换后 i 指针加 1
        while(i<j&&R[i].key<=R[0].key)
            i++;//从左向右扫描，查找第 1 个关键字大于 R[0].key 的记录 R[i]
        if(i<j) //表示找到的 R[i]的关键字大于 R[0].key
            R[j--]=R[i]; //相当于交换 R[i]和 R[j]
    }
    R[i]=R[0];//基准记录的位置已被最后确定
    return i;
}
```

6. 算法分析

快速排序的时间主要耗费在划分操作上，对长度为 k 的区间进行划分，共需 $k-1$ 次关键字的比较。

（1）时间性能

① 最好时间复杂度。

在最好情况下，每次划分所取的基准都是当前无序区的"中值"记录，划分的结果是基准的左、右两个无序子区间的长度大致相等。总的关键字比较次数约为 $n\lg n$。因为快速排序的记录移动次数不大于比较的次数，所以快速排序的最好时间复杂度为 $O(n\lg n)$。

实际上，最好情况还包括每次划分的左子区间都只含有一条记录，右子区间含有剩余的所以记录的情况，这时左子区间的记录已排好，而只需对右子区间进行快速排序，此时快速排序趟数最少，共需[$n/2$]趟。

② 最坏时间复杂度。

最坏情况是每次划分选取的基准都是当前无序区中关键字最小（或最大）的记录，划分的结果是基准左边的子区间为空（或右边的子区间为空），而划分所得的另一个非空的子区间中记录数目，仅仅比划分前的无序区中记录个数减少一个。

因此，在最坏情况下，快速排序需要做 $n-1$ 次划分，即需要做 $n-1$ 趟排序，第 i 趟开始时区间长度为 $n-i+1$，所需的比较次数为 $n-i$（$1\leq i\leq n-1$），故总的比较次数达到最

大值：$C_{max} = n(n-1)/2$，因此，快速排序最坏时间复杂度为 $O(n^2)$。

实际上，文件的记录已按正序（或反序）排列的情况，是最坏的情况。

③ 平均时间复杂度。

快速排序的平均时间复杂度接近最好情况，所以快速排序的平均时间复杂度为 $O(n\lg n)$。

快速排序每进行一次划分即完成一趟排序，需要做的趟数与初始记录的状态有关，介于[$n/2$]趟至 n-1 趟之间，平均趟数更接近[$n/2$]趟。

（2）空间性能

因为快速排序的每一趟（每次划分）都只需要一个辅助空间 R[0]，所以空间复杂度为 $O(1)$，是就地排序。

（3）稳定性

快速排序是**不稳定**的排序方法。

7. 基准的选取

由算法分析可知，在当前无序区中选取划分的基准是决定算法性能的关键，为避免最坏情况发生，可采用下面的方法来选取基准。

（1）"三者取中"法

即在当前区间里，将该区间首、尾和中间位置上的关键字比较，取三者之中值所对应的记录作为基准，在划分开始前将该基准记录和该区间的第 1 个记录进行交换，此后的划分过程与上面所给的 Partition 算法完全相同。

（2）随机数法

取位于 low 和 high 之间的随机数 k（low≤k≤high），用 R[k]作为基准。

选取基准最好的方法是用一个随机函数产生一个取位于 low 和 high 之间的随机数 k（low≤k≤high），用 R[k]作为基准，这相当于强迫 R[low···high]中的记录是随机分布的。用此方法所得到的快速排序一般称为随机化的快速排序。

ⓘ **注意**：随机化的快速排序与一般的快速排序算法差别很小。但随机化后，算法的性能大大地提高了，尤其是对初始有序的文件，一般不可能导致最坏情况的发生。算法的随机化不仅仅适用于快速排序，也适用于其他需要数据随机分布的算法。

动画演示
6-4 快速
排序

【例 6-4】快速排序实例。

对关键字序列（70,75,69,32,88,18,16,58）进行快速排序的一趟排序过程的存储结构形式如下。

初始关键字	70	75	69	32	88	18	16	58
第 1 次复制	58	75	69	32	88	18	16	58
第 2 次复制	58	75	69	32	88	18	16	75
第 3 次复制	58	16	69	32	88	18	16	75
第 4 次复制	58	16	69	32	88	18	88	75
第 5 次复制	58	16	69	32	18	18	88	75
完成 1 趟排序	58	16	69	32	18	[70]	88	75

排序过程的存储结构形式如下。

初始关键字	70	75	69	32	88	18	16	58
第 1 趟	58	16	69	32	18	[70]	88	75
第 2 趟	18	16	32	[58]	[69]	[70]	88	75
第 3 趟	[16]	[18]	[32]	[58]	[69]	[70]	88	75
第 4 趟	[16]	[18]	[32]	[58]	[69]	[70]	[75]	[88]
排序结果	[16	18	32	58	69	70	75	88]

【课堂实践 6-3】

已知关键字序列为（51,22,83,46,75,18,68,30），写出对其进行快速排序各趟存储结构的状态。

同步训练 6-3

一、单项选择题

1. 直接插入排序和冒泡排序的有序区初始状态分别是（　　）。

　　A. 均为空　　　　　　　　　　　B. 为空和有一条记录

　　C. 有一条记录和为空　　　　　　D. 均有一条记录

2. n 条记录分别用直接插入排序和冒泡排序进行排序，需要进行的趟数分别为（　　）。

　　A. 均为 n 趟　　　　　　　　　B. $n-1$ 趟和 n 趟

　　C. n 趟和 $n-1$ 趟　　　　　　D. 均为 $n-1$ 趟

3. 直接插入排序和冒泡排序，关键字比较的次数与记录初始状态的相关性分别为（　　）。

　　A. 均无关　　　　　　　　　　　B. 相关和无关

　　C. 无关和相关　　　　　　　　　D. 均相关

4. 对 n 条记录进行冒泡排序，需要比较的次数为（　　）。

　　A. $n-1$　　　　B. $n(n-1)/2$　　　　C. $n(n-1)/4$　　　　D. 不确定

5. 当 n 条记录已按关键字正序时，用冒泡排序进行排序，需要交换记录的次数为（　　）。

　　A. 0　　　　　　B. $n(n-1)/2$　　　　C. $n(n-1)/4$　　　　D. 不确定

6. 当 n 条记录已按关键字反序时，用冒泡排序进行排序，需要交换记录的次数为（　　）。

　　A. 0　　　　　　B. $n(n-1)/2$　　　　C. $n(n-1)/4$　　　　D. 不确定

7. 当 n 条记录按关键字无序时，用冒泡排序进行排序，需要交换记录的次数为（　　）。

　　A. 0　　　　　　B. $n(n-1)/2$　　　　C. $n(n-1)/4$　　　　D. 不确定

8. 当 n 条记录已按关键字正序时，用冒泡排序进行排序的时间复杂度为（　　）。

　　A. $O(1)$　　　　B. $O(\lg n)$　　　　C. $O(n)$　　　　　D. $O(n^2)$

9. 当 n 条记录已按关键字反序时，用冒泡排序进行排序的时间复杂度为（　　）。

    A. $O(1)$ B. $O(\lg n)$ C. $O(n)$ D. $O(n^2)$

10. 当 n 条记录按关键字无序时，用冒泡排序进行排序的时间复杂度为（　　）。

    A. $O(1)$ B. $O(\lg n)$ C. $O(n)$ D. $O(n^2)$

11. 冒泡排序是（　　）的排序方法。

    A. 稳定   B. 不稳定

    C. 时而稳定时而不稳定   D. 前 3 个选项都不对

12. 快速排序的有序区初始状态是（　　）。

    A. 为空   B. 有一条记录

    C. 有两条记录   D. 不确定

13. n 条记录进行第一趟快速排序，需要进行的关键字比较次数为（　　）。

    A. n B. $n-1$ C. $n/2$ D. $\lg n$

14. n 条记录进行快速排序，需要进行的趟数为（　　）。

    A. $n-1$ 趟   B. $[n/2]$趟   C. $\lg n$ 趟   D. 不确定

15. n 条记录快速排序需要进行的趟数与（　　）有关。

    A. 关键字的类型   B. 关键字的大小

    C. 记录初始状态   D. 记录的多少

16. n 条记录用快速排序进行排序的时间复杂度为（　　）。

    A. $O(\lg n)$ B. $O(n)$ C. $O(n\lg n)$ D. $O(n^2)$

17. n 条记录用快速排序进行排序的最坏时间复杂度为（　　）。

    A. $O(\lg n)$ B. $O(n)$ C. $O(n\lg n)$ D. $O(n^2)$

18. 快速排序是（　　）的排序方法。

    A. 稳定   B. 不稳定

    C. 时而稳定时而不稳定   D. 前 3 个选项都不对

19. 对关键字序列（6,1,4,3,7,2,8,5）进行快速排序时，以第一个元素为基准的一次划分的结果为（　　）。

    A. (5,1,4,3,6,2,8,7)   B. (5,1,4,3,2,6,7,8)

    C. (5,1,4,3,2,6,8,7)   D. (8,7,6,5,4,3,2,1)

20. 已知关键字序列为(51,22,83,46,75,18,68,30)，对其进行快速排序，第一趟划分完成后的关键字序列是（　　）。

    A. (18,22,30,46,51,68,75,83)   B. (30,18,22,46,51,75,83,68)

    C. (46,30,22,18,51,75,68,83)   D. (30,22,18,46,51,75,68,83)

二、问题解答题

1. 对关键字序列(265,301,751,129,937,863,742,694,076,438)，写出执行冒泡排序各趟关键字序列的状态。

2. 对关键字序列(265,301,751,129,937,863,742,694,076,438)，写出执行快速排序各趟关键字序列的状态。

3. 对关键字序列(5,8,1,3,9,6,2,7)按从小到大进行快速排序，写出各趟的排序结果。

4. 数组 A[]中存储有 *n* 个整数，请阅读以下程序。

```
void fun(int A[],int n)
{
    int i,j,k,x;
    k=n-1;
    while(k>0)
    {
        i=k;
        k=0;
        for(j=0;j<i;j++)
            if(A[j]>A[j+1])
            {
                x=A[j];
                A[j]=A[j+1];
                A[j+1]=x;
                k=j;
            }
    }
}
```

请回答下列问题：

（1）当 A[]=(10,8,2,4,6,7)时，执行 fun(A，6)后，数组 A 中存储的结果是什么？

（2）说明该算法的功能。

5. 阅读下列对 *n* 条记录顺序表 R 操作的算法，并回答下列问题：

```
int Partition(SeqList R,int low,int high);//以 R[low].key 为基准对 R[low…high]做划分
#define n 10 //n 为顺序表 R 记录个数
int fun(SeqList R,int k)
{
    int low,high,i;
    low=1;
    high=n;
    if(k<low||k>high)
        return -1;
    do
    {
        i=Partition(R,low,high);//调用划分算法
        if(i<k)
            low=i+1;
        else if(i>k)
```

```
        high=i-1;
    }while(i!=k);
    return R[i].key;
}
```

（1）设 R 关键字序列为(28,19,27,49,56,12,10,25,20,50)，写出 fun (R,4)的返回值。

（2）简述函数 fun 的功能。

（3）写出调用 fun (R,4)后 R 的关键字序列。

三、算法设计题

1．编写将无序区关键字最大的记录交换到无序区的最后面，即通过大数下沉将记录关键字按升序排序的冒泡排序算法。

2．编写采用"三者取中"法确定基准的划分算法。

6.4　选择排序

微课 6-7
直接选择
排序

选择类排序方法主要有直接选择排序（或称简单选择排序）和堆排序。

6.4.1　直接选择排序

1．基本思路

直接选择排序（Straight Select Sort）的基本思路是：每一趟从待排序的记录中选出关键字值最小的记录，顺序放在已排好序的子文件的最后，直到全部记录排序完毕。

2．排序方法

（1）初始状态

有序区为空，无序区包含所有记录 $R[1 \cdots n]$。

（2）第 i 趟排序前状态

PPT 6-7
直接选择
排序

PPT

有序区为 $R[1 \cdots i-1]$，无序区为 $R[i \cdots n]$。

（3）排序方法

① 用 $R[k]$ 表示当前关键字最小记录，先认定无序区第 1 个记录 $R[i]$ 的关键字最小，即先记 $k=i$；然后从 $j=i+1$ 开始到 n 比较 $R[j]$ 与 $R[k]$ 的关键字。如果 $R[j].key<R[k].key$，记 $k=j$，即 $R[k]$ 是 $R[i \cdots n]$ 中关键字最小的记录。如果 $k \neq i$，将它与无序区的第 1 个记录 $R[i]$ 交换，使 $R[1 \cdots i]$ 成为新的有序区，$R[i+1 \cdots n]$ 成为新的无序区。

② 重复进行第①步，直到全部记录都在有序区。

3．排序算法

（1）代码

```
void SelectSort(SeqList R)
{//直接选择排序
    int i,j,k;
```

```
for(i=1;i<n;i++)
{//第 i 趟排序
    k=i;
    for(j=i+1;j<=n;j++)
        if(R[j].key<R[k].key)
            k=j;
    if(k!=i)
    {
        R[0]=R[i];R[i]=R[k];R[k]=R[0]; //R[0]作暂存单元
    }
}
}
```

（2）算法分析

① 时间性能。

直接选择排序对于具有 n 个记录的文件，要进行 $n-1$ 趟排序。记录的比较次数与初始状态无关，各种状态下的数据情况及时间复杂度见表 6-3。

表 6-3　各种状态下的数据情况及时间复杂度

初始文件状态	正序（递增序）	反序（递减序）	无序（平均）
第 i 趟的关键字比较次数	$n-i$	$n-i$	$n-i$
关键字比较总次数	$n(n-1)/2$	$n(n-1)/2$	$n(n-1)/2$
第 i 趟记录交换次数	0	1	$\approx 1/2$
记录交换总次数	0	$n-1$	$\approx(n-1)/2$
时间复杂度	$O(n^2)$	$O(n^2)$	$O(n^2)$

② 空间性能。

辅助空间复杂度 $O(1)$。直接选择排序是就地排序。

③ 稳定性。

直接选择排序是**不稳定**的排序方法。

【例 6-5】直接选择排序实例。

对数据序列（70,75,69,32,88,18,16,58）进行直接选择排序的排序过程的存储结构形式如下。

初始关键字	70	75	69	32	88	18	16	58
第 1 趟	[16]	75	69	32	88	18	70	58
第 2 趟	[16	18]	69	32	88	75	70	58
第 3 趟	[16	18	32]	69	88	75	70	58
第 4 趟	[16	18	32	58]	88	75	70	69
第 5 趟	[16	18	32	58	69]	75	70	88

动画演示
6-5 直接
选择排序

第6趟	[16	18	32	58	69	70]	75	88
第7趟	[16	18	32	58	69	70	75	88]

6.4.2　堆排序

微课 6-8
堆排序 1

PPT　6-8
堆排序 1

PPT

堆排序（Heap Sort）于 1964 年由美国斯坦福大学计算机科学家罗伯特·弗洛伊德（Robert W.Floyd）和威廉姆斯（J.Williams）共同发明。

堆排序是对直接选择排序的一种改进，在选择排序中每趟（除第 1 趟）的比较可能有许多已在前几趟排序中比较过，即此趟比较没有用到以前的比较结果，如果能用上以前的比较结果可大大提高排序的效率。堆排序就是基于这种考虑提出的排序方法。

1. 堆

（1）定义

n 个关键字序列$(k_1,k_2,\cdots,k_n)$称为堆，当且仅当该序列满足如下性质（简称为堆性质）。

$k_i \leq k_{2i}$ 且 $k_i \leq k_{2i+1}$（$1 \leq i \leq [n/2]$）① 或 $k_i \geq k_{2i}$ 且 $k_i \geq k_{2i+1}$（$1 \leq i \leq [n/2]$）②

说明： 若将此序列所存储的向量 R[1…n]看成是一棵完全二叉树的存储结构，则堆实质上是满足如下性质的完全二叉树：树中任一非叶结点的关键字均不大于（或不小于）其左、右孩子结点的关键字。堆的任一子树亦是堆。

【示例 6-1】关键字序列(68,56,18,47,40,12,15,35)满足堆的性质②，因此该序列是堆，将其按顺序构成一棵如图 6-1（a）所示的完全二叉树，该二叉树具有性质：树中任一非叶结点的关键字均不小于其左、右孩子结点的关键字。而关键字序列(56,12,35,15,40,18,47,68)不满足堆的性质，因此不是堆，将其按层次构成一棵如图 6-1（b）所示的完全二叉树，该二叉树不具有上述性质。

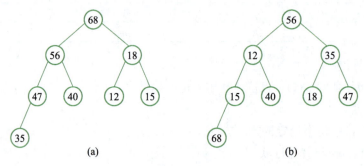

图 6-1　关键字序列构成的二叉树

（2）大小根堆

在堆中，将根结点称为堆顶，最后一个叶结点称为堆底。

● 堆顶关键字是堆中所有结点关键字中最小者的堆称为**小根堆**。

● 堆顶关键字是堆中所有结点关键字中最大者的堆称为**大根堆**。

（3）堆的特点

① 大根堆（或小根堆）中，堆顶记录的关键字最大（或最小），因此在堆中很容易

选取最大（或最小）关键字的记录。

② 堆的树形结构记录了大部分记录关键字之间的大小关系，因此可减少记录关键字的比较次数。

在直接选择排序中，为了从 R[i···n]中选出关键字最小的记录，必须做 $n-i$ 次比较，而在前 i-1 趟排序中，有许多比较可能已经做过，但未保留结果，所以又重复执行了这些比较操作。

而堆排序是一种树形选择排序，可通过树形结构保存部分比较结果，从而减少比较次数。

2. 用大根堆排序方法

（1）初始状态

将 R[1···n]构建为初始堆，无序区包含所有记录 R[1···n]，有序区为空。

（2）第 i 趟排序前状态

无序区为 R[1···$n-(i-1)$]，有序区为 R[$n-(i-1)+1$···n]。

（3）排序方法

① 交换：将堆顶记录 R[1]与堆底记录 R[$n-i+1$]交换，得到新的无序区 R[1···$n-i$]和有序区 R[$n-i+1$···n]。

② 重建堆：由于交换后新的根 R[1]可能违反堆性质，故应将当前无序区 R[1···$n-i$]调整为堆。

③ 重复进行①、②的操作，直到无序区只有一个记录为止。

3. 排序算法

（1）代码

```
void HeapSort(SeqList R)
{ //对 R[1···n]进行堆排序，用 R[0]做暂存单元
    int i;
    BuildHeap(R); //对 R[1···n]构建初始堆
    for(i=1;i<n;i++)
    { //对当前无序区 R[1···n-(i-1)]进行堆排序，共做 n-1 趟
        R[0]=R[1]; //将堆顶与堆底记录交换
        R[1]=R[n-(i-1)];
        R[n-(i-1)]=R[0];
        Heapify(R,1,n-i); //将新无序区 R[1···n-i]调整为堆
    }
}
```

（2）说明

① 函数 Heapify 为重建堆函数，具体详见重建堆方法和重建堆算法。

② 函数 BuildHeap 为构建初始堆函数，具体详见构建初始堆方法和构建初始堆算法。

微课 6—9
堆排序 2

PPT　6—9
堆排序 2

PPT

4．重建堆方法——筛选法

设当前无序区为 R[low…high]，R[low]的左、右子树均已是堆，只有 R[low]可能违反堆性质。

① 若 R[low].key 不小于 R[low]的左右孩子结点的关键字，则 R[low]未违反堆性质，以 R[low]为根的树已是堆，无须调整。

② 否则用 large 指示两个孩子结点中关键字较大者的下标，将 R[low]与 R[large]交换。交换后又可能使结点 R[large]违反堆性质，同样由于该结点的两棵子树（若存在）仍然是堆，故可重复上述的调整过程，对以 R[large]为根的树进行调整。此过程直至当前被调整的结点已满足堆性质，或者该结点已是叶子为止。

5．重建堆算法

```
void Heapify(SeqList R,int low,int high)
{//将 R[low...high]调整为大根堆
    int large;              //large 指向调整结点的左右孩子结点中关键字较大者
    R[0]=R[low];            //暂存调整结点
    for(large=2*low;large<=high;large*=2)
    {//R[low]是当前调整结点，先让 large 指向 R[low]的左孩子
        if(large<high&&R[large].key<R[large+1].key)
            large++;        //使 large 指向较大者
        if(R[0].key>=R[large].key)//R[0]始终对应 R[low]
            break;          //结束调整
        R[low]=R[large];    //相当于交换了 R[low]和 R[large]
        low=large;          //使 low 指向新的调整结点，相当于已筛到 large 的位置
    }
    R[low]=R[0];            //将调整结点放入最终位置上
}
```

6．构建初始堆方法

要将初始文件 R[1…n]调整为一个大根堆，就必须将它所对应的完全二叉树中以每一结点为根的子树都调整为堆。

显然只有一个结点的树是堆，而在完全二叉树中，所有序号 i>[n/2]的结点都是叶子，因此以这些结点为根的子树均已是堆。这样，只需依次将以序号为[n/2]、[n/2]-1、…、1 的非叶结点作为根的子树都调整为堆（调用重建堆）即可。

7．构建初始堆算法

```
void BuildHeap(SeqList R)
{//将初始文件 R[1…n]构造成大根堆
    int i;
    for(i=n/2;i>0;i--)
    Heapify(R,i,n);//将 R[1…n]调整为大根堆
}
```

微课 6-10
堆排序 3

8. 算法分析

（1）时间性能

堆排序每进行一次交换和重建堆即完成一趟排序，所以共需要进行 $n-1$ 趟排序，最坏时间复杂度为 $O(n\lg n)$。堆排序的平均性能较接近于最坏性能。

由于建初始堆所需比较次数较多，所以堆排序不适宜于记录数较少的文件。

（2）空间性能

堆排序辅助空间为 **$O(1)$**，堆排序是就地排序。

（3）稳定性

堆排序是**不稳定**的排序方法。

PPT 6-10
堆排序 3

【例 6-6】构建初始大根堆实例。

对关键字序列(42,13, 91,23, 24,16,05,88)建立初始大根堆。

先将序列构成逻辑结构的一棵完全二叉树，由于关键字序列中有 8 个结点，即 $n=8$，所以从第 4（$n/2$）个结点 R[4]开始调整，如图 6-2（a）所示，直到第 1 个结点 R[1]调整完，初始堆便建立完毕。图中虚框结点为当前需要调整的结点，构建初始堆的逻辑结构形式如下：

第 1 步：调整 R[4]。由于 R[4]<R[8]，所以交换 R[4]与 R[8]，调整结果如图 6-2（b）所示。

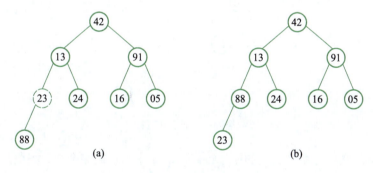

图 6-2 调整 R[4]

第 2 步：调整 R[3]，如图 6-3（a）所示。由于 R[3]不小于其较大孩子结点 R[6]，所以无需调整，结果如图 6-3（b）所示。

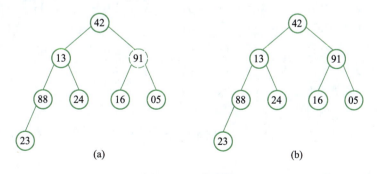

图 6-3 调整 R[3]

第 3 步：调整 R[2]，如图 6-4（a）所示。由于 R[2]<R[4]，所以交换 R[2]与 R[4]；交换后 R[4]又违反堆性质，即 R[4]<R[8]，再交换 R[4]与 R[8]，调整结果如图 6-4（b）所示。

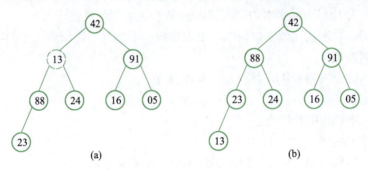

图 6-4   调整 R[2]

第 4 步：调整 R[1]，如图 6-5（a）所示。由于 R[1]<R[3]，所以交换 R[1]与 R[3]。交换后 R[3]不违反堆性质，初始堆建立完毕，如图 6-5（b）所示。

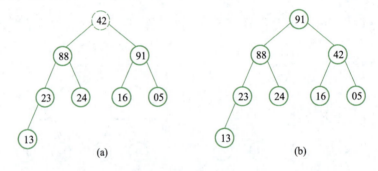

图 6-5   调整 R[1]

动画演示
6-6 构建
初始大根堆

说明：利用完全二叉树的编号特点，即 n 个结点的完全二叉树最后 1 个非叶子结点的编号是[$n/2$]，编号为 i 的结点的左右孩子编号分别为 $2i$ 和 $2i+1$，构建初始堆过程可写成存储结构形式如下（下画线表示待调整结点）。

下标	1	2	3	4	5	6	7	8
调整 R[4]	42	13	91	_23_	24	16	05	88
调整 R[3]	42	13	_91_	88	24	16	05	23
调整 R[2]	42	_13_	91	88	24	16	05	23
调整 R[1]	_42_	88	91	23	24	16	05	13
初始大根堆	91	88	42	23	24	16	05	13

【例 6-7】 大根堆排序实例。

在例 6-6 对关键字序列(42,13,91,23,24,16,05,88)所建立的初始大根堆基础上，进行大根堆排序。

当前无序区为 R[1…8]，无序区的结点为 91、88、42、23、24、16、05、13，当前

有序区为空。以图 6-6 中虚线下的结点为当前有序区的结点，其他结点为当前无序区的结点，堆排序的逻辑结构形式如下。

第 1 趟： 先将堆顶记录 R[1] 与堆底记录 R[8] 交换；再对无序区为 R[1···7] 重建堆，得新的无序区 R[1···7] 为 88、24、42、23、13、16、05，新的有序区 R[8] 为[91]，如图 6-6 所示。

第 2 趟： 先将堆顶记录 R[1] 与堆底记录 R[7] 交换；再对无序区为 R[1···6] 重建堆，得新的无序区[1···6] 为 42、24、16、23、13、05，新的有序区 R[7,8] 为[88,91]，如图 6-7 所示。

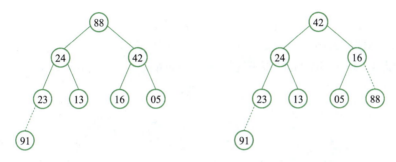

图 6-6　第 1 趟结果　　　　　图 6-7　第 2 趟结果

第 3 趟： 先将堆顶记录 R[1] 与堆底记录 R[6] 交换；再对无序区为 R[1···5] 重建堆，得新的无序区[1···5] 为 24、23、16、05、13，新的有序区 R[6···8] 为[42,88,91]，如图 6-8 所示。

第 4 趟： 先将堆顶记录 R[1] 与堆底记录 R[5] 交换；再对无序区为 R[1···4] 重建堆，得新的无序区[1···4] 为 23、13、16、05，新的有序区 R[5···8] 为[24,42,88,91]，如图 6-9 所示。

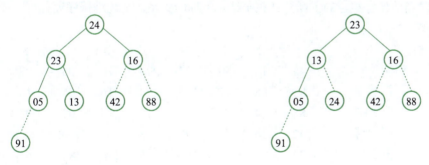

图 6-8　第 3 趟结果　　　　　图 6-9　第 4 趟结果

第 5 趟： 先将堆顶记录 R[1] 与堆底记录 R[4] 交换；再对无序区为 R[1···3] 重建堆，得新的无序区[1···3] 为 16、13、05，新的有序区 R[4···8] 为[23,24,42,88,91]，如图 6-10 所示。

第 6 趟： 先将堆顶记录 R[1] 与堆底记录 R[3] 交换；再对无序区为 R[1···2] 重建堆，得新的无序区[1···2] 为 13、05，新的有序区 R[3···8] 为[16,23,24,42,88,91]，如图 6-11 所示。

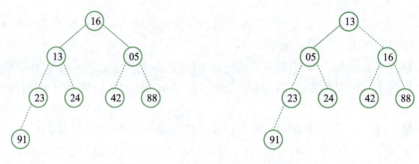

图 6-10　第 5 趟结果　　　　　　　　　图 6-11　第 6 趟结果

第 7 趟： 先将堆顶记录 R[1] 与堆底记录 R[2] 交换，得新的无序区 R[1] 为 05，新的有序区 R[2…8] 为 [13,16,23,24,42,88,91]，由于无序区只有一条记录，归入有序区，有序区 R[1…8] 为 [05,13,16,23,24,42,88,91]，至此，排序完成，如图 6-12 所示。

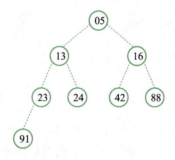

图 6-12　第 7 趟结果

说明： 初始堆为第 1 趟排序前无序区状态，之后的每趟排序都由交换与重建堆操作组成，对 n 个记录进行堆排序需要 $n-1$ 趟才能完成整个排序过程。要注意观察每趟重建堆时当前调整结点的下标与其孩子结点下标的关系，上述堆排序过程可写成存储结构形式如下。

动画演示
6-7　大根
堆排序

下标	1	2	3	4	5	6	7	8
初始关键字	42	13	91	23	24	16	05	88
初始堆	91	88	42	23	24	16	05	13
第 1 趟	88	24	42	23	13	16	05	[91]
第 2 趟	42	24	16	23	13	05	[88	91]
第 3 趟	24	23	16	05	13	[42	88	91]
第 4 趟	23	13	16	05	[24	42	88	91]
第 5 趟	16	13	05	[23	24	42	88	91]
第 6 趟	13	05	[16	23	24	42	88	91]
第 7 趟	[05	13	16	23	24	42	88	91]

【课堂实践 6-4】

已知关键字序列为 (51,22,83,46,75,18,68,30)，写出对其构建初始大根堆存储结构的状态和进行大根堆排序各趟存储结构的状态。

同步训练 6-4

一、单项选择题

1. 当 n 条记录已按关键字正序时，用直接选择排序算法进行排序，需要交换记录的次数为（   ）。

    A．0   B．n-1   C．$(n$-1$)/2$ D．不确定

2. 当 n 条记录已按关键字反序时，用直接选择排序算法进行排序，需要交换记录的次数为（   ）。

    A．0   B．n-1   C．$(n$-1$)/2$ D．不确定

3. 当 n 条记录已按关键字无序时，用直接选择排序算法进行排序，需要交换记录的次数为（   ）。

    A．0   B．n-1   C．$(n$-1$)/2$ D．不确定

4. 直接选择排序算法的时间复杂度为（   ）。

    A．$O(\lg n)$ B．$O(n)$ C．$O(n\lg n)$ D．$O(n^2)$

5. n 条记录使用直接选择排序算法进行排序，初始时有序区和无序区记录个数分别为（   ）。

    A．0 个和 n 个   B．1 个和 n-1 个

    C．n 个和 0 个   D．n-1 个和 1 个

6. 直接选择排序是（   ）的排序方法。

    A．稳定   B．不稳定

    C．时而稳定时而不稳定   D．前 3 个选项都不对

7. 直接选择排序是关键字比较次数与记录初始状态（   ）的排序方法。

    A．相关   B．无关   C．不确定   D．ABC 均不对

8. 堆排序算法的时间复杂度为（   ）。

    A．$O(\lg n)$ B．$O(n)$ C．$O(n\lg n)$ D．$O(n^2)$

9. 对长度为 n 的关键字序列进行堆排序的空间复杂度为（   ）。

    A．$O(\lg n)$ B．$O(1)$ C．$O(n)$ D．$O(n\lg n)$

10. n 条记录使用堆排序算法进行排序，初始时有序区和无序区记录个数分别为（   ）。

    A．0 个和 n 个   B．1 个和 n-1 个

    C．n 个和 0 个   D．n-1 个和 1 个

11. 堆排序是（   ）的排序方法。

    A．稳定   B．不稳定

    C．时而稳定时而不稳定   D．前 3 个选项都不对

二、问题解答题

1. 对关键字序列(265,301,751,129,937,863,742,694,076,438)，写出执行直接选择排序各趟关键字序列的状态。

2. 对关键字序列(265,301,751,129,937,863,742,694,076,438)，写出执行堆排序各趟关

键字序列的状态。

3. 已知待排记录的关键字序列为(25,96,11,63,57,78,44)，请回答下列问题：

（1）写出堆排序的初始大根堆。

（2）写出第二趟堆排序的结果。

4. 在由记录关键字构建的高度为 h（$h>1$）的大根堆 R[1…n]中，回答下列问题：

（1）最多有多少个元素？

（2）最少有多少个元素？

（3）关键字次大的元素可能存放在哪？

（4）关键字最小的元素可能存放在哪？

三、算法设计题

1. 编写采用将当前无序区关键字最大记录与无序区最右一个记录交换的方法的直接选择排序算法。

2. 编写按记录关键字降序排列的小根堆排序算法。

微课 6-11
归并排序 1

PPT 6-11
归并排序 1

PPT

6.5 归并排序

归并排序（Merge sort）采用两路归并方法将两个有序子表合并成一个新的有序表，主要包括自底向上归并排序和自顶向下归并排序。

6.5.1 两路归并方法

1. 基本思路

设两个有序的子文件放在同一向量中相邻的位置上，即 R[low…m]、R[m+1…high]，先将它们合并到一个局部的暂存向量 R1 中，待合并完成后将 R1 复制回 R[low…high]中。

2. 归并方法

（1）动态申请 R1

R1 是辅助空间，采用动态申请，因为申请的空间可能很大，故须加入申请空间是否成功的处理。

（2）合并

设置 i、j 和 p 3 个指针，其初值分别指向 R[low…m]、R[m+1…high]、R1 的起始位置。依次比较 R[i]与 R[j]的关键字，取关键字较小的记录复制到 R1[p]中，然后将被复制记录的指针 i 或 j 加 1，以及指向复制位置的指针 p 加 1。

重复这一过程直至两个子文件有一个已全部复制完毕（不妨称其为空），此时将另一非空的子文件中剩余记录依次复制到 R1 中即可。

3. 归并算法

```
int Merge(SeqList R,int low,int m,int high)
{//将有序子文件 R[low…m]和 R[m+1…high]归并为有序文件 R[low…high]
    int i=low,j=m+1,p=0; //置初始值
```

RecType *R1;

R1=(RecType *)malloc((high−low+1)*sizeof(RecType));

if(!R1) //申请空间失败

　　{printf("申请空间失败!");return 0;}

while(i<=m&&j<=high) //两子文件非空时取小者复制到 R1[p]

　　R1[p++]=(R[i].key<=R[j].key)?R[i++]:R[j++];

while(i<=m) //若第 1 个子文件非空，则复制剩余记录到 R1 中

　　R1[p++]=R[i++];

while(j<=high) //若第 2 个子文件非空，则复制剩余记录到 R1 中

　　R1[p++]=R[j++];

for(p=0,i=low;i<=high;p++,i++)

　　R[i]=R1[p];//归并完成后将结果复制回 R[low…high]

　return 1;

}

【示例 6-2】将两个关键字序列有序表 A=(15,18,47)，B=(12,35,40,56,68)归并为关键字序列有序表 C。归并过程如下。

有序表 A	15	18	47				
有序表 B	12	35	40	56	68		
第 1 次归并	12						
第 2 次归并	12	15					
第 3 次归并	12	15	18				
第 4 次归并	12	15	18	35			
第 5 次归并	12	15	18	35	40		
第 6 次归并	12	15	18	35	40	47	
第 7 次归并	12	15	18	35	40	47	56	68

动画演示
6-8　两路
归并过程

微课 6-12
归并排序 2

6.5.2　自底向上归并排序

1．基本思路

将待排序的文件 R[1…n]看作是 n 个长度为 1 的有序子文件，将这些子文件两两归并，直到得到一个长度为 n 的有序文件为止。

2．排序方法

（1）初始状态

n 个有序区 R[1]、R[2]、…、R[n]。

（2）第 i 趟排序前状态

PPT　6-12
归并排序 2

$\lfloor n/2^{i-1} \rfloor$（1≤i≤$\lceil \lg n \rceil$+1）个有序区（有序子文件），设第 1 个区间长度为 length，则各有序区为 R[1…length]、R[length+1…2*length]、R[2*length+1…3*length]、…。

（3）排序方法

① 依次对长度为 length 的两个相邻子文件 R[i,i+length-1]和 R[i+length,i+2*length-1]进行归并，如果最后还剩两个子文件，即 *i*+length-1<*n*，其中最后一个子文件长度小于 length，将这两个子文件也归并，如果最后只剩一个子文件，即 *i*≤*n* 且 *i*+length+1≥*n*，则该子文件轮空，无须归并。一趟归并结束将长度值 length 增加到 2*length。

② 重复进行第①步，直到全部记录都在一个文件为止。

3．排序算法

void BottomUpMergeSort(SeqList R)
{//自底向上归并排序
  int length,i;
  for(length=1;length<n;length*=2)
  {//两两归并
    for(i=1;i+2*length-1<=n;i=i+2*length)
      Merge(R,i,i+length-1,i+2*length-1);//归并长度为 length 的两个相邻子文件
    if(i+length-1<n) //尚有两个子文件，其中后一个长度小于 length
    Merge(R,i,i+length-1,n);//归并最后两个子文件
  }
}

4．算法分析

（1）时间性能

自底向上归并排序每进行一次两两归并即完成一趟排序，所以共进行 $\lceil \lg n \rceil$ 趟排序，每趟归并时间为 $O(n)$，时间复杂度为 $O(n\lg n)$。

（2）空间性能

辅助空间为 **$O(n)$**，不是就地排序。若用单链表做存储结构，很容易给出就地的归并排序。

（3）稳定性

即是**稳定**的排序方法。

【例 6-8】 自底向上归并排序实例。

对关键字序列(25,57,48,37,12,92,86)进行自底向上的归并排序。将 R[1…7]看成 7 个长度为 1 的有序序列，对其进行两两归并。

动画演示
6-9 自底
向上归并
排序

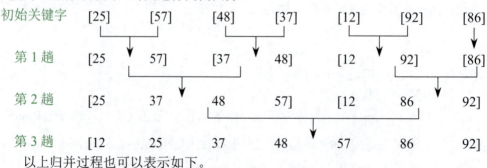

以上归并过程也可以表示如下。

初始关键字	[25]	[57]	[48]	[37]	[12]	[92]	[86]
第 1 趟	[25	57]	[37	48]	[12	92]	[86]
第 2 趟	[25	37	48	57]	[12	86	92]
第 3 趟	[12	25	37	48	57	86	92]

6.5.3 自顶向下归并排序

微课 6-13
归并排序 3

1．基本思路

采用分治法，将待排序的文件 R[1…n]分解为两个子文件，再对两个子文件依次用同样的方法进行排序，待两个子文件均有序时，将两个子文件归并为一个文件。

2．排序方法

PPT　6-13
归并排序 3

PPT

设归并排序的当前区间是 R[low…high]，分治法的 3 个步骤如下。

（1）分解

将当前区间一分为二，即求分裂点 mid=[(low+high)/2]。

（2）求解

递归地对两个子区间 R[low…mid]和 R[mid+1..high]进行归并排序，递归的终结条件：子区间长度为 1。

（3）组合

将已排序的两个子区间 R[low…mid]和 R[mid+1…high]归并为一个有序的区间 R[low...high]。

3．具体算法

```
void TopDownMergeSort (SeqList R,int low,int high)
{//自顶向下归并排序
    int mid;
    if(low<high)
    {//区间长度大于 1
        mid=(low+high)/2;//分解
        TopDownMergeSort (R,low,mid); //递归地对 R[low…mid]排序
        TopDownMergeSort (R,mid+1,high);//递归地对 R[mid+1…high]排序
        Merge(R,low,mid,high);//组合,将两个有序区归并为一个有序区
    }
}
```

4．算法分析

（1）时间性能

自顶向下归并排序每进行一次归并即完成一趟归并排序，所以共进行 n-1 趟排序，时间复杂度为 $O(n\lg n)$。

（2）空间性能

辅助空间为 **$O(n)$**，不是就地排序。若用单链表做存储结构，很容易给出就地的归并排序。

（3）稳定性

即是**稳定**的排序方法。

【例 6-9】自顶向下归并排序实例。

对关键字序列(25,57,48,37,12,92,86)进行自顶向下归并排序。其中的虚线表示分解，实线表示组合，圆括号表示无序区，方括号表示有序区，排序过程如图 6-13 所示。

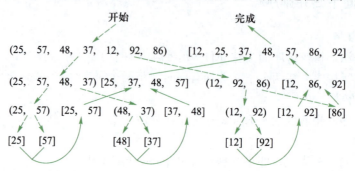

图 6-13　自顶向下归并排序

上述排序过程也可以用存储结构表示如下。

初始关键字	(25	57	48	37	12	92	86)
第 1 趟	[25	57]	(48	37)	(12	92	86)
第 2 趟	[25	57]	[37	48]	(12	92	86)
第 3 趟	[25	37	48	57]	(12	92	86)
第 4 趟	[25	37	48	57]	[12	92]	[86]
第 5 趟	[25	37	48	57]	[12	86	92]
第 6 趟	[12	25	37	48	57	86	92]

【课堂实践 6-5】

已知关键字序列为(51,22,83,46,75,18,68,30)，分别用自底向上和自顶向下归并排序对其进行排序，写出各趟存储结构的状态。

同步训练 6-5

一、单项选择题

1. n 条记录用自底向上归并排序进行排序，初始时有序区的个数为（　　　）。
　　A．0　　　　　　B．1　　　　　　C．$n-1$　　　　　　D．n

2. n 条记录用自底向上归并排序进行排序，需要进行的趟数为（　　　）。
　　A．n　　　　　　B．$n-1$　　　　　　C．$\lceil \lg n \rceil$　　　　　　D．$[\lg n]$

3. n 条记录用自底向上归并排序进行排序的时间复杂度为（　　　）。
　　A．$O(\lg n)$　　　　B．$O(n)$　　　　C．$O(n\lg n)$　　　　D．$O(n^2)$

4. n 条记录用自底向上归并排序进行排序的空间复杂度为（　　　）。
　　A．$O(\lg n)$　　　　B．$O(n)$　　　　C．$O(n\lg n)$　　　　D．$O(n^2)$

5. 自底向上归并排序是（　　　）的排序方法。

A．稳定　　　　　　　　　B．不稳定

C．时而稳定时而不稳定　　D．前 3 个选项都不对

6．*n* 条记录用自顶向下归并排序进行排序，初始时有序区的个数为（　　）。

A．0　　　　　　B．1　　　　　C．*n*-1　　　　　D．*n*

7．*n* 条记录用自顶向下归并排序进行排序，需要进行的趟数为（　　）。

A．*n*　　　　　　B．*n*-1　　　　　C．$\lceil \lg n \rceil$　　　　　D．$[\lg n]$

8．*n* 条记录用自顶向下归并排序进行排序的时间复杂度为（　　）。

A．$O(\lg n)$　　　　B．$O(n)$　　　　C．$O(n\lg n)$　　　　D．$O(n^2)$

9．*n* 条记录用自顶向下归并排序进行排序的空间复杂度为（　　）。

A．$O(\lg n)$　　　　B．$O(n)$　　　　C．$O(n\lg n)$　　　　D．$O(n^2)$

10．自顶向下归并排序是（　　）的排序方法。

A．稳定　　　　　　　　　B．不稳定

C．时而稳定时而不稳定　　D．前 3 个选项都不对

二、问题解答题

1．对关键字序列(265,301,751,129,937,863,742,694,076,438)，写出执行自底向上归并排序各趟关键字序列的状态。

2．对关键字序列(265,301,751,129,937,863,742,694,076,438)，写出执行自顶向下归并排序各趟关键字序列的状态。

3．将两个长度为 *n* 的有序表归并为一个长度为 2*n* 的有序表时，请说明以下两种情况发生时，两个被归并的表有何特征。

（1）需要比较最少次数 *n* 次。

（2）需要比较最多次数 2*n*-1 次。

6.6　分配排序

前面介绍的 4 类排序方法都是基于关键字的比较进行排序的,分配排序的基本思想:
**排序过程无须比较关键字，而是通过"分配"和"收集"过程来实现排序。它们的时间
复杂度可达到线性阶** $O(n)$。

微课 6-14
分配排序 1

6.6.1　箱排序

1．基本思想

箱排序（Bin Sort）的基本思想是：设置若干个箱子，依次扫描待排序的记录 R[0]、
R[1]、…、R[*n*-1]，把关键字等于 *k* 的记录全都装入第 *k* 个箱子中（称为分配），然后按
序号依次将各非空的箱子首尾连接起来（称为收集）。

PPT　6-14
分配排序 1

【示例 6-3】要将一副混洗的 52 张扑克牌按点数 A<2<…<J<Q<K 排序，需设置 13
个"箱子"，排序时依次将每张牌按点数放入相应的箱子里，然后依次将这些箱子首尾相
接，就得到了按点数递增序排列的一副牌。

2. 箱排序说明

① 箱排序中，箱子的个数取决于关键字的取值范围。

若 R[0…n-1]中关键字的取值范围是 0～m-1 的整数，则必须设置 m 个箱子。因此箱排序要求关键字的类型是有限类型，否则可能要无限个箱子。

② 箱子的类型应设计成链表为宜。

一般情况下每个箱子中存放多少个关键字相同的记录是无法预料的，故箱子的类型应设计成**链表**为宜。

③ 为保证排序是稳定的，分配过程中装箱及收集过程中的连接必须按先进先出原则进行。

实现方法 1：每个箱子设为一个链队列。当一记录装入某箱子时，应做入队操作将其插入该箱子尾部；而收集过程则是对箱子做出队操作，依次将出队的记录放到输出序列中。

实现方法 2：若输入的待排序记录是以链表形式给出时，出队操作可简化为是将整个箱子链表链接到输出链表的尾部。这只需要修改输出链表的尾结点中的指针域，令其指向箱子链表的头，然后修改输出链表的尾指针，令其指向箱子链表的尾即可。

3. 算法简析

分配过程的时间为 $O(n)$，收集过程的时间为 $O(m)$（采用链表来存储输入的待排序记录）或 $O(m+n)$。因此，箱排序的时间为 $O(m+n)$。若箱子个数 m 的数量级为 $O(n)$，则箱排序的时间是线性的，即 $O(n)$。

注意：箱排序实用价值不大，仅适用于作为基数排序的一个中间步骤。

6.6.2 桶排序

桶排序（Bucket Sort）是箱排序的变种，只是关键字的取值范围必须是[0,1)上的实数。为了区别于上述的箱排序，姑且称它为桶排序。

1. 排序方法

把[0,1)划分为 n 个大小相同的子区间，每一子区间是一个桶。然后将 n 个记录分配到各个桶中。因为关键字序列是均匀分布在[0,1)上的，所以一般不会有很多个记录落入同一个桶中。由于同一桶中记录的关键字不尽相同，所以必须采用关键字比较的排序方法（通常用插入排序）对各个桶进行排序，然后依次将各非空桶中的记录连接（收集）起来即可。

注意：这种排序方法基于以下假设：输入的 n 个关键字序列是随机分布在区间[0,1)上。若关键字序列的取值范围不是该区间，只要其取值均非负，总能将所有关键字除以某一合适的数，将关键字映射到该区间上。但要保证映射后的关键字是均匀分布在[0,1)上的。

动画演示 6-11 桶排序

【示例 6-4】桶排序实例。

设 R[0…9] 中的关键字为(0.78,0.17,0.39,0.26,0.72,0.94,0.21,0.12,0.23,0.68)。由于 n=10，所以要用 10 个桶 B[0…9]，这 10 个桶表示的子区间分别是：[0,0.1),[0.1,0.2),[0.2,0.3),

[0.3,0.4),[0.4,0.5),[0.5,0.6),[0.6,0.7),[0.7,0.8)v[0.8,0.9),[0.9,1)。对其进行桶排序的排序过程：

第 1 步：分配。 将各记录按关键字的值分配到相应的桶 B[*i*]中，如果在同一个桶中有多个记录，使用直接插入排序按由小到大的顺序排好序，具体分配过程见表 6-4。

表 6-4　桶排序具体分配过程

初始关键字	0.78	0.17	0.39	0.26	0.72	0.94	0.21	0.12	0.23	0.68
桶号 *i*	0	1	2	3	4	5	6	7	8	9
分配及桶内排序结果		0.12	0.21	0.39			0.68		0.72	0.94
		0.17	0.23						0.78	
			0.26							

第 2 步：收集。 将 B[0]到 B[9]中非空桶中的记录依次放入 R[0…9]中，得到(0.12,0.17, 0.21,0.23,0.26,0.39,0.72,0.78,0.68,0.94)，桶排序结束。

2．桶排序算法
（1）代码

```
#define m 10 //m 表示桶的个数
void BucketSort(SeqList R)
{//对 R[0...n-1]做桶排序，假设 R[i].key 均是小于 100 的非负整数
    RecType B[m][n];//B[i]为第 i 个桶（0≤i<m），用于存放十位为 i 的记录
    int i,k,p=1,j[m]={0};//j[i]为计数器，用来记录桶 B[i]中记录的个数
    for(i=1;i<=n;i++)//分配过程
        B[R[i].key/10][++j[R[i].key/10]]=R[i];//从 B[R[i].key/10][1]开始存放
    for(i=0;i<m;i++)//排序过程
        if(j[i]>0)//桶 B[i]非空
            InsertSort(B[i],j[i]);
    for(i=0;i<m;i++)//收集过程
        if(j[i]>0)
            for(k=1;k<=j[i];k++,p++)
                R[p]=B[i][k];
}
```

（2）说明

① 将区间[0,1)扩大为[0,100)，即假设 R[i].key 均是小于 100 的非负整数，这样，只需设置 10 个桶 B[i]（0≤*i*<10），B[*i*]用于存放十位为 *i* 的记录，为了与其他排序算法统一，B[*i*]采用顺序存储结构。

② 为了能够顺利调用直接插入排序算法,对每个桶 B[*i*]均从下标为 1 的元素 B[*i*][1]开始存放，B[*i*][0]作为哨兵。

③ 由于每个桶 B[*i*]记录个数 *j*[*i*]可能不同，所以将直接插入排序函数增加一个表示记录个数的参数。

3．桶排序算法分析

（1）时间性能

桶排序在平均情况下，即每个桶均匀分布 n/m 条记录，时间复杂度为 $O(n^2/m)$；在最好情况下，即每个桶只有一条记录，时间复杂度是线性的，即 $O(n)$；但在最坏情况下，即 n 条记录全落入了同一个桶，时间复杂度为 $O(n^2)$。

（2）空间性能

桶排序采用顺序存储结构需要 $m*n$ 个辅助空间，空间复杂度是 $O(m*n)$；采用链式存储结构需要 n 个辅助空间，空间复杂度为 $O(n)$。

（3）稳定性

桶排序的稳定性与桶内所选排序方法有关，如果桶内所选排序方法是稳定的，那么桶排序方法就是稳定的，如果桶内所选排序方法是不稳定的，那么桶排序方法就是不稳定的。

微课 6-15
分配排序 2

PPT　6-15
分配排序 2

6.6.3　基数排序

基数排序（Radix Sort）是对箱排序的改进和推广。

1．多关键字排序方法

（1）单关键字和多关键字

文件中任一记录 $R[i]$ 的关键字均由 d 个分量 $K_i^0 K_i^1 \cdots K_i^{d-1}$ 构成。

若这 d 个分量中每个分量都是一个独立的关键字，则文件是多关键字的；否则文件是单关键字的。其中的分量 K^0 称为高位关键字，分量 K^{d-1} 称为低位关键字。

【示例 6-5】扑克牌有点数和花色两个关键字。

多关键字中的每个关键字的取值范围一般不同，单关键字中的每位一般取值范围相同。

【示例 6-6】扑克牌是多关键字的，有花色和点数两个关键字，花色取值只有 4 种，而点数则有 13 种；而 3 位十进制整数是单关键字的，每位数码的取值范围都是 0～9。

（2）基数

设单关键字的每个分量 k_j 的取值范围均是 $C_0 \leqslant k_j \leqslant C_{r-1}$（$0 \leqslant j < d$），可能的取值个数 r 称为基数。

基数的选择和关键字的分解与关键字的类型有关。

① 若关键字是十进制整数，则按个、十等位进行分解，基数 $r=10$，$C_0=0$，$C_9=9$，d 为最长整数的位数。

② 若关键字是小写的英文字符串，则 $r=26$，$C_0=\text{'a'}$，$C_{25}=\text{'z'}$，d 为字符串的最大长度。

（3）多关键字排序方法

① 高位优先法。

先按最高位关键字 K^0 对记录进行排序，将文件分成若干堆，每堆中的记录都具有相

同的 K^0 值，再对每堆按关键字 K^1 对记录进行排序，如此重复，直到对每堆按关键字 K^{d-1} 对记录进行排序，最后将各堆按次序叠在一起成为一个有序文件。

② 低位优先法。

先按最低位关键字 K^{d-1} 对记录进行排序，再按关键字 K^{d-2} 对记录进行排序，如此重复，最后按关键字 K^1 对记录进行排序，得到一个有序文件。

【示例 6-7】扑克牌先按花色关键字进行排序，花色的顺序为梅花、方块、红桃、黑桃，将扑克牌按花色分成 4 堆，再对每一堆按面值关键字进行排序，最后将各堆依次叠放在一起得到有序的一副扑克牌，此方法就是高位优先法。另外，扑克牌先按面值关键字进行排序，再按花色关键字进行排序，得到有序的一副扑克牌，此方法就是低位优先法。

可以看出，低位优先法比高位优先法简单，高位优先排序必须将文件逐层分割成若干子文件，然后各子文件独立排序。而低位优先法不必分成子文件，每个关键字都是对整个文件进行排序，且可通过若干次"分配"和"收集"实现排序。

基数排序就是用低位优先法对单关键字（或多关键字）排序的一种方法。

2．基数排序基本思路

按低位优先法对关键字进行箱排序，通过"分配"和"收集"实现每趟排序。在每趟箱排序中，所需的箱子数就是基数 r，这就是"基数排序"名称的由来。

3．基数排序算法

采用链队列作为各箱子的存储结构，相应的类型说明及算法描述如下。

（1）数据描述

```
#define d 4     //不妨设关键字位数 d=4
#define r 10    //基数 r 为 10
typedef RecType DataType    //队列中元素的类型 DataType 设为 RecType
```

（2）装箱算法

```
void Distribute(SeqList R,LinkQueue B[],int j)
{//按关键字的第 j 个分量进行装箱
    int i,k,t;
    for(i=1;i<=n;i++)
    {//依次扫描 R[i]，将其装箱
        k=R[i].key;
        for(t=1;t<j;t++)
            k=k/10;//使 R[i].key 的第 j 位成为 k 的最低位
        k=k%10; //取关键字的第 j 位数字 k
        EnQueue(&B[k],R[i]); //将 R[i]装入箱子 B[k]
    }
}
```

（3）收集算法

```
void Collect(SeqList R,LinkQueue B[])
{//依次将各非空箱子中的记录收集起来
    int i=1,j;//从 R[1]开始收集
    for(j=0;j<r;j++)
        while(!QueueEmpty(&B[j]))
            DeQueue(&B[j],&R[i++]);//将箱子 B[j]中的记录放入 R[i]
}
```

（4）排序算法

```
void RadixSort(SeqList R)
{//对 R[1…n]进行基数排序，R[i].key 为非负整数，且位数不超过 d
    LinkQueue B[r]; //10 个箱子，每个都是链队列
    int i;
    for(i=0;i<r;i++)
        InitQueue(&B[i]); //箱子置空
    for(i= 1;i<=d;i++)
    {//从低位到高位做 d 趟箱排序
        Distribute(R,B,i); //第 i 趟装箱
        Collect(R,B); //第 i 趟收集
    }
}
```

4．算法分析

（1）时间性能

基数排序由于装箱和收集的时间复杂度是线性的，即 $O(n)$，而记录关键字的位数 d 与 n 无关，所以基数排序的时间复杂度是线性的，即 $O(n)$。

（2）空间性能

基数排序共需 r 个箱子，全部箱子所需辅助空间为 n，所以基数排序的空间复杂度为 $O(n+r)$。

（3）稳定性

基数排序是**稳定**的排序方法。

【例 6-10】基数排序实例。

动画演示
6-12 基数
排序

对关键字序列为(36,5,16,98,95,47,32,36,48)的记录进行基数排序。

由于要排序的记录关键字最大的是两位整数，所以需进行 2 趟箱排序、10 个箱子，具体排序时从第 1 个记录开始扫描直到最后 1 个记录,将其按个位的值进行第 1 趟装箱，按箱号顺序进行第 1 趟收集，同一个箱子按入箱的先后顺序进行收集；再按十位的值进行第 2 趟装箱，按箱号顺序进行第 2 趟收集，第 2 趟收集的结果便是排序结果。基数排

序的过程见表 6-5。

表 6-5　基数排序过程

初始关键字		36	5	16	98	95	47	32	<u>36</u>	48
箱号	0	1	2	3	4	5	6	7	8	9
第 1 趟装箱			32			5	36	47	98	
						95	16		48	
							<u>36</u>			
第 1 趟收集		32	5	95	36	16	<u>36</u>	47	98	48
第 2 趟装箱	5	16		32	47					95
				36	48					98
				<u>36</u>						
第 2 趟收集	5	16	32	36	<u>36</u>	47	48	95	98	

【课堂实践 6-6】

　　某类物品的编号由一个大写英文字母及两位数字组成。运用基数排序对下列物品编号序列(E13,A37,F43,B32,B47,E12,F37,B12)进行按字典序的排序,写出每一趟(分配和收集)后的结果。

同步训练 6-6

一、单项选择题

1. 一趟箱排序是指对记录做（　　）操作。

　　A. 分配　　　　　　　B. 收集　　　　　　　C. 分配和收集　　　　　D. 分配或收集

2. 桶排序是（　　）的箱排序。

　　A. 记录的关键字为整数　　　　　　B. 记录的关键字为字符

　　C. 记录的关键字为实数　　　　　　D. 记录的关键字为[0,1)范围内实数

3. 桶排序是将[0,1)分成若干个子区间,每个子区间称为一个桶,子区间的划分（　　）。

　　A. 可以任意划分　　　　　　B. 必须任意划分

　　C. 可以均匀划分　　　　　　D. 必须均匀划分

4. 桶排序分配过程完成后,按桶编号由小到大依次收集,而对桶中含有的多条记录需要（　　）。

　　A. 直接收集　　　　　　　　B. 比较排序后收集

　　C. 桶排序后收集　　　　　　D. 箱排序后收集

5. 对含有 n 条记录 m 个桶的桶排序的平均时间复杂度为（　　）。

　　A. $O(n^2)$　　　　B. $O(n^2/m)$　　　　C. $O(n)$　　　　　D. $O(m)$

6. 对含有 n 条记录 m 个桶的桶排序的最好时间复杂度为（　　）。

　　A. $O(n^2)$　　　　B. $O(n^2/m)$　　　　C. $O(n)$　　　　　D. $O(m)$

单元 6
拓展训练

单元 6
课堂实践
参考答案

同步训练
6-1 参考
答案

同步训练
6-2 参考
答案

同步训练
6-3 参考
答案

同步训练
6-4 参考
答案

同步训练
6-5 参考
答案

单元 6
拓展训练
参考答案

同步训练
6-6 参考
答案

7．对含有 n 条记录 m 个桶的桶排序的最坏时间复杂度为（　　　）。

    A．$O(n^2)$ B．$O(n^2/m)$ C．$O(n)$ D．$O(m)$

8．基数排序是对含有（　　　）记录进行排序的排序方法。

    A．单关键字   B．多关键字

    C．单关键字或多关键字   D．既有单关键字又有多关键字

9．对含有 n 条记录进行基数排序，如果每条记录关键字的最多位数为 d，关键字的每个分量的取值范围为$[C_0,C_{r-1}]$，则（　　　）是箱子的个数，即基数。

    A．n B．d C．r D．$r-1$

10．对含有每条记录关键字的最多位数为 d、基数为 r 的 n 条记录进行基数排序的时间复杂度为（　　　）。

    A．$O(n)$ B．$O(nd)$ C．$O(n+d)$ D．$O(n+r)$

11．对含有每条记录关键字的最多位数为 d、基数为 r 的 n 条记录进行基数排序的空间复杂度为（　　　）。

    A．$O(n)$ B．$O(nd)$ C．$O(n+d)$ D．$O(n+r)$

12．基数排序是（　　　）的排序方法。

    A．稳定   B．不稳定

    C．时而稳定时而不稳定   D．前 3 个选项都不对

二、问题解答题

1．对关键字序列(265,301,751,129,937,863,742,694,076,438)，写出执行基数排序各趟关键字序列的状态。

2．对关键字序列(55,46,13,05,94,17,42)进行基数排序，写出每一趟排序后的结果。

查　　找

【知识目标】

- 了解查找的基本概念。
- 掌握顺序查找的基本思想、算法实现和查找效率分析。
- 掌握二分查找的基本思想、算法实现和查找效率分析。
- 掌握分块查找的基本思想、算法实现和查找效率分析。
- 掌握二叉查找树的插入、删除、建树和查找算法及时间性能。
- 掌握哈希查找方法、哈希函数的构造和解决冲突的方法。

【能力目标】

- 具有选择恰当的查询算法解决实际问题的能力。

7.1 查找的基本概念

微课 7-1
顺序查找

PPT　7-1
顺序查找

PPT

基本概念

假定被查找的对象是由一组结点组成的表或文件，而每个结点则由若干个数据项组成，并假设每个结点都有一个能唯一标识该结点的关键字。

1. 查找定义

给定一个值 K，在含有 n 个结点的表中找出关键字等于给定值 K 的结点。若找到，则查找成功，返回该结点的信息或该结点在表中的位置；否则查找失败，返回相关的提示信息。

2. 动态查找表和静态查找表

若在查找的同时允许对表做插入和删除操作，则相应的表称之为**动态查找表**，否则称之为**静态查找表**。

3. 内查找和外查找

若整个查找过程都在内存中进行，则称之为**内查找**；反之，若查找过程中需要访问外存，则称之为**外查找**。

4. 平均查找长度

查找运算的主要操作是关键字的比较，通常把查找过程中对关键字需要执行的平均比较次数称为**平均查找长度**（Average Search Length，ASL），将以平均查找长度作为衡量一个查找算法效率优劣的标准。

平均查找长度 ASL 定义：$ASL = \sum_{i=1}^{n} p_i c_i$

即 ASL 等于每个结点的查找概率 p_i 与比较次数 c_i 乘积的和。

① n 是结点的个数。

② p_i 是查找第 i 个结点的概率。若不特别声明，认为每个结点的查找概率相等，即 $p_1 = p_2 = \cdots = p_n = 1/n$。

③ c_i 是找到第 i 个结点所需进行的比较次数。

ⓘ 注意：平均查找长度 ASL 与结点关键字的值无关，而与结点的个数有关。

7.2 线性表查找

7.2.1 顺序查找

顺序查找（Sequential Search）又称线性查找，是最基本的查找方法之一。顺序查找既适用于顺序表，也适用于链表。

1．基本思路

从表的一端开始，顺序扫描线性表，依次按给定值 K 与关键字 Key 进行比较，若相等，则查找成功，并给出数据元素在表中的位置；若整个表查找完毕，仍未找到与 K 相同的关键字，则查找失败，给出失败信息。

2．顺序表及其结点描述

```
#define n 20//结点个数
typedef int KeyType;//关键字类型定义
typedef char OtherdataType;//非关键字类型定义
typedef struct
{//结点类型定义
    KeyType key;
    OtherdataType data;
}NodeType;
typedef NodeType SeqList[n+1];//SeqList 用来定义顺序表
```

3．具体算法

（1）代码

```
int SeqSearch(Seqlist R,KeyType K)
{ //在顺序表 R[1…n]中查找关键字为 K 的结点
    int i;
    R[0].key=K; //设置哨兵
    for(i=n;R[i].key!=K;i--);//从表后往前找
    return i;//若 i 为 0，表示查找失败，否则 R[i]是要找的结点
}
```

（2）说明

① 在顺序表中查找，可以从前向后查找，也可以从后向前查找，算法中采用的是从后向前查找。

② 算法中的 R[0]为监视哨，其作用是为了在 for 循环中省去判定防止下标越界的条件 $i \geqslant 1$，从而节省比较的时间。

4．算法分析

（1）平均查找长度

在等概率情况下，$p_i=1/n$（$1 \leqslant i \leqslant n$），查找成功的平均查找长度为 $ASL_{sq}=(n+1)/2$，即**查找成功时的平均比较次数约为表长的一半**；在最坏情况下查找成功的比较次数为 n；查找失败的比较次数为 $n+1$。

（2）优缺点

优点是算法简单，且对表的结构无任何要求，无论是用向量还是用链表来存放结点，也无论结点之间是否按关键字有序，它都同样适用。缺点是查找效率低，因此，当 n 较

微课 7-2
二分查找

大时不宜采用顺序查找。

7.2.2 二分查找

1. 二分查找（binary search）

二分查找又称**折半查找**，它是一种效率较高的查找方法。

二分查找要求：线性表是有序表，即表中结点按关键字有序，不妨设有序表是递增有序的。并且要用顺序存储结构作为表的存储结构。

PPT 7-2
二分查找

PPT

2. 基本思路

设 R[low…high]是当前的查找区间。

① 首先确定该区间的中点位置：mid=[(low+high)/2]。

② 然后将待查找的 K 值与 R[mid].key 比较：若相等，则查找成功并返回此位置，否则须确定新的查找区间，继续二分查找，具体方法如下。

- 若 R[mid].key>K，则由表的有序性可知 R[mid…n]. key 均大于 K，因此若表中存在关键字等于 K 的结点,则该结点必定是在位置 mid 左边的子表 R[1…mid-1]中，故新的查找区间是左子表 R[1…mid-1]。

- 若 R[mid].key<K，类似地，则新的查找区间是右子表 R[mid+1…n]，下次在新的查找区间进行查找。

因此，从初始的查找区间 R[1…n]开始，每经过一次与当前查找区间的中点位置上结点关键字的比较，若相等则查找成功，否则当前查找区间就缩小一半。重复这一过程直至找到关键字为 K 的结点，或者当前查找区间为空，即查找失败为止。

3. 二分查找算法

```
int BinSearch(SeqList R,KeyType K)
{//在有序表 R[1…n]中进行二分查找，成功时返回结点位置，失败时返回 0
    int low=1,high=n,mid;//置当前查找区间的初值
    while(low<=high)
    {//当前查找区间 R[low…high]非空
        mid=(low+high)/2;
        if(R[mid].key==K)
            return mid;//查找成功返回
        if(R[mid].key>K)
            high=mid-1; //继续在 R[low…mid-1]中查找
        else
            low=mid+1;//继续在 R[mid+1…high]中查找
    }
    return 0;//当 low>high 时查找区间为空，查找失败
}
```

4．算法分析

（1）平均查找长度

在等概率假设下，二分查找成功时平均查找长度为：

$$ASL_{bn} = \frac{n+1}{n}\left[\lg(n+1)\right] - \frac{2^{\lceil \lg(n+1)\rceil}-1}{n} = \frac{1}{n}((n+1)\lceil \lg(n+1)\rceil - (2^{\lceil \lg(n+1)\rceil}-1))\text{；最坏情况下}$$

查找成功的比较次数为 $\lceil \lg(n+1)\rceil$。

（2）优缺点

二分查找效率高，但要将表按关键字排序且只适用于顺序存储结构，而不能用于链式存储结构。对经常进行插入和删除操作的表，不宜采用此方法。

动画演示
7-1　二分
查找

【示例 7-1】二分查找法实例。

已知有序顺序表 R(05,13,19,21,37,56,64,75,80,88,92)，采用二分查找法查找 K=21 和 K=78。查找过程中，方括号[]表示当前待查找记录的区间，分别对应下标 low 和 high；下画线表示当前查找记录的关键字，对应下标 mid。

查找 K=21 的过程见表 7-1。

表 7-1　查找 K=21 的过程

下标	1	2	3	4	5	6	7	8	9	10	11	K
第 1 次比较	[05	13	19	21	37	<u>56</u>	64	75	80	88	92]	
第 2 次比较	[05	13	<u>19</u>	21	37]	56	64	75	80	88	92	21
第 3 次比较	05	13	19	[<u>21</u>	37]	56	64	75	80	88	92	

查找 K=21 成功，返回下标 mid=4。

查找 K=78 的过程见表 7-2。

表 7-2　查找 K=78 的过程

下标	1	2	3	4	5	6	7	8	9	10	11	K
第 1 次比较	[05	13	19	21	37	<u>56</u>	64	75	80	88	92]	
第 2 次比较	05	13	19	21	37	56	[64	75	<u>80</u>	88	92]	
第 3 次比较	05	13	19	21	37	56	[<u>64</u>	75]	80	88	92	78
第 4 次比较	05	13	19	21	37	56	64	[<u>75</u>]	80	88	92	
区间已空	05	13	19	21	37	56	64	75]	[80	88	92	

第 4 次比较后，low=9，high=8，出现 low>high 的情况，即查找区间已空，因此，查找 K=78 不成功，返回 0。

7.2.3　分块查找

分块查找（Block Search） 又称索引顺序查找，它是一种性能介于顺序查找和二分查找之间的查找方法。

1．分块查找表存储结构

分块查找表由"分块有序"的**线性表和索引表**组成。

微课 7-3
分块查找

PPT　7-3
分块查找

（1）"分块有序"的线性表

将表 R[1…n]均分为 b 块，前 b-1 块中结点个数为 s = ⌈n/b⌉，第 b 块结点个数小于等于 s；每一块中的关键字不一定有序，但前一块中的最大关键字必须小于后一块中的最小关键字，即表是"分块有序"的。

（2）索引表

抽取各块中的最大关键字及该块起始位置构成一个索引表 ID[1…b]，即 ID[i]（1≤i≤b）中存放第 i 块的最大关键字及该块在表 R 中的起始位置。由于表 R 是"分块有序"的，所以索引表是一个递增有序表。

2．基本思路

先在索引表中采用二分查找或顺序查找，以确定待查的结点在哪一块，然后在已确定的块中进行顺序查找。

3．算法分析

（1）平均查找长度 ASL

将含有 n 个元素的线性表平均分成 b 块，每块有 s 个元素。整个查找过程的平均查找长度是两次查找的平均查找长度之和。

以二分查找来确定块，分块查找成功时的平均查找长度：$ASL_{blk}=ASL_{bn}+$

$$ASL_{sq}=\frac{b+1}{b}\lceil\lg(b+1)\rceil-\frac{2^{\lceil\lg(b+1)\rceil}-1}{b}+(s+1)/2=\frac{b+1}{b}\lceil\lg(b+1)\rceil-\frac{2^{\lceil\lg(b+1)\rceil}-1}{b}+(\lceil n/b\rceil+1)/2$$

以顺序查找确定块，分块查找成功时的平均查找长度：$ASL_{blk}=ASL_{bn}+ASL_{sq}=(b+1)/2+(s+1)/2=(b+\lceil n/b\rceil)/2+1$。

（2）优缺点

分块查找效率介于二分查找和顺序查找之间，对经常进行插入和删除操作的表，可采用此方法，因为在表中插入或删除记录时，只要找到该记录所属的块，就在该块内进行插入和删除运算，因块内记录的存放是任意的，所以插入或删除无须移动大量记录；分块查找的主要代价是增加辅助存储空间和将初始表分块排序的运算。

【示例 7-2】图 7-1 给出的就是满足上述要求的存储结构，其中 R 只有 15 个结点，被分成 3 块，每块中有 5 个结点，第 1 块中最大关键字 22 小于第 2 块中最小关键字 24，第 2 块中最大关键字 44 小于第 3 块中最小关键字 47。

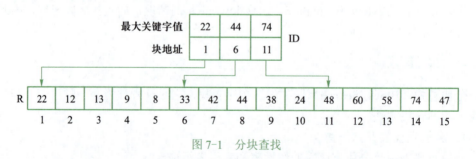

图 7-1 分块查找

同步训练 7-2

一、单项选择题

1. 下面关于顺序查找的叙述，正确的是（　　）。

    A. 查找顺序只能从前向后查找

    B. 查找顺序只能从后向前查找

    C. 查找顺序可以从中间向两边查找

    D. 查找顺序既可以从前向后查找，也可以从后向前查找

2. 顺序查找算法中的 R[0]为监视哨，其作用是为了（　　）。

    A. 作为待查找关键字的副本

    B. 在 for 循环中省去判定防止下标越界的条件 $i \geqslant 1$

    C. 节省存储空间

    D. 实现从后向前查找

3. 下面关于顺序查找的叙述，正确的是（　　）。

    A. 顺序查找仅适用于顺序表

    B. 顺序查找仅适用于链表

    C. 顺序查找既适用于顺序表，也适用于链表

    D. 顺序查找的表不能有序

4. 在等概率情况下，在长度为 n 的顺序表上进行顺序查找的平均查找长度为（　　）。

    A. n B. $n+1$ C. $(n-1)/2$ D. $(n+1)/2$

5. 下面关于二分查找的叙述，正确的是（　　）。

    A. 表必须有序，表可以顺序存储，也可以链式存储

    B. 表必须有序且表中数据必须是整型、实型或字符型

    C. 表必须有序，而且只能从小到大排列

    D. 表必须有序，且表只能以顺序方式存储

6. 下面关于二分查找算法的叙述，错误的是（　　）。

    A. 每次将介于待查区间中间记录的关键字与给定关键字进行比较

    B. 每比较一次待查区间被缩小一半

    C. 当给定关键字大于中间记录的关键字时，通过将中间点减 1 作为新的区间右端点来缩小查找范围

    D. 当待查区间为空时表示查找失败

7. 对有序表进行二分查找成功时，记录比较的次数（　　）。

    A. 仅与表中元素的值有关

    B. 仅与表的长度和被查元素的位置有关

    C. 仅与被查元素的值有关

    D. 仅与表中元素按升序或降序排列有关

8. 在长度为 n 的顺序表上进行二分查找最坏情况下查找成功的比较次数为（　　　）。

　　A. $(n+1)/2$
　　B. $\dfrac{n+1}{n}\lceil\lg(n+1)\rceil-1$

　　C. $\lceil\lg(n+1)\rceil$
　　D. $\lceil\lg(n+1)\rceil+1$

9. 有一个有序表为{2,7,9,12,32,40,43,64,69,78,80,96,120}，当用二分查找法查找值为 80 的结点时，（　　　）次比较后查找成功。

　　A. 1　　　　　B. 2　　　　　C. 4　　　　　D. 8

10. 一个有序表为(1,3,9,12,32,41,45,62,75,77,82,95,100)，当采用二分查找方法查找值 32 时，查找成功需要的比较次数是（　　　）。

　　A. 2　　　　　B. 3　　　　　C. 4　　　　　D. 8

11. 分块查找方法将表分为多块，并要求（　　　）。

　　A. 块内有序　　B. 块间有序　　C. 各块等长　　D. 链式存储

12. 当采用分块查找时，数据的组织方式为（　　　）。

　　A. 数据分成若干块，每块内数据有序

　　B. 数据分成若干块，每块中数据个数必须相同

　　C. 数据分成若干块，每块内数据有序，块间是否有序均可

　　D. 数据分成若干块，每块内数据不必有序，但块间必须有序

二、问题解答题

1. 影响顺序查找的因素可能包括记录的个数、查找每条记录的概率、记录的值、记录的位置和记录是否有序等，请回答：

（1）顺序查找成功的平均查找长度（ASL）与哪些因素有关？

（2）在等概率情况下顺序查找成功的平均查找长度（ASL）与哪些因素有关？

（3）按顺序查找方法查找一条记录成功的比较次数与哪些因素有关？

（4）与平均查找长度 ASL 和比较次数均无关的因素有哪些？

2. 对有序表，影响二分查找的因素可能包括记录的个数、查找每条记录的概率、记录的值和记录的位置等，请回答：

（1）二分查找成功的平均查找长度（ASL）与哪些因素有关？

（2）在等概率情况下二分查找成功的平均查找长度（ASL）与哪些因素有关？

（3）按二分查找方法查找一条记录的比较次数与哪些因素有关？

（4）与平均查找长度（ASL）和比较次数均无关的因素有哪些？

3. 已知关键字序列为(12,14,16,21,24,28,35,43,52,67,71,84,99)，写出在该序列中二分查找 37 时的查找过程及所需进行的比较次数。

4. 下面程序实现对递减有序的顺序表进行二分查找，请在空白处填写适当内容，使该程序功能完整。

```
int BinSearch(SeqList R,int n,KeyType K)
{
    int low=1,high=n;
    while(low<=high)
```

```
        {
            mid=___(1)___;
            if(R[mid].key==K)
                return mid;
            if(R[mid].key>K)
                ___(2)___;
            else
                ___(3)___;
        }
        return 0;
    }
```

三、算法设计题

1. 编写从前向后顺序查找算法，将 R[n+1]设置为哨兵。
2. 编写对区间[low,high]进行二分查找的递归算法。

7.3 二叉排序树查找

当用线性表作为表的组织形式时，可以有 3 种查找法，其中以二分查找效率最高。但由于二分查找要求表中结点按关键字有序，且不能用链表作存储结构，因此，当表的插入或删除操作频繁时，为维护表的有序性，必须移动表中很多结点。这种由移动结点引起的额外时间开销，就会抵消二分查找的优点。因此，二分查找只适用于顺序表的静态查找。若要对动态查找表进行高效率的查找，可采用二叉排序树作为存储结构。下面讨论在二叉排序树上进行查找和修改操作的方法。

微课 7-4
二叉排序树
及其描述

7.3.1 二叉排序树

1. 定义

二叉排序树（**Binary Sort Tree**）又称二叉查找搜索树（**Binary Search Tree**）。二叉排序树或者是空树，或者是满足如下性质的二叉树。

① 若它的左子树非空，则左子树上所有结点的值均小于根结点的值。
② 若它的右子树非空，则右子树上所有结点的值均大于根结点的值。
③ 左、右子树本身又各是一棵二叉排序树。

上述性质简称二叉排序树性质（**BST 性质**），故二叉排序树实际上是满足 BST 性质的二叉树。

PPT 7-4
二叉排序树
及其描述

2. 特点

① 二叉排序树中任一结点的关键字，必大于其左子树所有结点的关键字，小于右子树所有结点的关键字。
② 二叉排序树中，各结点关键字是唯一的，即除该结点的关键字外，其他结点的

关键字均不等于该结点的关键字。

③ 按中序遍历该树所得到的中序序列是一个递增有序序列。

【示例 7-3】如图 7-2 所示的两棵二叉树均是二叉排序树，满足 BST 性质，它们的中序序列均为有序序列(2,3,4,5,7,8)。

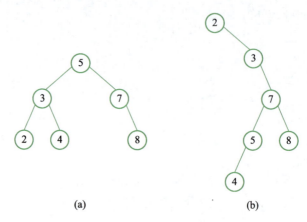

(a)   (b)

图 7-2   二叉排序树

3．二叉排序树的结构描述

typedef int KeyType;   //关键字类型定义

typedef char OtherdataType;//非关键字字段类型定义

typedef struct node

{///结点类型

    KeyType key;//关键字域

    OtherdataType data;//其他数据域

    struct node *lchild,*rchild;//左、右孩子指针

}BSTNode;

typedef BSTNode *BSTree;//BSTree 是二叉排序树的类型

微课 7-5
二叉排序树
的插入和
生成

7.3.2   二叉排序树的操作

1．二叉排序树的插入

（1）插入方法

在二叉排序树中插入新结点，设其关键字域的值为 key，要保证插入后仍满足 BST 性质。插入过程如下。

① 若二叉排序树 T 为空，则为待插入结点申请存储空间，并令其为根。

② 若二叉排序树 T 不空，则将待插入结点关键字 key 与根的关键字比较。

● 若 key==T->key，则树中已有此关键字 key，无须插入。

● 若 key<T->key，则将 key 插入根的左子树中。

● 若 key>T->key，则将 key 插入根的右子树中。

子树中的插入过程与上述树中插入过程相同。如此进行下去，直到将 key 作为一个

PPT   7-5
二叉排序树
的插入和
生成

PPT

新的叶结点关键字插入到二叉排序树中，或者直到发现树中已有此关键字为止。

（2）递归算法

```
int InsertBSTR(BSTree *Tptr,KeyType key)
{//二叉排序树插入新结点递归算法，插入成功返回 1，失败返回 0
    if(!(*Tptr))
    {
        (*Tptr)=(BSTNode *)malloc(sizeof(BSTNode));
        if(*Tptr ==NULL)
        {
            puts ("内存申请不成功!");return 0;
        }
        (*Tptr)->key=key;
        (*Tptr)->lchild=NULL;
        (*Tptr)->rchild=NULL;
    }
    else
    {
        if((*Tptr)->key==key)
            return 0;
        if(key< (*Tptr)->key)
            InsertBSTR(&(*Tptr)->lchild,key);
        else
            InsertBSTR(&(*Tptr)->rchild,key);
    }
    return 1;
}
```

2．二叉排序树的生成算法

二叉排序树的生成，是从空的二叉排序树开始，每输入一个结点数据，就调用一次插入算法将它插入到当前已生成的二叉排序树中。

```
BSTree CreateBST(void)
{//输入一个结点序列，建立一棵二叉排序树，将根结点指针返回
    BSTree T=NULL;          //初始时 T 为空树
    KeyType key;
    scanf("%d",&key);       //读入一个关键字
    while(key)
    {//假设 key=0 是输入结束标志
        InsertBSTR(&T,key); //将 key 插入二叉排序树 T
        scanf("%d",&key);   //读入下一关键字
```

```
        }
        return T;              //返回建立的二叉排序树的根指针
    }
```

ℹ **注意**：二叉排序树的形态与输入序列的顺序有关，第 1 个输入的结点一定是根结点。

二叉排序树的中序序列是一个有序序列。所以对于一个任意的关键字序列构造一棵二叉排序树,其实质是对此关键字序列进行排序,这种排序的平均执行时间亦为 $O(n\lg n)$,"排序树"的名称也由此而来。

【示例 7-4】按输入序列（25,32,9,18,27,6,29,3）的顺序构造二叉排序树 T，具体过程如图 7-3 所示。

动画演示
7-2 二叉
排序树的
生成

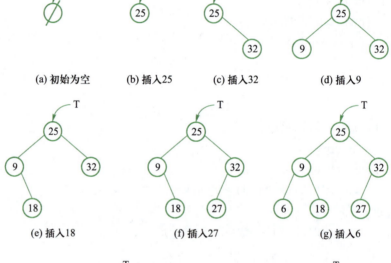

(a) 初始为空   (b) 插入25   (c) 插入32   (d) 插入9

(e) 插入18   (f) 插入27   (g) 插入6

微课 7-6
二叉排序树
的删除

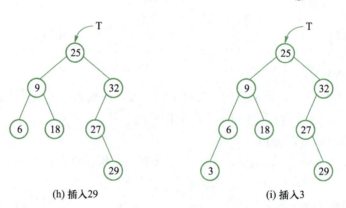

(h) 插入29   (i) 插入3

图 7-3   二叉排序树生成过程

3. 二叉排序树的删除

PPT   7-6
二叉排序树
的删除

从二叉排序树中删除一个结点,不能把以该结点为根的子树都删去,并且还要保证删除后所得的二叉树仍然满足 BST 性质。

（1）删除操作的一般步骤

① 查找：从根结点开始查找关键字值为 key 的结点，使指针 p 指向该结点，指针 parent 指向其双亲，p 的初值为根结点的地址，parent 的初值为 NULL。若树中找不到待删结点则返回，否则待删结点是*p。

② 删去*p：删*p 时，将*p 的子树连接在树上且保持 BST 性质。应按*p 的孩子数目分 3 种情况进行处理。

（2）删除*p 结点的 3 种情况

① *p 是叶子：无须连接*p 的子树，只需将*p 的双亲结点*parent 中指向*p 的指针域置空即可。实际上本情况可视为情况②，即 child=NULL。

② *p 只有一个孩子*child：应是如图 7-4 所示的 4 种情况之一，只需将*child 和*p 的双亲直接连接（图中用虚线表示）后，即可删去*p。

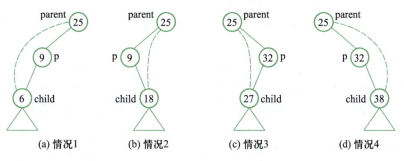

图 7-4　*p 只有一个孩子的 4 种情况

③ *p 有两个孩子：先令 q=p，将待删结点的地址保存在 q 中；然后找*q 的中序后继记为*p，*q 的中序后继*p 一定是*q 的右子树中最左下的结点（即*q 右子树的左孩子、左孩子的左孩子等），它无左子树，将*p 复制到*q（释放*p 之前复制即可），可归结为如图 7-5 所示的两种情况，同样用 parent 记住*p 的双亲，child 记住*p 的右孩子（*p 的左孩子一定为空，右孩子也可能为空）。这样，删去*q 的问题转为删去的*p 的问题，如同情况②。

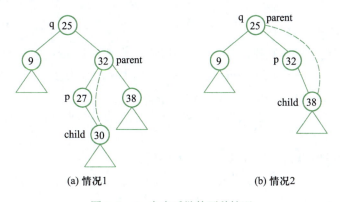

图 7-5　*q 中序后继的两种情况

```
        int DelBSTNode(BSTree *Tptr,KeyType key)
        {//在二叉排序树*Tptr 中删去关键字为 key 的结点
            BSTNode *parent=NULL,*p=*Tptr,*q,*child;
            while(p)
            {//从根开始查找关键字为 key 的待删结点
                if(p->key==key) break;
                parent=p;//parent 指向*p 当前指向的结点，作为下一个*p 的双亲
                p=(key<p->key)?p->lchild:p->rchild;
            }
            if(!p) return 0;
            q=p;//q 记住待删结点*p
            if(q->lchild&&q->rchild)//情况③
                for(parent=q,p=q->rchild;p->lchild;parent=p,p=p->lchild);// 找 *q 的中序后继
*p，从情况③转为情况②
            child=(p->lchild)?p->lchild:p->rchild;//若 child 非空，属情况②，否则属情况①
            if(!parent)//*p 的双亲为空，说明*p 为根，删*p 后应修改根指针
                *Tptr=child;//对情况①删去*p 后，树为空，否则 child 变为根
            else
            {//情况②，将*p 的孩子和*p 的双亲进行连接，*p 从树上被摘下
                if(p==parent->lchild)//*p 是双亲的左孩子
                    parent->lchild=child;//*child 作为*parent 的左孩子
                else parent->rchild=child;//*child 作为*parent 的右孩子
                if(p!=q)//情况③，需将*p 的数据复制到*q
                    q->key=p->key;//若还有其他数据域亦需复制
            }
            free(p);
            return 0;
        }
```

4. 二叉排序树的查找

在二叉排序树上进行查找，先将 key 与根结点关键字 T->key 进行比较，若相等便找到，若 key<T->key 就在左子树中查找，若 key>T->key 就在右子树中查找。

```
        BSTNode *SearchBST(BSTree T,KeyType key)
        {//在二叉排序树 T 上查找关键字为 key 的结点，成功时返回该结点位置，否则返回
NULL
            if(T==NULL||key==T->key) //递归的终结条件
                return T;//查找失败或成功，返回 NULL 或找到的结点位置
            if(key<T->key)
                return SearchBST(T->lchild,key);//继续在左子树中查找
```

微课 7-7
二叉排序树
的查找

PPT　7-7
二叉排序树
的查找

PPT

```
    else
        return SearchBST(T->rchild,key);//继续在右子树中查找
}
```

说明： 在二叉排序树上进行查找时，若查找成功，则是从根结点出发走了一条从根到待查结点的路径。若查找不成功，则是从根结点出发走了一条从根到某片叶子的路径。

二叉排序树查找成功的平均查找长度： 在等概率假设下，二叉排序树查找成功的平均查找长度为 $O(\lg n)$。

与二分查找类似，与关键字比较的次数不超过树的深度。

在二叉排序树上进行查找时的平均查找长度与二叉树的形态有关。

【课堂实践 7-1】

依次读入给定的整数序列{7,16,4,8,20,9,6,18,5}，构造一棵二叉排序树，计算在等概率情况下该二叉排序树的平均查找长度。

同步训练 7-3

一、单项选择题

1. 已知二叉树结点关键字类型为整型，下列二叉树中符合二叉排序树性质的是（   ）。

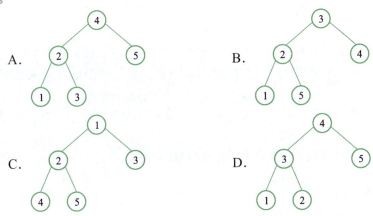

2. 由一棵空树构造二叉排序树，以下叙述正确的是（   ）。
   A. 最先插入的结点一定是根结点
   B. 最后插入的结点一定是根结点
   C. 中间插入的结点一定是根结点
   D. 介于中间值的结点一定是根结点
3. 使用二叉排序树的插入算法，对同一组记录关键字按两种不同顺序构造的二叉排序树（   ）。
   A. 一定是相同的   B. 一定是不同的

C．可能是相同的   D．深度一定是相同的

4．向二叉排序树插入一个新结点，必须保证仍满足二叉排序的性质，所以将一个新结点插入到非空二叉排序树中（   ）。

A．一定成为根结点   B．一定成为叶结点
C．可能成为根结点   D．可能成为叶结点

5．在二叉排序树中删除一个结点，必须保证仍满足二叉排序的性质，所以删除的结点（   ）。

A．可以是根结点   B．可以是叶结点
C．可以是任意结点   D．不能是根结点

6．含 n 个关键字的二叉排序树的平均查找长度主要取决于（   ）。

A．关键字的个数   B．树的形态
C．关键字的取值范围   D．关键字的数据类型

7．在一棵深度为 k 的具有 n 个结点的二叉排序树中，查找任一结点的最多比较次数是（   ）次。

A．n B．k C．$\lceil \lg(n+1) \rceil$ D．$\lceil \lg(k+1) \rceil$

8．对二叉排序树进行遍历，采用（   ）遍历方法得到的是有序序列。

A．先序   B．中序   C．后序   D．层次

二、问题解答题

1．对给定的关键字集合，以不同的次序插入初始为空的树中，是否有可能得到同一棵二叉排序树？

2．按二叉排序树的先序序列构造的新二叉排序树与原二叉排序树是否相同？为什么？

3．简述在二叉排序树哪个结点是关键字最小的结点，哪个结点是关键字最大的结点。

4．简述由 n 个结点构成的二叉排序树中，在等概率情况下平均查找长度最小的二叉排序树应具备的特征。

5．已知一棵二叉排序树（结点值大小按字母顺序）的先序遍历序列为 EBACDFHG，请回答下列问题：

（1）画出此二叉排序树。

（2）画出此二叉排序树对应的森林。

三、算法设计题

1．试分别编写算法求二叉排序树中的最小关键字和最大关键字。

2．设计递归算法，统计一棵二叉排序树 T 中关键字值小于 a 的结点个数。

7.4   哈希查找

前面介绍的几种查找法，有一个共同的特点：都要通过一系列关键字的比较后，才

能确定要查找的记录在文件中的位置。这是由于记录的存储位置与关键字之间不存在确定的关系，这类查找方法都是建立在比较的基础之上的。希望能够在记录的关键字与其存储地址之间建立一一对应关系，通过这一关系直接找到对应的记录。

哈希查找就是通过某个函数（规则）将记录存储到线性表中，然后再按照该函数在线性表中进行查找的方法。

7.4.1　哈希表

1. 哈希表与哈希方法

选取某个函数 H，按记录的关键字 key 计算出记录的存储位置 H(key)，称为**哈希地址**，并将记录按哈希地址存放；查找时，由函数 H 对给定值 K 计算地址，将 K 与地址单元中元素关键字进行比较，确定查找是否成功，这种查找方法称为**哈希（散列）方法**。哈希方法中使用的记录关键字与地址之间的函数称为**哈希（散列）函数**（Hash function）。按这个方法构造的表称为**哈希（散列）表**（**Hash Table**）。

【示例 7-5】设有 11 个记录关键字的值分别是 18、27、1、20、22、6、10、13、41、15、25。选取关键字与元素位置间的函数为 H(key)=key mod 11，则这 11 个记录存放在数组 a 中的下标分别为 7、5、1、9、0、6、10、2、8、4、3，于是得到哈希表如图 7-6 所示。

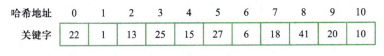

哈希地址	0	1	2	3	4	5	6	7	8	9	10
关键字	22	1	13	25	15	27	6	18	41	20	10

图 7-6　哈希表

利用哈希函数存储记录时可能会出现两个不同记录的地址相同的情况。

2. 冲突和同义词

对于某个哈希函数 H 和两个关键字 k_1、k_2，如果 $k_1 \neq k_2$，而 H(k_1)=H(k_2)，即经过哈希函数变换后，将不同的关键字映射到同一个哈希地址上，这种现象称为**冲突**，k_1 和 k_2 称为同义词。

【示例 7-6】设哈希函数为 H(key)=key mod 11，如果两个记录关键字的值分别为，2 和 13，则 H(2)= H(13)=2，即以 2 和 13 为关键字的记录发生了冲突，2 和 13 是同义词。

利用哈希函数存储记录时，可能发生冲突，冲突是难免的，只能尽量减少。所以，哈希方法需要解决以下两个问题：

① 如何构造哈希函数？

② 如何解决冲突？

微课 7-8
哈希函数的
构造方法

7.4.2　哈希函数的构造

1. 哈希函数构造的原则

① 简单：即哈希函数的计算简单快速。

PPT　7-8
哈希函数的
构造方法

② 均匀：对于关键字集合中的任一关键字，哈希函数能以等概率将其映射到表空间的任何一个位置上。也就是说，散列函数能将关键字集合随机均匀地分布在表的地址集$\{0,1,\cdots,n-1\}$上，以使冲突最小化。

2. 哈希函数构造的方法

（1）直接定址法

$$H(key)=a \cdot key+b \quad （a、b 为常数）$$

取关键字的某个线性函数值为哈希地址，这类函数是一一对应函数，不会产生冲突，但要求地址集合与关键字可能取值的集合大小相同，因此，对于较大的关键字集合不适用。

【示例 7-7】设关键字集合为$\{20,30,50,60,80,90\}$，关键字可能取值的集合为 100 以内 10 的倍数，所以可选取哈希函数为$H(key)=key/10$，则哈希表如图 7-7 所示。

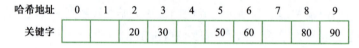

哈希地址	0	1	2	3	4	5	6	7	8	9
关键字			20	30		50	60		80	90

图 7-7　哈希表

（2）除余法

$$H(key)=key \bmod P（P \leqslant m）$$

取关键字被 P 除的余数作为哈希地址，其中 m 为表长，P 为小于 m 的整数。用 C 语言可表示为$H(key)=key \% P（P \leqslant m）$，显然该方法可能会发生冲突，为尽量减少冲突，P 应选取小于等于 m 的最大素数。

该方法是最为简单常用的一种方法。

（3）平方取中法

先通过求关键字的平方扩大相近数的差别，然后根据表长取中间的几位数作为哈希函数值。因为一个乘积的中间几位数和乘数的每一位都相关，所以由此产生的哈希地址较为均匀。

【示例 7-8】将一组关键字(0110,1010,1001,0111)平方后得(0012100,1020100,1002001,0012321)。

若取表长为 1000，则可取中间的 3 位数作为散列地址集(121,201,020,123)。

除以上几种方法外，还有许多哈希函数构造方法，如数字分析法、折叠法、相乘取整法、随机数法等，不同的方法适用于不同的情况，要根据问题的实际情况来确定，尽量减少冲突的发生。

7.4.3　解决冲突的方法

在使用哈希函数构造哈希表时，一旦发生冲突，应有较好的解决冲突的方法。解决冲突的方法有很多，这里只介绍**开放定址法**和**拉链法**，前者是将所有结点存放在哈希表 $T[0 \cdots n-1]$中；后者通常是将互为同义词的结点链成一个单链表，而将此链表的头指针放在哈希表 $T[0 \cdots n-1]$中。

1. 开放定址法

由关键字 key 得到的哈希地址 H(key)一旦产生了冲突，即该地址已经存放了数据元素，就去寻找下一个空的哈希地址，只要哈希表足够大，空的哈希地址总能找到，并将数据元素存入。

开放定址法的一般形式：

$$Hi=(H(key)+di)\%n \qquad 1\leqslant i\leqslant n-1$$

其中，H(key)为冲突的哈希地址，di 为增量序列，n 为表长。

即按照将已发生冲突的哈希地址加上一个增量的方法寻找下一个空的哈希地址，依据增量序列不同的选取方法得到不同的解决冲突的方法。

微课 7-9
解决冲突
方法 1

PPT　7-9
解决冲突
方法 1

（1）线性探查法

将哈希表 T[0…n-1]看成是一个循环向量，若初始探查的地址为 d（即 H(key)=d），则最长的探查序列为 d、d+1、d+2、…、n-1、0、1、…、d-1。即探查时从地址 d 开始，首先探查 T[d]，然后依次探查 T[d+1] 直到 T[n-1]，此后又循环到 T[0]直到 T[d-1]为止。

探查过程终止于以下 3 种情况。

① 若当前探查的单元为空，对于构造哈希表则将 key 写入其中，对于查找则表示查找失败。

② 若当前探查的单元中含有 key，对于构造表则表示该记录已存入哈希表，对于查找则查找成功。

③ 若探查到 T[d-1]时仍未发现空单元也未找到 key，对于构造表则此时表满，对于查找表示查找失败。

【示例 7-9】设关键字集合为{47,18,29,11,16,95,22,8,3}，哈希表表长为 11，哈希函数为 H(key)=key mod 11。采用线性探查法构造哈希表及在哈希表中查找过程如下。

构造哈希表：依次按哈希函数将关键字记录放入哈希表，47 的地址为 3，18 的地址为 7，29 的地址也为 7，与关键字 18 发生冲突，按线性探查法，探查地址为 8（8=7+1）的单元，由于地址为 8 的单元为空，所以将 29 放入，同样关键字 95、8 均需线性探查 3次找到地址为 9 和 10 的空单元将其放入，关键字 3 需线性探查 2 次找到地址为 4 的空单元将其放入。按线性探查法构造的哈希表如图 7-8 所示。

动画演示
7-3
线性探查法
构造哈希表
及查找

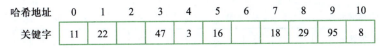

哈希地址	0	1	2	3	4	5	6	7	8	9	10
关键字	11	22		47	3	16		18	29	95	8

图 7-8　线性探查法构造的哈希表

在已构造的哈希表中查找：假设待查找记录的关键字为 8 和 14，按照哈希表的构造方法线性探查法进行探查，计算出 8 的哈希地址应为 8，到地址为 8 的单元进行查找得到 29 与 8 不相等，继续探查得到 95 仍不相等，再继续探查得到 8，与 8 相等便找到。同样对于 14，经 4 次探查后得到空单元，因此查找失败。

（2）二次（平方）探查法

将哈希表 T[0…n-1]看成是一个循环向量，若初始探查的地址为 d（即 H(key)=d），则探查序列为 d、d+l^2、d-l^2、d+2^2、d-2^2、…。即探查时从地址 d 开始，首先探查 T[d]，然后依次探查 T[d+1]、T[d-1]、T[d+4]、T[d-4]等。

【示例 7-10】设关键字集合为{47,18,29,11,16,95,22,8,3}，哈希表表长为 11，哈希函数为 H(key)=key mod 11。采用二次探查法构造哈希表及在哈希表中查找过程如下。

构造哈希表：依次按哈希函数将关键字记录放入哈希表，其中关键字 29 需按二次探查法，探查两次得到地址为 8 的单元，将 29 放入，同样关键字 95、需探查 3 次找到地址为 6 的空单元将其放入，关键字 8、3 需探查两次找到地址为 9 和 4 的空单元将其放入。按二次探查法构造的哈希表如图 7-9 所示。

哈希地址	0	1	2	3	4	5	6	7	8	9	10
关键字	11	22		47	3	16	95	18	29	8	

图 7-9　二次探查法构造的哈希表

在已构造的哈希表中查找：假设待查找记录的关键字为 8 和 14，按照哈希表的构造方法二次探查法进行探查，计算出 8 的哈希地址应为 8，到地址为 8 的单元进行查找得到 29 与 8 不相等，继续探查得到 8，与 8 相等便找到。同样对于 14，经 3 次探查后得到空单元，因此查找失败。

（3）线性补偿探查法

将线性探查的步长从 1 改为 Q，即若初始探查的地址为 d（H(key)=d），则探查序列为 d、d+Q、d+2Q、d+3Q、…，而且要求 Q 与 n 是互质的，以便能探测到哈希表中的所有单元。

【示例 7-11】设关键字集合为{47,18,29,11,16,95,22,8,3}，哈希表表长为 11，哈希函数为 H(key)=key mod 11，Q=3。采用线性补偿探查法构造哈希表及在哈希表中查找过程如下。

构造哈希表：依次按哈希函数将关键字记录放入哈希表，其中关键字 29 需按线性补偿探查法，探查两次得到地址为 10 的空单元，将 29 放入，同样关键字 95、22、3 均需探查 3 次找到地址为 2、6 和 9 的空单元将其放入。按线性补偿探查法构造的哈希表如图 7-10 所示。

哈希地址	0	1	2	3	4	5	6	7	8	9	10
关键字	11		95	47		16	22	18	8	3	29

图 7-10　线性补偿探查法构造的哈希表

在已构造的哈希表中查找：假设待查找记录的关键字为 8 和 14，按照哈希表的构造方法线性补偿探查法进行探查，计算出 8 的哈希地址应为 8，到地址为 8 的单元进行查找得到 8，与 8 相等便找到。同样对于 14，经 4 次探查后得到空单元，因此查找失败。

2. 拉链法

采用顺序存储与链式存储相结合的存储结构，由多个单链表构成，每个单链表的头指针存放在数组中。

动画演示
7-4
平方探查法
构造哈希表
及查找

微课 7-10
解决冲突方
法 2

PPT　7-10
解决冲突方
法 2

PPT

动画演示
7-5　线性
补偿探查法
构造哈希表
及查找

将所有关键字为同义词的结点链接在同一个单链表中。若选定的散列表长度为 *n*，则散列表是一个由 *n* 个头指针组成的数组 T[0…*n*-1]。凡是散列地址为 i 的结点，均插入到以 T[i] 为头指针的单链表中，T 中各分量的初值均应为空指针。

【示例 7-12】设关键字集合为{47,18,29,11,16,95,22,8,3}，哈希表表长为 11，哈希函数为 H(key)=key mod 11。采用拉链法构造哈希表及在哈希表中查找过程如下。

动画演示
7-6 拉链法构造哈希表及查找

构造哈希表：将数组的每个元素置为空指针，依次按哈希函数将关键字记录生成的结点链到头指针指向的单链表中，其中关键字 11、22 链到下标为 0 的头指针指向的单链表，47、3 链到下标为 3 的头指针指向的单链表，16 链到下标为 5 的头指针指向的单链表，18、29、95 链到下标为 7 的头指针指向的单链表，8 链到下标为 8 的头指针指向的单链表。按拉链法构造的哈希表如图 7-11 所示。

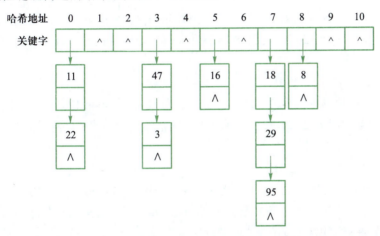

图 7-11 拉链法构造的哈希表

在已构造的哈希表中查找：假设待查找记录的关键字为 8 和 14，按照哈希表的构造方法拉链法进行探查，计算出 8 的哈希地址应为 8，到地址为 8 的单元的单链表中进行查找，与结点数据域的值进行比较，与 8 相等便找到。同样对于 14，到地址为 3 的单元的单链表中进行查找，依次与结点数据域的值进行比较，直到尾结点均与 14 不相等，因此查找失败。

【课堂实践 7-2】

已知关键字序列为(56,23,41,79,38,62,18)，用哈希函数 H(key)=key%11 将其散列到哈希表 HT[0…10]中。

① 采用线性探测法处理冲突，构造哈希表。
② 采用拉链法处理冲突，构造哈希表。

同步训练 7-4

一、单项选择题

1. 哈希表的地址区间为 0～16，哈希函数为 H(K)=K mod 17。采用线性探查法处理冲突，并将关键字序列(26,25,72,38,8,18,59)依次存储到哈希表中，元素 59 存放在哈希表中的地址是（　　　）。

  A．9   B．11   C．12   D．14

  2．哈希表的地址区间为0～16，哈希函数为H(K)=K mod 17。采用二次探查法处理冲突，并将关键字序列(26,25,72,38,8,18,59)依次存储到哈希表中，元素59存放在哈希表中的地址是（　　　）。

  A．9   B．11   C．12   D．14

  3．哈希表的地址区间为0～16，哈希函数为H(K)=K mod 17。采用线性补偿探查法（步长Q为3）处理冲突，并将关键字序列(26,25,72,38,8,18,59)依次存储到哈希表中，元素59存放在哈希表中的地址是（　　　）。

  A．9   B．11   C．12   D．14

  4．哈希表的地址区间为0～16，哈希函数为H(K)=K mod 17。采用线性探查法处理冲突，并将关键字序列(26,25,72,38,8,18,59)依次存储到哈希表中，存放元素59需要探查的次数是（　　　）。

  A．2   B．3   C．4   D．5

  5．哈希表的地址区间为0～16，哈希函数为H(K)=K mod 17。采用二次探查法处理冲突，并将关键字序列(26,25,72,38,8,18,59)依次存储到哈希表中，存放元素59需要探查的次数是（　　　）。

  A．2   B．3   C．4   D．5

  6．哈希表的地址区间为0～16，哈希函数为H(K)=K mod 17。采用线性补偿探查法（步长Q为3）处理冲突，并将关键字序列(26,25,72,38,8,18,59)依次存储到哈希表中，存放元素59需要探查的次数是（　　　）。

  A．2   B．3   C．4   D．5

  7．哈希表的地址区间为0～16，哈希函数为H(K)=K mod 17。采用线性探查法处理冲突，并将关键字序列(26,25,72,38,8,18,59)依次存储到哈希表中，在等概率情况下，查找成功的平均查找长度是（　　　）。

  A．1   B．9/7   C．11/7   D．13/7

  8．哈希表的地址区间为0～16，哈希函数为H(K)=K mod 17。采用二次探查法处理冲突，并将关键字序列(26,25,72,38,8,18,59)依次存储到哈希表中，在等概率情况下，查找成功的平均查找长度是（　　　）。

  A．1   B．9/7   C．11/7   D．13/7

  9．哈希表的地址区间为0～16，哈希函数为H(K)=K mod 17。采用线性补偿探查法（步长Q为3）处理冲突，并将关键字序列(26,25,72,38,8,18,59)依次存储到哈希表中，在等概率情况下，查找成功的平均查找长度是（　　　）。

  A．1   B．9/7   C．11/7   D．13/7

  10．设有一组记录的关键字为{19,14,23,1,68,20,84,27,55,11,10,79}，哈希函数为H(key)=key mod 13，用拉链法解决冲突，哈希地址为1的链中记录个数为（　　　）。

  A．1   B．2   C．3   D．4

二、问题解答题

1．设哈希函数为 H(key)=key%11，哈希地址空间为 0～10，对关键字序列 (27,13,55,32,18,49,24,38,43)用线性探查法解决冲突，构建哈希表。现已有前 4 个关键字构建的哈希表如图 7-12 所示，请将剩余 5 个关键字填入表中相应的位置。

0	1	2	3	4	5	6	7	8	9	10
55		13			27					32

图 7-12　同步训练 7-4 解答题第 1 题图

2．已知关键字序列为(56,23,41,79,38,62,18)，用哈希函数 H(key)=key%11 将其存储到哈希表 HT[0…10]中，采用线性探查法处理冲突。请回答下列问题：

（1）画出存储后的哈希表。

（2）求在等概率情况下查找成功的平均查找长度。

3．对下列关键字序列(87,25,310,08,27,132,68,96,187,133,70,63,47,135)构造哈希表，假设哈希函数为 h(key)=key%13，用拉链法解决冲突。

（1）画出该哈希表。

（2）求等概率情况下查找成功的平均查找长度。

（3）写出删除值为 70 的关键字时所需进行的关键字比较次数。

单元 7
拓展训练

单元 7
课堂实践
参考答案

同步训练
7-1 参考
答案

同步训练
7-2 参考
答案

同步训练
7-3 参考
答案

同步训练
7-4 参考
答案

单元 7
拓展训练
参考答案

郑重声明

高等教育出版社依法对本书享有专有出版权。任何未经许可的复制、销售行为均违反《中华人民共和国著作权法》，其行为人将承担相应的民事责任和行政责任；构成犯罪的，将被依法追究刑事责任。为了维护市场秩序，保护读者的合法权益，避免读者误用盗版书造成不良后果，我社将配合行政执法部门和司法机关对违法犯罪的单位和个人进行严厉打击。社会各界人士如发现上述侵权行为，希望及时举报，我社将奖励举报有功人员。

反盗版举报电话　　（010）58581999　58582371
反盗版举报邮箱　dd@hep.com.cn
通信地址　北京市西城区德外大街4号　高等教育出版社法律事务部
邮政编码　100120

读者意见反馈

为收集对教材的意见建议，进一步完善教材编写并做好服务工作，读者可将对本教材的意见建议通过如下渠道反馈至我社。

咨询电话　400-810-0598
反馈邮箱　gjdzfwb@pub.hep.cn
通信地址　北京市朝阳区惠新东街4号富盛大厦1座
　　　　　高等教育出版社总编辑办公室
邮政编码　100029

防伪查询说明（适用于封底贴有防伪标的图书）

用户购书后刮开封底防伪涂层，使用手机微信等软件扫描二维码，会跳转至防伪查询网页，获得所购图书详细信息。

防伪客服电话　　（010）58582300